湘西山地特色优质烟叶生产理论与实践

刘国顺 陆中山 高卫锴 任天宝 等 编著

科学出版社

北 京

内 容 简 介

本书的编写是基于湘西山地特色优质烟叶开发项目的部分成果,内容包括湘西烤烟生产概况、基于某品牌导向的原料评价研究、湘西烟叶生产基地单元生态特色与烟叶质量关系、湘西烟叶生产栽培技术研究、湘西烟叶烘烤技术研究、湘西山地特色优质烟叶技术集成及规模开发、湘西烟叶原料工业验证及评价、湘西烟叶技术运行管理模式研究等,探索资源节约型和环境友好型的湘西烟叶优质丰产栽培技术。

本书可供烟草行业科技和技术管理工作者参考,也可供高等院校师生阅读。

图书在版编目(CIP)数据

湘西山地特色优质烟叶生产理论与实践 / 刘国顺等编著. —北京:科学出版社,2018.9

ISBN 978-7-03-058879-1

Ⅰ. ①湘… Ⅱ. ①刘… Ⅲ. ①烟叶–栽培技术–研究–湘西土家族苗族自治州 Ⅳ. ①S572

中国版本图书馆 CIP 数据核字(2018)第 215633 号

责任编辑:刘 畅 / 责任校对:严 娜
责任印制:赵 博 / 封面设计:铭轩堂

科学出版社 出版

北京东黄城根北街 16 号
邮政编码:100717
http://www.sciencep.com

北京厚诚则铭印刷科技有限公司印刷
科学出版社发行 各地新华书店经销

＊

2018 年 10 月第 一 版 开本:787×1092 1/16
2025 年 1 月第三次印刷 印张:17 1/2 插页:3
字数:415 000

定价:98.00 元
(如有印装质量问题,我社负责调换)

《湘西山地特色优质烟叶生产理论与实践》编写委员会

主　　　编：刘国顺　陆中山　高卫锴　任天宝

副　主　编：杨永峰　李宙文　周米良　张黎明

其他编写人员：（以姓氏笔画为序）

马振奇	王欢欢	王初亮	王晓园	云　菲
田　峰	田官松	朱三荣	向德明	李　波
李梦竹	李跃平	杨光武	杨会丽	杨艳东
吴小森	张　胜	张　震	张明发	张学伟
陈红丽	陈治锋	邵兰军	林锐峰	周　童
周亚军	阎海涛	巢　进	彭　琛	彭丽丽

前　　言

　　烟叶是烟草行业生存和发展的基础，随着烟叶和卷烟市场竞争的加剧，中式卷烟的发展对烟叶原料质量的要求不断提高。随着烟草行业改革发展的持续推进，重点骨干品牌加快发展，对优质烟叶原料的需求急剧增加，原料的保障已成为关系行业发展的全局性、战略性课题。提高烟叶的工业可用性是提高烟草整体经济效益、保证烟草行业可持续发展的重要课题之一。

　　烟叶原料保障上水平是实现卷烟上水平的重要基础。发展特色优质烟叶是原料保障上水平的关键。特色烟叶是指具有鲜明的地域特点和质量风格，能够在卷烟配方中发挥独特作用的烟叶，是构建中式卷烟原料体系的重要组成部分。湘西山地烟区是湖南省第二大烟区，其烟叶外观质量好，化学成分协调，独具山地烟叶风格特色，配伍性强，具有"醇厚丰满，绵甜悠长"的风格特点，是我国重要烤烟产区之一。为进一步发挥湘西山地烟区自然生态优势和增强湘西山地特色优质烟叶原料保障能力，自 2008 年起，广东中烟工业有限责任公司（简称广东中烟）与湘西土家族苗族自治州（简称湘西自治州或湘西）的合作越来越紧密，每年的调拨量稳定在 10 万担左右，其中特色优质烟叶有 5 万担。在"十二五"末，规划发展到 3 个基地单元，15 万担调拨量。湘西自治州烟叶已经进入某知名品牌一类、二类卷烟主配方，并且作用地位非常明显，特别是上部叶具有较好的开发潜力。

　　优化烟叶结构、改善烟叶质量、提高烟叶的等级结构是实现卷烟原料保障上水平的核心工作，必须坚持品牌需求为导向。随着科学技术的发展，试验及分析手段、方法的完善，研究内涵的深入，充分利用农田生态系统环境的光热水气资源等，加强烟田株群体质量、株型结构与烟叶优化、烟叶质量提高方面的系统研究，建立更加合理、高效的烤烟栽培生产技术体系和模式，以生产出烟叶结构和质量良好、工业可用性强的优质烟叶，对解决当前烟叶结构矛盾，无疑具有重要的理论和现实意义，这种优质烟叶在烤烟生产中会有广泛的应用前景。

　　依据广东中烟某品牌烟叶原料需求特征，围绕提升烟区土壤的优质丰产能力，在烟田营养管理、特色品种的良法配套技术、水肥耦合技术、碳氮调节技术、田间群体结构优化、提高烟叶成熟度和中上部烟叶耐熟性、烟叶调制技术等方面开展研究。研究了烟株生长与矿质养分吸收累积规律，不同养分供应模式对烟叶生理生化特性及香气物质积累的关系，氮素水平、形态和用量及有机肥使用种类数量和方法与土壤条件互作对烟叶质量的影响，并开发了适合湘西土壤特点的烟草专用肥。加强对土壤营养的管理，通过建立以烟为主的耕作制度，种植绿肥，改良土壤，开展土壤物理性状的系统研究，确定土壤物理性状与烟叶品质的关系、研究土壤中的有效养分与烟叶中有效养分的供需关系、土壤有益微生物的变化规律与土壤养分供应的关系、土壤中碳氮代谢规律研究，以及其与烟株生长中碳氮代谢的关系，达到精准施肥的目的，实现"固碳培肥"和"以碳控氮"烤烟栽培途径，探索资源节约型和环境友好型的湘西烟叶优质丰产栽培技术、生产技术标准和操作规程,构建符合品牌需求的烟叶原料生产技术体系,促进烟叶整体质量水平提高,尤其是上部烟叶成熟度与可用性,提升湘西永顺基地单元对核心原料供应的保障能力。

鉴于湘西山地特色优质烟叶形成机理和生产技术提升工作还不是很完善,加之本书编写工作资源有限和编著者水平的局限性,因此不足之处在所难免,恳请广大读者批评指正,留作再版时补充。

编著者

2017 年 10 月于郑州

目 录

第一章 湘西烤烟生产概况

第一节 湘西烟区概况

一、湘西烤烟发展历史

湘西烟区是湖南省主要烟区之一，目前年收购烟叶 50 万担左右，其烟叶外观质量好，化学成分协调，独具"山地高香"风格特色，配伍性强，深受多个卷烟工业企业喜爱。

湘西烟叶生产坚持走科技兴烟之路，坚持品种优良化、种植区域化、生产规范化、烟基配套化、管理科学化，不断加大生产投入，实行奖励扶持，大办优质烟基地，使烟叶生产得到持续稳定较快的发展，烟叶质量不断提高。

1988 年立足生产培植，遇到百年未遇的春旱和夏旱，良种率达 90%以上，实行高垄单行栽培技术，良种率达 85%以上，湘西自治州全州办烟叶生产试验示范点 41 个，面积达 3000 余亩，示范户 470 户，生产各环节召开现场会 50 次，收烟比上年翻了一番，有力推进了烟叶生产。全州种植各类烟叶 288 550 亩[①]，共收烟 20 505t。其中烤烟 127 200 亩，收烟 10 871.3t，上中等烟比例达 69.93%，特产税为 1215 万元。1992 年湘西自治州坚持烟叶生产方针，狠抓科技兴烟，以党组名义下发了《关于科技兴烟的决定》，制定了科技兴烟的具体措施，建立了全州科技工作体系，制定了烟草科技管理办法，落实了科技兴烟政策，抓好优质烟开发和科技成果的推广应用，实现了"四个转变"（由粗放经营向集中连片开发转变，由数量效益型向质量效益型转变，由经验操作逐步向依靠科技进步全面实现"三化"生产转变，由低收入、低产出向高收入、高产出转变）。全州种烟 238 027 亩，其中烤烟 168 527 亩，收烤烟 14 629.7t，上中等烟比例达 76.5%，合格率为 80%，特产税为 1554 万元。

1993 年湖南省委、省政府进行了农业结构上的调整，把"两烟（卷烟、烤烟）"生产作为全省支柱产业，坚持走科技兴烟之路，加大领导力度，实行优惠政策，增加资金投入，在生产布局上进行调整，"巩固湘南，恢复湘中，发展湘西"，把湘西建设成优质烟叶生产基地，实现烟叶生产的规模转移。自始湘西自治州烟叶生产开始步入良性循环的轨道，以科技兴烟为龙头，狠抓基地建设，迎来了烟叶生产大发展的新机遇。1995 年在湖南省烟草专卖局（公司）的大力支持下，湘西自治州各级党政领导高度重视，政策措施到位，加大生产投入，走厂县挂钩路子，强化科技兴烟，推动规模种植，烟叶生产基本得到了恢复。全州共落实种植面积 18.3 万亩，其中烤烟 8.5 万亩，虽遭受了严重的自然灾害，仍收购烤烟 5500t，上中烟比例达 82.7%，特产税为 825 万元。

2001 年，湘西自治州通过科技兴烟推动企业扭亏增盈，规模化生产初步形成，生产布局

---

① 1 亩≈666.67m²

趋于合理。烟叶生产技术员工作作风明显好转，技能素质明显提高；烟叶收购秩序良好；大力拓展省外烟叶市场，烟叶销售形势很旺。全州种烤烟 92 900 亩，收烟 9420t，上中等烟比例达 82.56%，特产税为 1431 万元。2003 年，湘西自治州认真贯彻落实"市场引导、计划种植、主攻质量、调整布局"的烟叶工作方针。突出"控制总量、提高质量、优化布局、优化结构"的工作重点，烟叶工作取得了较好的成效。在全国大面积减产和湘西自治州遭遇自然灾害的情况下，收购烤烟 11 177.85t，上中等烟比例占 94.8% 的历史最好水平。2005 年，湘西自治州把烟叶生产定为行业的"生命工程"，重点加大了生产投入，全年各项总投入达到 1.6 亿元。围绕"重心下移、着眼基层、突出服务、加强基础"，提出"扩面、提质、增效"的工作思路，抢抓机遇，强化措施，挖掘潜力，得到各级领导、部门的高度重视，以长沙、常德烟厂办基地为依托，使湘西自治州烟叶生产在量和质上都有了新的跨越。全州种烤烟 214 211 亩，收烟 23 510t，上中等烟比例达 71.43%，合格率为 82%，特产税为 4119.19 万元。2006 年，湘西自治州烟叶生产狠抓计划落实，稳定生产规模，把"稳定规模，防止过热"，力促实现"双控"作为主要工作任务来抓；狠抓科技兴烟，稳定提升烟叶质量，加强了科研及科教示范基地建设，加大了科技实用技术的推广应用力度；狠抓队伍建设与优质服务，进一步提升烟叶生产管理水平；狠抓基础设施建设，进一步提高基地建设水准。全州对烟叶基础设施建设共投入 9877 万元，有 6.3 万亩基本烟田受益。5 月，湘西自治州成功举办了湘龙出口烟叶基地现场会，省内外领导和外国专家肯定了湘西烟叶的质量水平，有效提升了湘西烟叶品牌知名度，扩充了合作空间和市场前景。6 月初，时任国家烟草专卖局纪检组长潘家华到湘西检查工作，对湘西烟叶基础设施建设给予了充分肯定。全州种烤烟 185 000 亩，收烟 18 500t，上中等烟比例达 79.45%，合格率为 82.11%，特产税为 4677.37 万元。2007 年，湘西自治州烟叶生产受诸多因素影响产量有所下降，但烟叶质量和技术水平有所提高。面对不利因素，全州系统切实强化实用技术普及，烟叶生产质量和水平稳步提高；100% 实行集中育苗、专业化管理、商品化供苗，大力推进科技创新，稳定从烟队伍，提高从烟人员素质；建立了 930 个烟农合作组织，造就了大批职业化烟农；烟基建设进展顺利完成投资 7040.34 万元，建成基本烟田 7.62 万亩，受益农户达 1.43 万户，增强了其烟叶发展的后劲。全州种烤烟 156 000 亩，收烟 16 620t，上中等烟比例达 80.9%，合格率为 80.5%，特产税为 3670.83 万元。

二、湘西烤烟生产探索与创新

湘西烟草有着自身的特殊环境，在发展现代烟草农业过程中，应发挥自身的优势，降低劣势的制约，走出一条具有自身特色并可推广、可复制的现代烟草农业模式。

1. 加强基础建设，构建现代烟草农业根基

（1）加大硬件基础建设 按照"综合配套、整体推进、渠道不乱、用途不变、各记其功"的原则，整合政府各部门资金，对烟区的"水、电、路、棚（育苗）、房（烤房）、机（农）、田（基本烟田）"进行全面配套建设，切实改变烟区的硬环境，为现代烟草农业发展搭建硬件基础。

（2）加大软件基础建设　　对现有的人员素质和数量进行摸底，制订人力资源建设规划，对相应人员的质量和数量进行规定，通过培训、引进等多种形式，培育出大量适合现代烟草农业建设要求的烟叶生产经营管理、专业化服务、科研、技术推广等人才队伍，构建现代烟草农业根基。

2. 创新土地整合方式，促进适度规模化

考虑到以山地为主的地形实际，又要在一定程度上适应规模化种植和机械化作业要求，应按照同一海拔进行国土整理，整理后的田土，在政府土地流转中心主持下，推行挂牌竞价流转，实行统一经营。在土地流转过程中，应优先拥地农民承租。经过国土整理和土地流转，土地集中度增加了，田块变大了，中小型机械可以下地作业，将在一定程度上降低烟叶生产成本。

3. 建立多样化的烟叶生产组织

湘西各烟区之间及烟区内部之间差异都非常大，在发展烟叶生产组织的时候也要考虑到这些差异。在容易实行机械化作业的区域采用烟叶家庭农场、烟叶种植大户形式，主要利用管理控制、机械化作业和规模化效益来大幅度降低成本；在不便机械化作业的区域尽量采取烟农股份合作社形式，主要通过分工协作和规模化效益来降低成本和提高烟叶质量。

4. 开展综合利用研究，降低资源成本

烟叶生产作为农业生产范畴，面临设备资源的紧张与闲置双重矛盾，提高设备利用率，具有很大的降低成本的空间。开展烤房设施和育苗设施的综合利用研究，在不影响烟叶生产季节和烟叶产品质量的前提下，选择一种或者几种产品，能对烘烤、育苗、栽培提供设施服务，这将极大地提高设施利用率，有利于大大降低资源成本，使烟叶综合效益得到进一步提高。

5. 健全烟叶服务模式，构建现代烟草农业保障体系

（1）与现代烟草农业战略保持一致　　评价烟叶服务模式优劣的最重要、最关键指标就是看它与烟叶工作战略的匹配程度。当前烟叶生产工作的战略重点是发展现代烟草农业，确保烟区稳定供应优质原料。新建立起来的烟叶服务模式必须与现代烟草农业的新工作流程、新型烟叶生产组织模式及"一基四化"（全面推进烟叶生产基础设施建设、努力实现烟叶生产"规模化种植、集约化经营、专业化分工、信息化管理"）相一致，争取每个环节达到无缝衔接。

（2）服务主体实行多元化　　传统的服务模式是由烟草部门一家来进行服务。发展现代烟草农业，对服务数量和质量都提出了更高的要求，单一服务主体由于负载过多可能会造成服务内容不符合主体身份和服务不到位现象出现。湘西自治州烟草专卖局（公司）根据实际，尝试改变原来由烟草部门一家服务的模式，转由烟草部门、政府、社会及烟农组织自我服务相结合共同服务的主体模式。烟叶服务主体实行多元化后，对烟叶服务进行专业化分工成为可能，多个服务主体可以腾出更多的精力在各自熟悉的领域里精益求精，促进服务的质量与效率不断提高。服务主体多元化后有助于服务关系的理顺，促使服务过程顺利推进。同时不同的服务主体相互联系、相互补充、相互促进，共同服务好整个烟叶生产链。

（3）与农村大农业生产服务相结合　　利用条件或者尽可能地创造条件，使烟叶各种专业化服务与农村大农业专业化服务融为一体，如考虑将植保、机耕、运输、烘烤、育苗等服务与大农业生产相结合，扩大专业化服务市场，降低单个专业化服务成本。

（4）由标准化服务转向标准化＋个性化服务　　技术方案制订方面由过往非常细化的标准化技术方案，到现在大的框架下建立标准化方案，然后根据土地、气候的差异，在确保山地特色烟叶质量的前提下，进一步制订差异化的技术方案。

技术服务过程，采取个性化服务。生产过程中，在提供统一的套餐服务的基础上，根据烟农或者烟叶生产组织人员素质不同提供差异化指导服务。针对不同的烟叶生产组织，提供标准化＋个性化服务。对所有生产组织或烟农提供育苗专业化和机耕专业化服务，对烟叶农场、烟叶种植大户及烟叶生产股份合作社等规模比较大的组织，提供植保、采收编烟、烘烤、分级等专业化服务；对于规模较小的烟农提供技术培训服务，对于规模较大的种植业主和专业队队长还提供管理经营培训服务等。

（5）转换扶持对象，激活良性循环体系　　优惠政策由烟农或者烟叶组织转向专业化服务队。对于购买烟用农机具并组建成专业队的给予一定补贴；对于专业队提供专业化服务时按一定的标准给予补贴，在专业化服务效率提高到一定程度时再逐步取消。对单个烟农的扶持政策逐步转向一定规模的烟叶生产组织或者种植大户，鼓励种植规模逐步扩大和烟农走向联合互助，确保烟叶质量和特色的一致性。

（6）建立烟叶信息化服务支撑体系　　信息烟草农业是现代烟草农业建设最为重要的内容，对于交通不便的湘西山区，它显得尤为重要。通过烟叶生产信息系统，在不提高烟叶服务成本的基础上，建设精准烟草农业。建立土壤肥力、种植状况等基础数据库，指导烟农合理进行轮作，给烟农传递病虫害预报、天气预报、土壤肥力状况信息，帮助烟农或者烟叶生产组织及时做出生产反应；同时也可以利用信息系统帮助烟农或者烟叶生产组织合理利用生产要素，提高生产要素集成产出率，有效地帮助烟叶生产组织降低生产成本，提高烟叶质量；利用信息系统对烟草服务资源进行有效分配，使有限的服务资源发挥最大的效益。

第二节　湘西烤烟生产的自然条件

一、地形地貌特征

湘西自治州位于湖南省西部，属云贵高原北东部边缘地带，地处湘西北褶皱侵蚀、剥蚀山原山地区和湘西断褶侵蚀、剥蚀山地区之间，总体地势为北西部高，南东部低。其中湘西北褶皱侵蚀、剥蚀山原山地区分布于龙山、永顺、保靖、花垣、凤凰一带，海拔标高多在800~1200m，最高海拔标高可达1414.0m（八面山），山体高大，山势宏伟，山顶显多级剥蚀夷平面，并呈丘陵起伏台地，具山原地貌特征。山原面一般较完整，台地四周峡谷深切，边坡多形成悬崖陡壁，河谷幽深，多呈"V"形。由于碳酸盐岩广泛分布，岩溶地貌景观显著。湘西断褶侵蚀、剥蚀山地区位于龙山、永顺、保靖、古丈、吉首、泸溪一带，地貌形态上除中低山外，尚有山间盆地的丘陵谷地。海拔标高一般为400～1000m，最高海拔标高为1327m（永顺小溪一带），山体高大，峰峦重叠，河流纵横切割，河谷幽深，多呈"V"形谷。盆地丘陵低山多为红色及部分碳酸盐岩构成，海拔标高一般为200～600m，切割也较强烈，山体较陡，碳酸盐岩分布地段，岩溶地貌景观显著。

根据区内的地形地貌特征可细分为侵蚀溶蚀型低山溶丘洼地、溶丘谷地地貌，溶蚀构造型中低山急陡坡峰丛峡谷地貌，侵蚀剥蚀构造中低山峡谷急陡坡地貌，侵蚀剥蚀构造低山丘陵峡谷谷地陡坡至急陡坡地貌，侵蚀剥蚀型丘陵谷地地貌和河谷侵蚀堆积地貌等6类，各类地貌特征见表1-1。

表1-1 湘西自治州地貌类型特征表

地貌类型	地层岩性	分布地域	形态特征
侵蚀溶蚀型低山溶丘洼地、溶丘谷地地貌	由T、P、O、€、Z薄～厚层状灰岩、泥质灰岩、泥灰岩、白云岩、白云质灰岩等碳酸盐岩类可溶岩构成	主要分布在龙山县的茨岩塘～召市、塔泥～靛房、永顺县的万民岗～王村、保靖县的复兴场～水田、花垣县和凤凰县的大部分地区。分布标高200～1200m	洼地、落水洞（漏斗）、溶洞、地下暗河等岩溶形态发育，山丘较圆滑，沟谷相对较开阔
溶蚀构造型中低山急陡坡峰丛峡谷地貌	由T、P、O、€、Z薄～厚层状灰岩、泥质灰岩、泥灰岩、白云质灰岩、白云岩等碳酸盐岩类可溶岩构成	主要分布在龙山县的八面山、洛塔马湖寨向斜两翼，永顺县抚字坪～保靖涂乍～夯沙坪～吉首矮寨镇～凤凰山江一带。分布标高300～1000m	山峰尖丛，地形坡度较陡，常形成悬崖陡壁的岩溶地貌景观，沟谷深切狭窄，呈"V"形或"U"形沟谷
侵蚀剥蚀构造中低山峡谷急陡坡地貌	由D、S、O₃-S₁l、€₁s、€₁n、Z、Pt等砂岩、粉砂岩、砂质页岩、页岩、板岩等碎屑岩类构成	主要分布在龙山县的水田坝～猛西湖～贾市镇、永顺县的万民岗～石堤镇、朗溪～小溪、保靖县的拔茅～毛沟镇、古丈县的李家洞～大溪坪、泸溪县的八什坪～吉首市的双塘一带，分布标高400～1200m	山顶多呈鱼脊状，山坡陡峻，D、Z、Pt中多呈陡崖状，沟谷狭窄，其他地层中坡度相对较缓
侵蚀剥蚀构造低山丘陵峡谷谷地陡坡至急陡坡地貌	由D、S、O₃-S₁l、€₁s、€₁n、Z、Pt等砂岩、粉砂岩、砂质页岩、页岩、板岩等碎屑岩类构成	主要分布在龙山县的水田坝～猛西湖～贾市镇、永顺县的万民岗～石堤镇、朗溪～小溪、保靖县的拔茅～毛沟镇、古丈县的李家洞～大溪坪、泸溪县的八什坪～吉首市的双塘一带，分布标高200～1000m	砂岩、粉砂岩段山坡陡峭，沟谷狭窄，页岩段坡度相对较缓
侵蚀剥蚀型丘陵谷地地貌	由K紫红色泥岩、泥质灰砂岩、粉砂质泥岩夹细～粉砂岩构成	分布于龙山县一带的来凤盆地和吉首～泸溪一带的沅麻盆地。分布标高200～600m	地势较平缓，山丘起伏不大，丘陵多为浑圆的连座丘峰；沟谷多为平缓开阔的冲沟
河谷侵蚀堆积地貌	由Q黏土、亚黏土、砂砾石、砂构成	主要分布于沅水、酉水、武水及其次级支流两岸，分布标高100～500m	地势较平缓开阔，常见不对称Ⅰ～Ⅳ级阶地，其中Ⅰ、Ⅱ级为堆积阶地，Ⅲ、Ⅳ级为基座阶地

注：T为三叠系；P为二叠系；O为奥陶系；€为寒武系；Z为震旦系；D为泥盆系；S为志留系；K为白垩系；Q为第四系；Pt为嵩山群

二、气候特点

湘西烟区烟草大田生长期平均温度为19.76～25.43℃，虽然不高，但成熟期平均气温在22.13～27.74℃，烟草生长后期较高，有利于叶内积累较多的同化物质和烟叶品质的提高。湘西烟区烤烟大田期≥10℃的有效积温为2631.07～2880.21℃，烤烟大田期有效积温较高,适宜优质烟叶生产。湘西烟区移栽期主要在4月下旬,伸根期月平均降雨量在110mm以上,个别年份的烟田要注意清沟排水,促进根系生长;旺长期降水充足,月降雨量在104mm以上,有利于烟叶生产;成熟采烤期,降水偏多,对烟叶成熟采烤有不利影响。

湘西烟区大田期日照时数一般在565.92～703.51h,移栽至旺长期日照时数在250h以上,能满足优质烟生产对光照的要求。湘西烟区热量资源较丰富,且配合较好,光、温、水条件较优越。其烤烟大田生长期的气候条件与美国北卡罗来纳州,巴西南大河州,津巴布韦马绍纳兰州,我国的云南曲靖、福建龙岩、贵州遵义、河南许昌、湖南郴州等国内外优质烟叶产区相比,主要问题表现为:前期温度相对较低;降水量相对过多,湿度相对过大。

湘西烟区烤烟大田期的日平均温度在20℃以上,日照时数充足达600h,降水量在700mm以上,具备了种植优质烤烟的基本条件和优势。其烤烟大田生长前期具有日均温相对较高、降水量相对较多、空气湿度大的特点,有利于烟苗移栽成活和早生快发;中后期具有日均温相对较高,尤其是移栽后的第3、4月的日均温达25℃,适合烟叶生长;成熟期温度适宜、日照时数相对较少、空气相对湿度适中的特点,既有利于烟叶成熟,也奠定了湘西烟区山地特色烟叶风格。此外,湘西烟区气候适宜性指数较高,适合优质烤烟的生产。

三、土壤条件

湘西地区植烟土壤呈弱酸性至中性,大部分区域的烟区土壤酸碱度能满足优质烟叶生产。也有部分土壤pH较低,应采取施用石灰或白云石粉的方法来调节土壤酸度。湘西地区植烟土壤有机质、碱解氮、速效磷含量总体上比较适宜,土壤全磷含量偏低,速效钾含量中等,烟区土壤镁素区域差异较大,有部分缺镁,同时也有部分土壤镁含量丰富,部分烟区土壤硫含量偏高,大部分烟区土壤的有效硼含量较高,仅有少部分烟区土壤有效硼缺乏,湘西烟区主要烟区土壤有效铜、有效锌丰富,水溶性氯总体上较低。

1)湘西绝大多数植烟土壤pH能满足优质烤烟生产,植烟土壤pH总体呈弱酸性至中性。但部分区域土壤仍需加以调节酸碱度,尤其是pH在5.00以下的土壤,将土壤酸碱度调至6.50左右为好。

2)湘西植烟土壤有机质和碱解氮含量均比较适宜,但也有部分烟区土壤有机质及碱解氮含量偏低或偏高,因此对有机质偏低的土壤应采取覆盖、绿肥掩青、稻草还田及合理使用农家肥等措施来补充和维持正常的有机质含量;对有机质及碱解氮含量高的土壤要严格控制施氮水平,防止烟叶贪青晚熟,不能正常落黄。

3)湘西植烟土壤全磷含量较低,但以有效养分含量作为养分供给能力的评价指标——速效磷含量较丰富。建议对部分缺磷田块适当增施高质量、水溶性含量高的磷肥;对磷素含量偏高的土壤应当采取相应的控磷措施。

4)湘西部分烟区土壤缺钾,土壤钾素含量处于较低水平,尤其是烟区土壤速效钾含量较低,近50%烟区土壤速效钾处于缺乏或潜在缺乏状态。因此,在生产中仍应重视施用钾肥和增加田间管理,提高钾肥利用效率,减少流失。

5)湘西地区植烟土壤一部分缺镁,但也有一部分土壤镁含量丰富。因此,生产要因地制宜,对缺镁的土壤采取适当的方式补充镁肥。

6）湘西部分烟区土壤硫含量偏高，不能忽视，应减少含硫肥料的施用或种其他作物。

7）湘西大部分烟区土壤的有效硼含量较高，少部分烟区土壤有效硼低于临界含量，难以满足优质烤烟正常生长发育的需求。因此，对部分缺硼的烟区土壤应重视硼肥的施用。

8）湘西主要烟区土壤有效铜、有效锌及水溶性氯等有效态微量元素含量存在不同程度的差异。部分烟区土壤水溶性氯含量缺乏，应适当补氯；但也有一部分烟区土壤氯含量偏高，尤其是一些新烟区，要减少含氯肥料的施用。有效铜和锌含量丰富，基本不缺乏。因此，在烤烟生产过程中要考虑微量元素肥料硼的施用，可以通过基肥施用或叶面喷施硼砂、硼酸的办法给烟株补充硼素。由于湘西烟区禁止烟农在烤烟时使用氯化钾等高含氯的肥料，因此导致水溶性氯的缺乏，要因地制宜，根据各地缺氯情况，有指导性地适当增加烟草专用肥中氯化钾的含量，来保证烟株生长对氯元素的需要，同时对氯含量高的烟区，应禁止烟农使用含氯肥料，确保平衡施肥以达到生产优质烟叶的目的。

第三节　湘西社会经济状况

一、人口状况

2015 年，湘西自治州全州常住人口为 263.45 万。其中城镇人口为 108.36 万，城镇化率为 41.1%，比 2014 年提高 1.2%。总人口中，少数民族人口为 229.6 万，占总人口的 78.6%。其中，土家族有 126.3 万人，苗族有 101.4 万人。全州人口出生率为 13.4‰，比上年上升 0.09 个千分点；死亡率为 5.8‰，比上年下降 0.03 个千分点；人口自然增长率为 7.59‰，比上年上升 0.12 个千分点。

二、湘西交通

2015 年，全州全年全社会货运量为 2998 万吨，增长 5.5%。客运量为 5813 万人，增长 0.8%。2015 年末，全州公路通车里程为 12 322.89km，增长 0.4%。

1. 航空

湘西自治州境内暂时没有机场，周边地区则有张家界荷花机场、常德桃花源机场、铜仁凤凰机场，从吉首市驾车出发到铜仁凤凰机场仅需 45min。即将动工兴建的湘西民用机场位于花垣县，建成后将极大地改善湘西自治州的交通环境，促进当地旅游业的发展。

2. 铁路

2016 年，经过湘西自治州境内的铁路仅有一条焦柳铁路。此外，经过湘西自治州的黔张常铁路正在建设中，已确定开工的张吉怀高速铁路正在进行实地勘探，规划中经过湘西自治州的铁路还有恩吉铁路、秀吉益铁路。

3. 公路

全州公路总里程为 12 322.89km。州境内有国道 428km、省道 2244km、县道 1763km、乡道 3595km、村道 3928km；按公路技术等级分：高速公路 361km、二级公路 223km、三级公路 465km、四级公路 8303km、等外公路 3213km。公路密度为：789m/km²，42.8km/万人。全州已实现乡乡通公路。2015 年 1 月，境内常德至吉首、吉首至茶洞、吉首至怀化、张家界至花垣、凤凰至大兴、龙山至永顺的高速公路已建成通车，永顺至吉首的高速公路正在建设中。公路运输是湘西自治州主要的运输方式。

4. 水运

全州境内航道总里程为 1067km，通航里程 616km，港口 6 个，港口货物吞吐量为 72 万吨。水路运输主要集中在沅水、酉水，沅水航道可经洞庭湖通江达海；全州民用船舶 429 艘，其中客船 375 艘/12 508 客位、货船 54 艘/10 082 吨位，水路客运量 77 万人、旅客周转量 1134 万人/km，货运量 38 万吨、货物周转量 12 235 万吨/km。

三、湘西资源

1. 土地资源

湘西自治州土地总面积为 154.62 万 hm²。其中耕地 13.5 万 hm²，未利用土地 16.61 万 hm²，土地开发储备资源约 4 万 hm²。

2. 水利资源

2014 年，全州大部分区域地表水和地下水资源丰富，水质良好，且地表水与地下水相互转化，形成地表地下水综合利用的格局。境内核算总水量为 213.7 亿 m³，区域内平均年径流量为 132.8 亿 m³；干流长大于 5km、流域面积在 10km² 以上的河流共 444 条，主要河流有沅江、酉水、武水、猛洞河等。水能资源蕴藏量为 168 万 kW·h，可开发 108 万 kW·h，现仅开发 18 万 kW·h。

3. 生物资源

2014 年，全州共有维管束植物 209 科 897 属 2206 种以上。保存有世界闻名孑遗植物水杉、珙桐、银杏、南方红豆杉、伯乐树、鹅掌楸、香果树等；药用植物 985 种，其中杜仲、银杏、天麻、樟脑、黄姜等 19 种为国家保护名贵药材；种子含油量大于 10%的油脂植物有 230 余种；观赏植物 91 科 216 属 383 种。湘西自治州是中国油桐、油茶、生漆及中药材的重要产地。野生动物种类繁多，有脊椎动物区系 28 目 64 科，属国家和省政府规定保护动物 201 种，其中一类保护珍稀动物有云豹、金钱豹、白鹤、白颈长尾雉 4 种，二类保护动物有猕猴、水獭、大鲵等 26 种，三类保护动物有华南兔、红嘴相思鸟。

4. 矿产资源

2014 年，全州已勘查发现 63 个矿种 485 处矿产地。已探明的主要矿产有铅、锌、汞、锰、磷、铝、煤、紫砂陶土、含钾页岩等，其中锰、汞、铝、紫砂陶土矿居湖南省之首，锰工业储量 3106.57 万吨居全国第二，汞远景储量居全国第四。

5. 农业资源

2013 年，全州农林牧渔业总产值 104.5 亿元，比上年增长 2.6%。其中，农业产值 74.5 亿元，增长 3.2%；林业产值 4.2 亿元，增长 0.7%；牧业产值 23.6 亿元，增长 0.9%；渔业产值 1.7 亿元，增长 3.8%。

2013 年，全州粮食播种面积 18 万 hm^2，比上年增长 2.3%；油料种植面积 6.0 万 hm^2，增长 0.1%；蔬菜种植面积 5.9 万 hm^2，增长 4.4%。

2013 年，全州粮食总产量 82.5 万吨，比上年下降 3%；蔬菜产量 73.6 万吨，增长 2.7%；油料产量 8.8 万吨，增长 4.2%；茶叶产量 0.18 万吨，增长 4.9%；水产品产量 2.1 万吨，增长 1.8%；烤烟产量 3.5 万吨，下降 3.2%；猪肉产量 7.7 万吨，下降 0.3%。

2013 年，全州特色产业面积有 240 万亩。椪柑产业完成品改 1.2 万亩，茶叶产业扩面提质 21.6 万亩，猕猴桃品改和培管 12.5 万亩，完成猕猴桃标准化示范基地建设 2.9 万亩，百合生产和培管 10 万亩，种植优质烟叶 30.1 万亩，蔬菜新扩商品蔬菜基地 2 万亩，商品蔬菜面积达到 45 万亩。

2013 年。全州农民专业合作社 950 个，农民专业合作社成员 6.5 万人。全州农村承包土地经营权流转面积 19.5 万亩，占家庭承包经营耕地总面积 10.1%。农产品加工企业为 629 个，州级以上龙头企业有 111 家。

第二章　基于某品牌导向的原料评价研究

第一节　湘西烟叶生产基地概况

一、永顺生产基地概况

1. 地理位置

永顺基地单元位于东经 109°35′～东经 110°23′、北纬 28°42′～北纬 29°27′，属中亚热带山地湿润气候。2010 年，广东中烟工业有限责任公司（简称"广东中烟"）在永顺县实施某品牌湘西山地生态优质特色烟叶研究和特色优质烟叶开发工作，共商共建基地单元。

基地单元属湖南省优质烤烟最适生长区之一，所产烟叶风格独特，外观及内质量较好，正反面色差小，香气优雅细腻，吸味醇厚，香气浓度中偏高，透发性、成团性好，有较明显的甜润感，配伍性好，中烟工业可用性高，一直以来深受中烟工业企业的青睐。

2. 生态条件

（1）气候资源　　基地单元属中亚热带山地季风性湿润气候，光照充足，雨量充沛，无霜期长，四季分明，热量较足，水热同步，温暖湿润；夏无酷暑，冬少严寒，垂直差异悬殊，立体气候特征明显，小气候效应显著，具有得天独厚的自然条件。地貌呈山地、山原、丘陵、岗地及向斜谷地等多种类型，最高海拔为 1437.9m，最低海拔为 162.6m，高低相差 1275.3m，平均海拔在 660m 左右。年平均气温为 14.2～16.4℃，无霜期有 234～290d，日照时数为 1305.8h。年均降水量 1365.9mm。烟叶大田期降水量为 720～760mm，日照时数为 580h。成熟期降水量 280～360mm，日照时数为 320～350h，≥35℃的平均高温日数为 5.3d。

总体而言，烟叶大田期降水较多，日照较充足，高温日数较少，且昼夜温差大，降水分布均匀，山地小气候特点明显，有利于烤烟干物质积累、转化及生长发育成熟，这些优越的气候条件使其成为全国重要、优质的生态烤烟产区，深受工业厚爱。

（2）土地资源及土壤养分　　在土壤营养状况方面：依据海拔、地形、地貌、成土母质、土壤颜色及质地的不同，基地单元植烟土壤类别具有多元丰富的典型特征，主要分为棕壤、黄棕壤、红壤、水稻土 4 个土类，10 个亚类，14 个土属，为优质烤烟的生产提供天然的基础条件。2014 年对湘西主产烟县（区）234 个土壤样品养分进行的分析结果表明，植烟土壤肥力水平较高，土壤 pH 在 6～8，pH 平均为 6.7，稍偏酸性，土壤有机质含量较高，平均为 55.36g/kg，高于湖南省平均值；氮含量相对较高，烟区土壤全氮和碱解氮含量平均值都比较高，分别为 2.65g/kg 和 195.83mg/kg，土壤全氮含量在 1.0～2.0g/kg 的土壤样品占 28.85%；磷和钾含量分布差异较大，总体含量偏高；钙、镁、锌含量丰富；土壤钼、硼等微量元素含量相对缺乏。基于上述土壤营养分析结果推断，基地单元土壤 C/N 为 8.5～11.6，这与最适宜土壤指标 C/N 为 25～30 相比，碳氮比值明显偏低。另外，根据工业取样评价分析的结果，基地单元下部叶颜色偏淡，身份偏薄，上部烟烟碱偏高，下部烟糖碱比偏高。这可能与当地连续烤烟种植，土壤中的磷脂脂肪酸含量逐渐降低有关。

基地单元位于永顺县南部，辖 36 个行政村、1 个居民委员会、280 个村民小组，所辖面积为 149.2km²，年种植烤烟规模约 2.0 万亩，年收购烟叶 4.5 万担以上，户均种植面积 21.5 亩，烤烟整体种植水平较高。基本烟田主要分布在海拔 500～600m，境内生态条件较好，气候适宜，属典型的山地丘陵烟区，十分适宜优质烤烟的生长。

（3）水利灌溉　基地单元水利灌溉条件较高。2013 年通过耕地地力评价表明，耕地面积为 6883.28hm²，占全县总耕地面积的 12.08%。其中：灌溉水田面积 1732.2hm²，占全县灌溉水田面积的 10.09%，旱地 4824.88hm²，占全县旱地面积的 13.3%，水浇地 326.2hm²，占全县水浇地面积的 11.38%。灌溉水资源丰富，能满足优质烟叶生产要求，且随着生产投入的逐年增加和农业基础设施的不断改善，烤烟生产抗拒自然灾害的能力大为增强。

（4）技术力量　基地单元烤烟种植历史悠久，具有高层次的技术力量、管理队伍及种烟经验丰富的烟农群体。近年来，湘西自治州烟草公司注重加强基层烟站人员队伍，加大培训力度，实行持证上岗制度，现有获得职业资格证的高级工 1 名，中级工 5 名，初级工 3 名。另外，基地单元强抓生产全程化痕迹管理，对管理部门建立综合考核评价机制，充分调动基层员工的积极性和服务意识，培养一批具有较高业务水平且富有经验的烟叶生产管理队伍，优化各站点人员配置，制定工作管理制度和绩效考核制度，大大提高工作效率。

2015 年以来，基地单元逐渐探索烟叶生产网格化管理信息。按照现代烟草农业的要求对管理水平进行了提升，围绕计划合同管理，通过计划的逐级分解下达，控制合同签订，以种植收购合同、购销合同为手段，以服务片区为基本管理单元实现对烟叶生产、收购全过程的管控。烟叶生产经营各环节信息采集的全流程、全覆盖，使基层站的精细化、网格化管理模式得以实现。

在科研项目方面，基地单元围绕"生态决定特色、浓香风格突出、品牌定位清晰、工业配方独特"的技术开发目标，努力抓好特色优质烟叶专项研究与规模开发，完善特色烟叶生产技术体系，提高基地烟叶生产现代化、核心原料供应基地化、烟叶品质特色化生产水平。

合作社建设方面，按照国家烟草专卖局对烟农合作社建立的要求，秉承"政府引导、烟草扶持、部门配合、烟农主体"的烟叶合作社建设工作机制，同时按照"种植在户，服务在社，收益共享"的模式建立基地单元综合性烟叶生产合作社"金叶惠农专业合作社"，入社烟农 352 户，单元辖区内烟农入社率达 75%，基本做到了专业化育苗、机耕、植保、烘烤、分级的全程产业链生产模式。

（5）社会经济环境　基地单元地处湘西自治州中部，属亚热带湿润季风气候带，自然条件优越，是世界上最适宜种植烤烟的地区之一，具有适宜烤烟生长发育的"光、温、气、热、水"综合条件。近年来，烟叶种植已经成为当地的主要经济作物，是烟农致富小康的重要途径和方式。地方政府将烤烟产业作为农业支柱产业，积极培育和发展烟叶产业，积极组织农业开发、水利建设等方面的资金，加大基本烟田及配套设施建设力度，出台惠农政策，营造生态优质烟叶环境，取得了显著的成效。

二、龙山生产基地概况

1. 地理位置及地势地貌

龙山县位于湖南省西北部，西与重庆市酉阳县、秀山县，北与湖北省来凤县、宣恩县接壤，东与省内桑植县、永顺县毗邻，南与保靖县隔酉水河相望。位于东经109°13′～东经109°46′8″、北纬28°46′7″～北纬29°38′4″。总面积达31.3万 hm²，占湘西自治州总面积的20.2%。

龙山县地处云贵高原北东侧与鄂西山地西南端结合部，武陵山脉由北东和南西斜贯全境，地势北高南低，属中国由西向东逐步降低的第二阶梯东缘。县境属强侵（溶）蚀山区，境内群山起伏，山峦重叠，溪谷交错，坡陡谷深，山体破碎，耕地分散。海拔1000～1200m 的山头有192座，1200m 以上的山头有353座。主要山脉有北部的红旗界，西部的辽叶可立坡，东北部的猛必界，东部的永龙界、曾家界，中部的洛塔界，西南部的八面山等，由东北向南延展，呈东、中、西、北山脉凸起，形成北高南低、东陡西缓向南开口的"勹"字形地貌骨架。

县境地貌受地质构造控制极为明显，由于经历了加里东、海西宁、燕山和喜马拉雅山等多次地壳运动，以及长期侵（溶）蚀等外力因素的影响，地貌具有岭谷相间、高低悬殊、切割深密、波状起伏、多层次、阶梯状、链状与连续性变化的特征。最高山峰红旗界主峰大灵山海拔1736.5m，最低处隆头镇的隆头河滩海拔218.2m。相对高差1518.3m，比降为2.3‰，最大切割深度为1136m，最大切割密度为4.7km/km²，形成以山地为主，兼有丘陵、岗地、平原及水面等多种地貌类型，且大部分乡、村有多种地貌类型。县境山、丘、岗、平川及水面的组合比例为82∶10∶4∶3∶1。

2. 生态条件

（1）气候资源　龙山县属亚热带大陆性湿润季风气候区。全年四季分明。夏半年受夏季风影响，降水较丰沛，气候温暖湿润。冬半年受冬季风控制，气温较低，降水较少，气候较寒冷。在复杂的山体影响下，形成山地垂直地带和水平方向地域差异的多样性气候。与省内同纬度地区相比，具有光热总量偏少，冬暖夏凉，光热基本同季；降水丰沛，时空分配不均；气候类型多样，立体特征明显；气象灾害多等特征。

根据湖南省各地气象台站资料比较，县域（以县城为例）多年平均气温为15.8℃，仅比最低的桂东高0.4℃，比最高的道县低2.6℃；比同纬度的岳阳、常德、平江分别低1.1℃、0.9℃、1.1℃。县域年较差气温为22.1℃，比全省大部分地区要小。夏无酷热、冬无严寒（除八面山等高海拔区）。县域海拔较高，山多云雾多，日照较少，故夏无酷热。当北方冷空气南下时，北面为秦巴山脉所挡，只能过江汉平原，插洞庭湖，迂回从东路影响县域，且县内山重峰叠，冷空气不能长驱直入，故降温幅度不大，冬无严寒。

（2）土地资源及土壤养分　龙山县县境地质构造复杂，由不同地质时代的沉积岩组成。出露地表，由老到新有古生代的寒武系、奥陶系、泥盆系、二叠系，中生代的三叠系、白垩系和新生代的第三系、第四系。因此，成土母质多，有石灰岩、板页岩、砂岩、白云岩、紫色砂页岩、第四纪红土及河流冲积物等7种。

县境石灰岩（包括白云岩）分布很广，面积为 1616.94km²，占龙山县总面积的 52.1%。因长期经受侵蚀和溶蚀，形成大小不等的溶蚀剥夷面和洼地，以及许多溶洞、漏斗、落水洞、石芽、暗河等地貌；又因地质构造和北高南低的地势影响，地表溪流切割深密，水系树枝状和格状分布。

龙山县境内土壤共 9 个土类、19 个亚类、67 个土属、155 个土种、33 个变种。县境土壤的 48.9% 由板页岩、河流冲积物（古河流和近代河流冲积物）、紫色砂页岩等富含矿物质营养元素的母质风化发育而来，加之县域处亚热带季风湿润气候区，因小区域气候的特殊温湿效应，气候温和，雨量充沛，雨热同季，植被生长旺盛，有利于有机物质的积累，即使是石灰岩母质风化的土壤，历史上也曾植被茂密。因此，县域自然土壤原生质量较高，耕作土壤也趋同样趋势。据龙山县第二次土壤普查地块样化验与千亩农田样化验结果统计，县域自然土壤碱解氮含量中至丰面积达 94%，缺的面积只有 6%；钾含量丰的面积达 50%，中等面积的达 41%，缺的面积只有 6%；有机质含量高于 2% 的面积占山地总面积的 64%。

（3）水利灌溉　　境内溪河均属沅水、澧水水系。溪河落差较大，加之雨量充沛，水能资源丰富。根据 1985 年的调查统计，龙山县水能资源理论蕴藏量为 264 956kW·h。其中酉水干流为 254 119kW·h，澧水干流为 10 837kW·h。龙山县可建装机在 100kW 以上的水电站 38 处，共计 74 055kW。其中酉水干流 35 处，装机 67 125kW；澧水干流 3 处，装机 6930kW。1994 年底，龙山县已开发水电 43 处，总装机 42 715kW，占可开发装机的 57.6%，占龙山县水力总资源理论蕴藏量的 16.1%。至 2007 年，年发电量达 1.83 亿 kW·h。小水电装机总容量为 68 000kW。

（4）技术力量情况　　2015 年，龙山完成烤烟种植 7.1 万亩，收购烟叶 16.95 万担，收购均价（正价）为 28.6 元/kg，烟叶税首次突破 5000 万元大关，达 5060 万元，烟农总收入 2.56 亿元。烟农的亩平均收入、户年均收入分别达到 3605 元、9.48 万元，分别比上一年增加 440 元、2.16 万元。烤烟是龙山县农民持续、长久增收的支柱产业，在龙山县委、县政府的高度重视下，形成了齐抓共管、稳步发展的局面。

基地单元建设提质增效。龙山县总投资 5000 多万元实施烟叶基地单元建设，完成烟水配套工程 32 处、密集烤房 609 栋、烘烤工场附属设施 1 处、机耕路 89km、温室育苗大棚 10 座，投入烟用机械 71 台套，增强烟区综合生产能力，为烤烟产业持续发展提供有力保障。扎实推进烟叶标准化生产，创办了 4 个标准化生产核心示范区，18 个标准化生产示范样板，落实并对口联系了 172 户标准化生产示范户，同时在土壤改良、育苗移栽、大田培管等技术方面不断创新，烟叶质量得到明显提高。

第二节　某品牌典型烟叶原料产地烟叶质量风格特点

一、外观质量

1. 成熟度

湘西地区各部位烟叶成熟度见表 2-1：中部叶和上部叶成熟度好于下部叶，2013 年成熟度略低于 2012 年，但变化不大。

表 2-1　湘西地区不同年份代表性等级烟叶成熟度比较表

年份	B2F	C3F	X2F	三等级平均
2012	27.09	26.51	21.67	25.09
2013	26.72	25.47	21.02	24.40

注：成熟度中好为 21~30，中为 11~20，差为 1~10。B2F. 上部橘黄色；C3F. 中部橘黄色；X2F. 下部橘黄色，下表同

2. 发育状况

从表 2-2 可知，湘西地区各部位烟叶发育状况良好，中部叶和上部叶略好于下部叶，2013 年发育状况略次于 2012 年，但变化不大。

表 2-2　湘西地区不同年份代表性等级烟叶发育状况比较表

年份	B2F	C3F	X2F	三等级平均
2012	13.59	14.08	13.38	13.68
2013	13.33	13.40	12.80	13.18

注：发育状况中好为 11~15，中为 6~10，差为 1~5

3. 叶片结构

从表 2-3 可知，湘西地区各部位烟叶叶片结构疏松，中部叶和上部叶略好于下部叶，2013 年叶片结构略低于 2012 年，但变化不大。

表 2-3　湘西地区不同年份代表性等级烟叶叶片结构比较表

年份	B2F	C3F	X2F	三等级平均
2012	16.19	15.24	15.54	15.66
2013	16.23	15.26	14.33	15.27

注：叶片结构中疏松为 14~20，稍密为 7~13，紧密为 1~6

4. 身份

从表 2-4 可知，湘西地区各部位烟叶身份适中，中部叶和上部叶略好于下部叶，2013 年叶片身份略差于 2012 年，但变化不大。

表 2-4　湘西地区不同年份代表性等级烟叶身份比较表

年份	B2F	C3F	X2F	三等级平均
2012	13.39	13.64	12.07	13.03
2013	13.28	13.19	11.57	12.68

注：身份中好为 11~15，中为 6~10，差为 1~5

5. 油分

从表 2-5 可知,湘西地区各部位烟叶油分较多,中部叶和上部叶油分多于下部叶,2013 年叶片油分略高于 2012 年,但变化不大。

表 2-5　湘西地区不同年份代表性等级烟叶油分比较表

年份	B2F	C3F	X2F	三等级平均
2012	15.13	15.51	12.80	14.48
2013	15.97	15.86	13.58	15.13

注:油分中多为 14~20,中为 7~13,少为 1~6

6. 色泽

从表 2-6 可知,湘西地区各部位烟叶色泽好,色泽在不同部位烟叶间差异不大,在年份间差异很小。

表 2-6　湘西地区不同年份代表性等级烟叶色泽比较表

年份	B2F	C3F	X2F	三等级平均
2012	8.79	8.97	8.97	8.91
2013	8.88	8.92	8.82	8.87

注:色泽中好为 7~10,中为 4~6,差为 1~3

7. 色均匀度

从表 2-7 可知,湘西地区各部位烟叶色均匀度较好,且在不同部位烟叶间差异不大,在年份间差异很小。

表 2-7　湘西地区不同年份代表性等级烟叶色均匀度比较表

年份	B2F	C3F	X2F	三等级平均
2012	4.38	4.47	4.47	4.44
2013	4.37	4.32	4.36	4.35

注:色均匀度中好为 4~5,中为 2~3,差为 1

8. 光滑或微青

从表 2-8 可知,湘西地区光滑或微青烟含量较少,且部位间没有明显差异,在年份间略有差别,2013 年较 2012 年略少。

表 2-8 湘西地区不同年份代表性等级烟叶光滑或微青比较表

年份	B2F	C3F	X2F	三等级平均
2012	4.48	4.49	4.43	4.47
2013	4.30	4.24	4.32	4.29

注：关于光滑或微青的程度好为 4～5，中为 2～3，差为 1

9. 总分

表 2-9 是上述各个外观质量总体评分表，从中可以看出，中部和上部叶外观质量明显好于下部叶，2012 年好于 2013 年。

表 2-9 湘西地区不同年份代表性等级烟叶外观质量总体比较表

年份	B2F	C3F	X2F	三等级平均
2012	89.05	90.92	85.33	88.43
2013	88.08	87.66	82.77	86.17

10. 等级纯度

从表 2-10 可知，烟叶调拨等级纯度较高，上部叶和下部叶等级纯度优于中部叶，2012 年和 2013 年等级纯度相当。

表 2-10 湘西地区不同年份代表性等级烟叶纯度比较表

年份	B2F	C3F	X2F	三等级平均
2012	26.7	25.5	26.2	26.1
2013	26.4	25.9	26.3	26.2

注：等级纯度中好为 21～30，中为 11～20，差为 1～10

二、化学指标特征

1. 总糖

从表 2-11 可知，湘西地区烟叶总糖在部位间差异明显，下部叶和中部叶总糖较高，超过 30%，2013 年和 2012 年烟叶总糖差异不大。

表 2-11 湘西地区不同年份代表性等级烟叶总糖含量比较表

年份	B2F	C3F	X2F	三等级平均
2012	24.99	34.09	33.31	30.80
2013	22.09	31.21	33.87	29.06

2. 还原糖

从表 2-12 可知，湘西地区烟叶还原糖在部位间差异明显，下部叶和中部叶还原糖较高，明显高于上部叶，2013 年还原糖含量略有下降。

表 2-12　湘西地区不同年份代表性等级烟叶还原糖含量比较表

年份	B2F	C3F	X2F	三等级平均
2012	21.56	29.50	28.28	26.45
2013	18.89	26.53	27.45	24.29

3. 总植物碱

从表 2-13 可知，湘西地区烟叶总植物碱含量在部位间差异明显，下部叶和中部叶总植物碱含量在适宜范围内，上部叶偏高。2013 年和 2012 年烟叶总植物碱含量差异不大。

表 2-13　湘西地区不同年份代表性等级烟叶总植物碱含量比较表

年份	B2F	C3F	X2F	三等级平均
2012	4.04	2.88	1.91	2.94
2013	4.17	2.63	1.99	2.93

4. 总氮

从表 2-14 可知，湘西地区烟叶总氮在部位间差异明显，下部叶和中部叶总含量明显低于上部叶，但都在适宜范围内。2013 年烟叶总氮略有下降，但差异不大。

表 2-14　湘西地区不同年份代表性等级烟叶总氮含量比较表

年份	B2F	C3F	X2F	三等级平均
2012	2.34	1.70	1.58	1.87
2013	2.32	1.60	1.47	1.80

5. 氯

从表 2-15 可知，湘西地区各部位烟叶氯含量均在适宜范围内，2013 年略有提高。

表 2-15　湘西地区不同年份代表性等级烟叶氯含量比较表

年份	B2F	C3F	X2F	三等级平均
2012	0.30	0.26	0.29	0.28
2013	0.47	0.32	0.31	0.37

6. 钾

从表 2-16 可知，湘西地区各部位烟叶钾含量均在 2% 以上，下部叶超过 2.5%，2013 年略有下降。

表 2-16　湘西地区不同年份代表性等级烟叶钾含量比较表

年份	B2F	C3F	X2F	三等级平均
2012	2.25	2.49	3.24	2.66
2013	2.00	2.13	2.56	2.23

7. 糖碱比

从表 2-17 可知，湘西地区各部位烟叶糖碱比在部位间差异极大，中部叶糖碱比略微偏高，上部叶糖碱比略微偏低，下部叶糖碱比偏高，2012 年和 2013 年间差异不大。

表 2-17　湘西地区不同年份代表性等级烟叶糖碱比的比较表

年份	B2F	C3F	X2F	三等级平均
2012	6.31	11.97	17.62	11.97
2013	5.43	12.02	17.04	11.50

8. 氮碱比

从表 2-18 可知，湘西地区各部位烟叶氮碱比在部位间差异极大，中部叶和上部叶明显偏低，下部叶较为接近适宜值（小于或等于 1）。2012 年和 2013 年间差异不大。

表 2-18　湘西地区不同年份代表性等级烟叶氮碱比的比较表

年份	B2F	C3F	X2F	三等级平均
2012	0.58	0.60	0.84	0.67
2013	0.56	0.62	0.74	0.64

9. 钾氯比

从表 2-19 可知，湘西地区各部位烟叶钾氯比均大于 4，表明烟叶燃烧性良好。但 2013 年钾氯比明显低于 2012 年，提示我们要注意控制氯肥使用量。

表 2-19　湘西地区不同年份代表性等级烟叶钾氯比的比较表

年份	B2F	C3F	X2F	三等级平均
2012	8.17	10.64	13.82	10.88
2013	4.82	7.30	9.04	7.05

10. 双糖比

湘西地区各部位烟叶双糖比（还原糖与水溶性总糖之比）基本在 0.85 以上，说明在成熟及烘烤过程中，烟叶淀粉降解较为充分，但仍然有提升空间。

三、感官质量特征

1. 香气质

从表 2-20 可知，湘西地区中部叶香气质最佳，其次是下部叶和上部叶，2013 年烟草香气质略好于 2012 年，主要体现在中部叶香气质提升。

表 2-20　湘西地区不同年份代表性等级烟叶香气质比较表

年份	B2F	C3F	X2F	三等级平均
2012	6.02	6.21	6.09	6.11
2013	6.03	6.72	6.09	6.28

注：满分为 10 分，质量特征越好，得分越高

2. 香气量

从表 2-21 可知，湘西地区上部叶和中部叶香气量明显高于下部叶，2013 年烟草香气量略好于 2012 年，主要体现在中部叶和下部叶香气量提升。

表 2-21　湘西地区不同年份代表性等级烟叶香气量比较表

年份	B2F	C3F	X2F	三等级平均
2012	6.93	6.81	6.02	6.59
2013	6.99	6.92	6.36	6.67

注：满分为 10 分，质量特征越好，得分越高

3. 杂气

从表 2-22 可知，湘西地区上部叶杂气明显高于中部和下部叶，2013 年烟草杂气略大于 2012 年，主要体现在上部叶杂气增加。

表 2-22　湘西地区不同年份代表性等级烟叶杂气比较表

年份	B2F	C3F	X2F	三等级平均
2012	5.87	6.06	6.07	6.00
2013	5.59	6.02	6.07	5.89

注：满分为 10 分，评分越高，杂气越少

4. 浓度

从表 2-23 可知，湘西地区烟叶烟气浓度表现为：上部叶＞中部叶＞下部叶，2013 年各个部位烟气浓度均高于 2012 年。

表 2-23　湘西地区不同年份代表性等级烟叶烟气浓度比较表

年份	B2F	C3F	X2F	三等级平均
2012	7.16	6.81	6.04	6.67
2013	7.55	7.04	6.35	6.98

注：满分为 10 分，质量特征越好，得分越高

5. 劲头

从表 2-24 可知，湘西地区烟叶烟气劲头表现为：中部叶＞上部和下部叶，2013 年烟气劲头略低于 2012 年，主要体现在上部叶烟气劲头下降。

表 2-24　湘西地区不同年份代表性等级烟叶烟气劲头比较表

年份	B2F	C3F	X2F	三等级平均
2012	6.09	6.83	6.54	6.49
2013	5.70	6.88	6.56	6.38

注：满分为 10 分，劲头浓度越大，得分越高

6. 刺激性

从表 2-25 可知，湘西地区烟叶烟气刺激性表现为：上部和中部叶＜下部叶，2013 年烟气刺激性略低于 2012 年，但差别不大。

表 2-25　湘西地区不同年份代表性等级烟叶烟气刺激性比较表

年份	B2F	C3F	X2F	三等级平均
2012	6.01	6.12	6.77	6.30
2013	6.00	6.07	6.60	6.22

注：满分为 10 分，质量特征越好，得分越高

7. 余味

从表 2-26 可知，湘西地区烟叶余味较舒适，中部和下部叶余味好于上部，2013 年烟气余味略好于 2012 年。

表 2-26　湘西地区不同年份代表性等级烟叶烟气余味比较表

年份	B2F	C3F	X2F	三等级平均
2012	5.98	6.00	6.04	6.01
2013	5.98	6.07	6.08	6.04

注：满分为 10 分，质量特征越好，得分越高

8. 评吸总分

从表 2-27 可知，湘西地区烟叶内在质量整体表现为：中部＞上部＞下部，2013 年内在质量整体略有提高。

表 2-27　湘西地区不同年份代表性等级烟叶烟气评吸总分比较表

年份	B2F	C3F	X2F	三等级平均
2012	58.06	58.84	57.57	58.16
2013	57.83	59.72	58.11	58.55

注：浓度和劲头属于风格特征，不纳入总分的计算。总分 = 香气质×20% + 香气量×35% + 杂气×20% + 刺激性×10% + 余味×15%

四、烟叶质量比较

1）从外观质量、内在质量和化学成分 3 个方面对 2012 年和 2013 年湘西地区烟叶质量进行评价。2012 年烟叶外观质量略高于 2013 年，但烟叶油分和内在质量上，2013 年烟叶略好于 2012 年。总体来说，湘西烟叶质量在年份间波动不大。

2）湘西烟叶化学成分特点为：上部烟叶烟碱偏高，中部和下部叶糖含量偏高，总氮适宜，氮碱比偏低，钾氯比适宜，双糖比在 85% 左右。这反映出烟叶成熟期间，烟叶碳氮代谢失调，在生产上应采取"降碱、降糖、稳氮、提钾"措施。

五、应变栽培措施

1. 移栽期试验

力争下部叶成熟时气温较高，昼夜温差较小，同时要兼顾上部和中部采烤季节温度和光照充分，以降低各部位成熟期间烟叶淀粉积累，从而降低烤后烟叶糖含量。

2. 成熟期氮素调控试验

上部叶烟碱偏高，氮碱比偏低，说明上部叶成熟期间氮代谢失调，估计是成熟期土壤氮素供应过高，而光照不足，合成较多在烤房内不能充分降解的结构蛋白和烟碱，致使氮碱比偏低。因此，应控制后期土壤氮肥释放量，减少烟碱合成。

第三章　湘西烟叶生产基地单元生态特色与烟叶质量关系

第一节　植烟土壤特征分析

一、植烟土壤海拔

湘西地貌呈山地、山原、丘陵、岗地及向斜谷地等多种类型，最高海拔 1437.9m，最低海拔 162.6m，高低相差 1275.3m，平均海拔 660m 左右。基本烟田主要分布在海拔 500～600m 处。

二、植烟土壤地形地貌

永顺基地单元位于永顺县部南部，东经 109°35′～东经 110°23′、北纬 28°42′～北纬 29°27′，所辖面积 149.2km²，年种植烤烟规模 2.0 万亩左右、年收购烟叶 4.5 万担以上，户均种植面积 21.5 亩。境内生态条件较好，气候适宜，属典型的山地丘陵烟区，十分适宜优质烤烟的生长。

三、植烟土壤类型、亚类及分布特点

基地单元土壤具有多元丰富的典型特征，依据海拔、地形、地貌、成土母质、土壤颜色及质地不同主要分为 4 个土类（棕壤、黄棕壤、红壤、水稻土），10 个亚类，14 个土属，为优质烤烟的生产提供天然的基础条件。

四、植烟土壤 pH 及养分特征

1. 土壤 pH

湘西地区植烟土壤 pH 水平在适宜范围之内，平均值为 5.87，最低为 3.87，最高为 7.25，变异系数为 11.13%，变异系数较小（表 3-1）。7 个主要植烟县烟区土壤 pH 平均为 5.37～6.033，除古丈县烟区土壤 pH 较低外，其他各县均处于适宜范围。7 个主产烟县烟区土壤 pH 均适中，最高的为保靖县，其次是龙山县、泸溪县、凤凰县、花垣县、永顺县，最低的是古丈县，且古丈县烟区土壤 pH 平均值低于 5.5。不同县区烟区土壤 pH 存在极显著差异（sig. = 0.000），保靖县烟区土壤 pH 最高，与其他 6 个县区相比差异极显著；古丈县烟区土壤 pH 最低，且与其他 6 个县区存在极显著差异，除保靖县、古丈县外，其他 5 县烟区土壤 pH 差异不大。

表 3-1　湘西地区植烟土壤 pH 基本统计特征

地区	样本数	均值	标准差	最小值	最大值	偏度系数	峰度系数	变异系数/%
保靖县	38	6.033A	0.562	4.4940	6.980	−0.967	0.105	8.88
凤凰县	50	5.865B	0.451	4.720	6.750	−0.149	−0.141	7.69
古丈县	62	5.370C	0.575	4.360	6.940	0.469	0.101	10.71
花垣县	42	5.816B	0.638	3.870	6.960	−0.914	1.808	10.96
龙山县	132	6.019AB	0.681	4.250	7.250	−0.776	−0.236	11.31
泸溪县	18	5.867B	0.381	5.190	6.660	0.386	0.521	6.49
永顺县	146	5.798B	0.631	4.050	6.950	−0.526	−0.285	10.88
湘西烟区	488	5.865	0.652	3.870	7.250	−0.432	−0.386	11.13

注：同列不同大写字母代表显著性差异水平，下表同

　　湘西地区植烟土壤 pH 处于适宜范围内的样本占总样本的 72.75%，pH "低" 和 "极低" 占 26.84%，"高" 和 "很高" 占 0.41%，烟区土壤样本中 pH 没有大于 7.50 的样本。总的来看，湘西地区植烟土壤大部分呈弱酸性至中性，基本符合生产优质烟叶的要求。只有少部分 pH 在 5.00 以下（占 12.09%）的土壤，土壤偏酸性，应适当提高 pH，通过调整土壤 pH 至适宜范围，方能符合烟草生长发育对烟区土壤 pH 的要求。

　　2. 有机质

　　湘西烟区土壤有机质含量基本处于适宜水平之间，平均值为 2.16%，最高为 5.42%，最低为 0.31%，变异系数达 39.91%，属中等强度变异（表 3-2）。7 个主产烟县烟区土壤有机质含量平均均在 1.64%～2.44%，最高的为永顺县，其次是凤凰县、龙山县、泸溪县、古丈县、花垣县，最低的为保靖县；7 个烟县中，永顺县、凤凰县、龙山县烟区土壤有机质含量总体上处于适宜水平，其他各县总体上处于偏低水平。

表 3-2　湘西地区植烟土壤有机质含量基本统计特征

地区	样本数	均值/%	标准差/%	最小值/%	最大值/%	偏度系数	峰度系数	变异系数/%
保靖县	38	1.641D	0.864	0.475	4.500	1.433	3.062	52.63
凤凰县	50	2.298AB	0.870	0.394	5.420	0.915	2.487	37.85
古丈县	62	1.792CD	0.791	0.335	4.320	0.767	0.657	44.17
花垣县	42	1.734D	0.855	0.312	4.867	1.149	3.125	49.29
龙山县	132	2.242ABC	0.722	0.586	4.322	0.284	0.317	32.21
泸溪县	18	1.990ABC	0.720	1.105	4.083	1.344	3.122	36.18
永顺县	146	2.437A	0.869	0.586	5.207	0.740	0.361	35.13
湘西烟区	488	2.160	0.862	0.312	5.420	0.649	0.756	39.91

　　湘西地区植烟土壤有机质处于适宜范围内的样本占 41.48%，"缺乏" 和 "偏低" 的

烟区土壤样本之和为43.53%，"丰富"的烟区土壤样本为4.11%，而"偏高"的烟区土壤样本也只有10.88%。从湘西地区植烟土壤有机质含量总体情况来看是适宜烤烟种植，单从湘西地区植烟土壤有机质含量平均值看并不缺乏，但土壤有机质含量区域间变化较大，处于"缺乏"和"偏低"状态的烟区达43.53%。因此，在烤烟生产实践中，对于有机质含量偏低的植烟土壤建议采用增施有机肥及健全合理的轮作制度等措施，从而避免土壤有机质的过度消耗。

3. 全氮

湘西地区植烟土壤全氮含量大部分达到丰富水平，均值为0.24%，变幅为0.097%~0.616%，变异系数为39.56%，属中等强度变异（表3-3）。土壤全氮含量从高到低依次为：永顺县、龙山县、古丈县、凤凰县、花垣县、保靖县和泸溪县；其中，土壤全氮含量总体水平丰富的烟区为永顺县和龙山县，其他各县全氮含量水平总体偏高。不同县烟区土壤全氮含量存在极显著差异，其中以永顺县烟区土壤全氮含量最高，与其他县区相比差异极显著。

表3-3 湘西地区植烟土壤全氮含量基本统计特征

地区	样本数	均值/%	标准差/%	最小值/%	最大值/%	偏度系数	峰度系数	变异系数/%
保靖县	38	0.180C	0.035	0.124	0.259	0.527	-0.625	19.40
凤凰县	50	0.182C	0.042	0.097	0.229	0.250	0.493	23.03
古丈县	62	0.184C	0.043	0.102	0.271	0.034	-1.126	23.26
花垣县	42	0.182C	0.035	0.099	0.285	0.079	0.655	19.50
龙山县	132	0.255B	0.095	0.097	0.587	0.075	0.702	37.17
泸溪县	18	0.171C	0.043	0.110	0.269	0.674	0.173	25.25
永顺县	146	0.323A	0.093	0.132	0.616	0.557	0.224	28.89
湘西烟区	488	0.244	0.096	0.097	0.616	1.123	0.952	39.56

湘西地区植烟土壤全氮含量处于适宜范围内的样本占总样本的43.03%，"低"的样本占1.23%，"高"的样本为55.74%。表明湘西烟区大部分烟区土壤全氮含量较丰富，土壤全氮含量较高对烤烟烟碱含量影响较大，生产中应控制氮肥的用量，降低上部叶烟碱、总氮含量，提高上部烟叶可用性。

4. 全磷

湘西地区植烟土壤全磷含量总体上属偏低水平，均值为0.065%，变幅为0.001%~0.176%，变异系数为43.09%，属中等强度变异（表3-4）。烟区土壤全磷含量从高到低依次为：龙山县、花垣县、凤凰县、保靖县、永顺县、古丈县、泸溪县；其中，泸溪县烟区土壤全磷含量总体上处于缺乏水平，其他各县总体上处于偏低水平。烟区土壤全磷含量在不同县区间存在极显著差异（sig. = 0.000），龙山县烟区土壤全磷含量极显著高于其他各县，花垣县烟区土壤全磷含量极显著高于古丈县、泸溪县、永顺县。

表 3-4　湘西地区植烟土壤全磷含量基本统计特征

地区	样本数	均值/%	标准差/%	最小值/%	最大值/%	偏度系数	峰度系数	变异系数/%
保靖县	38	0.060BC	0.020	0.030	0.110	0.876	0.415	32.55
凤凰县	50	0.062BC	0.019	0.013	0.138	0.951	5.016	30.33
古丈县	62	0.053CD	0.027	0.022	0.176	2.109	6.779	50.85
花垣县	42	0.074AB	0.018	0.044	0.114	0.402	−0.720	24.42
龙山县	132	0.081A	0.031	0.001	0.174	0.329	0.436	38.29
泸溪县	18	0.040D	0.009	0.022	0.056	−0.146	−0.29	21.65
永顺县	146	0.057C	0.025	0.004	0.160	1.093	3.168	44.20
湘西烟区	488	0.065	0.028	0.001	0.176	0.920	1.545	43.09

　　湘西地区植烟土壤全磷含量处于适宜范围内的样本只占 9.45%，"低"的烟区土壤样本为 58.32%，"极低"的烟区土壤样木为 32.24%，没有高的样本。湘西大部分烟区土壤全磷含量偏低，因此烟草生产中可根据土壤类型适当增加磷肥的施用来提高土壤磷养分的供应强度。

　　5. 全钾

　　湘西地区植烟土壤全钾含量总体上属略偏低水平，均值为 1.535%，变幅为 0.569%～2.935%，变异系数为 27.83%，属中等强度变异（表 3-5）。烟区土壤全钾含量从高到低依次为：凤凰县、花垣县、龙山县、古丈县、泸溪县、保靖县、永顺县，其中，永顺县、保靖县、泸溪县烟区土壤全钾含量总体上处于偏低水平，其他各县总体上处于适宜水平。烟区土壤全钾含量在不同县区间存在极显著差异（sig.=0.000），凤凰县烟区土壤全钾含量极显著高于其他各县。

表 3-5　湘西地区植烟土壤全钾基本统计特征

地区	样本数	均值/%	标准差/%	最小值/%	最大值/%	偏度系数	峰度系数	变异系数/%
保靖县	38	1.383CD	0.539	0.569	2.537	0.229	−0.994	38.97
凤凰县	50	1.877A	0.457	0.153	2.935	0.667	−0.485	24.34
古丈县	62	1.578BC	0.422	0.783	2.731	0.364	0.078	26.77
花垣县	42	1.706AB	0.383	1.217	2.402	0.526	−1.120	22.45
龙山县	132	1.609	0.344	0.975	2.876	0.770	1.004	21.38
泸溪县	18	1.491BCD	0.350	0.917	2.342	0.736	1.283	23.47
永顺县	146	1.32D	0.357	0.665	2.788	1.202	1.873	26.91
湘西烟区	488	1.535	0.427	0.569	2.935	0.593	0.253	27.83

　　湘西地区种烟区土壤全钾含量处于适宜范围内的样本只占 34.09%，"低"的烟区土壤样本为 43.74%，"极低"的烟区土壤样本为 8.21%，"高"的样本为 13.96%。说明湘西大部分烟区土壤全钾含量偏低，因此烟草生产中必须依靠增加钾肥的施用来提高土壤钾养分的供应强度，以便提高烟叶的含钾量，提高烟叶的可用性。

6. 碱解氮

湘西地区植烟土壤碱解氮含量总体上属略偏低水平，平均值为 97.37mg/kg，变幅为 10.795～209.41mg/kg，变异系数为 31.46%，属中等强度变异（表 3-6）。7 个主产烟县烟区土壤碱解氮含量平均为 90.234～112.496mg/kg，从高到低依次为：凤凰县、花垣县、泸溪县、古丈县、龙山县、保靖县、永顺县；其中，只有凤凰县烟区土壤碱解氮含量总体上处于适宜水平，其他各县总体上处于偏低水平。烟区土壤差异碱解氮含量在不同县区间存在极显著差异（sig. = 0.000），凤凰县烟区土壤碱解氮含量极显著高于保靖县、永顺县，其他各县差异不显著。

表 3-6　湘西地区植烟土壤碱解氮基本统计特征

地区	样本数	均值/(mg/kg)	标准差/(mg/kg)	最小值/(mg/kg)	最大值/(mg/kg)	偏度系数	峰度系数	变异系数/%
保靖县	38	93.139B	33.714	28.066	179.72	0.697	0.918	36.20
凤凰县	50	112.496A	32.824	10.795	177.03	−0.29	0.844	29.18
古丈县	62	99.216AB	31.897	39.400	195.38	0.875	0.933	32.15
花垣县	42	104.882AB	29.250	44.797	198.62	1.039	2.028	27.89
龙山县	132	96.650AB	24.280	47.496	192.14	0.884	1.740	25.12
泸溪县	18	103.763AB	42.067	61.259	209.41	1.623	2.243	40.54
永顺县	146	90.234B	30.491	24.288	205.09	1.083	2.051	33.79
湘西烟区	488	97.370	30.629	10.795	209.41	0.834	1.330	31.46

湘西地区植烟土壤碱解氮含量处于适宜范围内的样本仅占 26.03%，"低"的烟区土壤样本为 65.41%，"极低"的烟区土壤样本为 6.51%，"高"的样本为 1.54%，"很高"的烟区土壤样本为 0.51%。可见湘西烟区土壤碱解氮含量整体偏低。

7. 速效磷

湘西地区植烟土壤速效磷含量总体上属偏高水平，平均值为 35.354mg/kg，变幅为 2.208～141.605mg/kg，变异系数为 70.60%，属强变异（表 3-7）。7 个主产烟县烟区土壤速效磷含量平均为 28.618～50.191mg/kg，从高到低依次为：龙山县、古丈县、保靖县、永顺县、泸溪县、花垣县、凤凰县；烟区土壤速效磷含量在不同县区间存在极显著差异（sig. = 0.000），龙山县烟区土壤速效磷含量极显著高于其他各县。

表 3-7　湘西地区植烟土壤速效磷基本统计特征

地区	样本数	均值/(mg/kg)	标准差/(mg/kg)	最小值/(mg/kg)	最大值/(mg/kg)	偏度系数	峰度系数	变异系数/%
保靖县	38	32.476B	21.860	9.169	87.023	1.484	1.129	67.31
凤凰县	50	28.618B	15.793	2.208	92.620	1.886	5.358	55.18
古丈县	62	32.963B	22.454	8.712	137.396	2.406	7.941	68.12
花垣县	42	28.687B	24.882	7.529	131.742	2.577	7.704	86.74

续表

地区	样本数	均值/(mg/kg)	标准差/(mg/kg)	最小值/(mg/kg)	最大值/(mg/kg)	偏度系数	峰度系数	变异系数/%
龙山县	132	50.191A	30.760	4.851	141.605	0.820	0.350	61.28
泸溪县	18	28.696B	13.202	12.341	64.146	1.250	1.806	46.01
永顺县	146	28.804B	18.593	4.846	110.633	1.972	5.640	64.55
湘西烟区	488	35.354	24.961	2.208	141.605	1.676	3.100	70.60

湘西地区植烟土壤速效磷含量处于适宜范围内的样本只占11.93%，"低"的烟区土壤样本为3.50%，"极低"的烟区土壤样本为0.62%，"高"的样本为13.99%，"很高"的烟区土壤样本为69.96%。由此可见，湘西地区植烟土壤有效磷含量整体偏高。

8. 速效钾

湘西地区植烟土壤速效钾含量平均值为183.675mg/kg，变幅为22.592~533.333mg/kg，变异系数为51.78%，属强变异，总体处于适宜水平（表3-8）。7个主产烟县烟区土壤速效钾含量平均为95.119~214.407mg/kg，最高的为永顺县，最低的为泸溪县；烟区土壤速效钾含量在不同县区间存在极显著差异（sig. = 0.000）。

表 3-8　湘西地区植烟土壤速效钾基本统计特征

地区	样本数	均值/(mg/kg)	标准差/(mg/kg)	最小值/(mg/kg)	最大值/(mg/kg)	偏度系数	峰度系数	变异系数/%
保靖县	38	177.650AB	73.454	67.041	371.177	0.484	−0.193	41.35
凤凰县	50	163.830BC	78.748	60.837	485.696	1.923	5.138	48.07
古丈县	62	117.901CD	71.678	24.084	311.488	0.711	−0.385	60.79
花垣县	42	126.163CD	47.332	50.264	246.422	0.438	−0.189	37.52
龙山县	132	219.769A	104.519	38.519	522.558	0.716	0.045	47.56
泸溪县	18	95.119D	51.813	22.592	214.902	0.883	0.065	54.47
永顺县	146	214.407A	88.556	44.136	533.333	0.713	0.541	41.30
湘西烟区	488	183.675	95.110	22.592	533.333	0.882	0.739	51.78

湘西地区植烟土壤速效钾含量处于适宜范围内的样本占52.16%，"低"的为36.14%，"极低"为11.70%，"高"的为18.28%，"很高"的为6.78%。由此可见，湘西地区植烟土壤的速效钾含量较低。大部分烟区土壤速效钾处于缺乏或潜在缺乏状态。

第二节　生产基地生态指标与烟叶质量指标关系分析

一、烟叶物理指标与植烟土壤理化指标的关系分析

对 pH（x_1）、有机质（x_2）、全氮（x_3）、全磷（x_4）、全钾（x_5）、碱解氮（x_6）、速效

磷（x_7）、速效钾（x_8）和烟叶物理指标叶长（y_1）、叶宽（y_2）、开片度（y_3）、单叶重（y_4）、梗重（y_5）、含梗率（y_6）、平衡含水率（y_7）、叶厚（y_8）、单位叶面积质量（y_9）进行典型相关分析，得到 8 组标准化典型相关变量，分析结果见表 3-9，第 1 组标准化典型相关变量达极显著水平。表明土壤养分第 1 典型变量（U_1）与烟叶物理指标第 1 典型变量（V_1）的关系十分密切。

表 3-10 中为第 1 对标准化典型相关变量结构分析结果，第 1 个典型相关系数为 0.9355，P 值为 0.0001，土壤养分第一典型变量 U_1 对烟叶物理指标因子第一典型变量 V_1 影响最大。土壤养分在 U_1 的线性组合中，权重系数最大的是 pH（x_1），其次是全氮（x_3）、全钾（x_5），其他指标权重系数较小，主要物理指标在 V_1 的线性组合中，起主要作用的因子是开片度（y_3）、单叶重（y_4）、梗重（y_5）、含梗率（y_6）、平衡含水率（y_7）。对前两对标准化典型相关变量的分析显示，权重系数最大的是 pH（x_1），其次是全氮（x_3）、全钾（x_5），对烟叶物理特性影响较大，主要表现在对开片度（y_3）、单叶重（y_4）、梗重（y_5）、含梗率（y_6）、平衡含水率（y_7）等物理指标的影响。

表 3-9　土壤养分因子与烟叶物理指标的典型相关系数

典型变量	相关系数	卡方值	自由度	P 值
1	0.9355	139.3296	72	0.0001
2	0.6425	56.1081	56	0.4708
3	0.5505	34.8157	42	0.7763
4	0.4420	20.3710	30	0.9065
5	0.3368	11.6774	20	0.9267
6	0.3128	6.8600	12	0.8667
7	0.2297	2.7406	6	0.8406
8	0.1192	0.5725	2	0.7511

表 3-10　土壤养分因子与烟叶物理指标的第 1 对标准化典型相关变量

$$U_1 = 0.7287x_1 - 0.0186x_2 + 0.2061x_3 + 0.0203x_4 + 0.1849x_5 + 0.0656x_6 + 0.1456x_7 - 0.0207x_8$$

$$V_1 = 0.0088y_1 - 0.1196y_2 + 0.4450y_3 + 0.4012y_4 - 0.7747y_5 + 0.5611y_6 + 0.4150y_7 - 0.2530y_8 + 0.3177y_9$$

二、烟叶化学指标与植烟土壤理化指标的关系分析

对土壤 pH（x_1）、有机质（x_2）、全氮（x_3）、全磷（x_4）、全钾（x_5）、碱解氮（x_6）、速效磷（x_7）、速效钾（x_8）和烟叶化学成分总糖（y_1）、还原糖（y_2）、水溶性氯（y_3）、烟碱（y_4）、总氮（y_5）、钾含量（y_6）、淀粉（y_7）进行典型相关分析，得到 7 组标准化典型相关变量，分析结果见表 3-11，第 1 对标准化典型相关变量和第 2 对标准化典型相关变量达极显著水平。表明土壤养分第 1 典型变量（U_1）与烟叶化学成分第 1 典型变量（V_1）的关系十分密切，土壤养分第 2 典型变量（U_2）与烟叶化学成分第 2 典型变量（V_2）的关系十分密切。

表 3-12 中为第 1 对标准化典型相关变量和第 2 对标准化典型相关变量的结构分析结果，第 1 个典型相关系数为 0.9280，P 值为 0.0001，土壤养分因子第一典型变量 U_1 对烟叶化学成分因子第一典型变量 V_1 影响最大。土壤养分因子在 U_1 的线性组合中，权重系数最大的是 pH（x_1）、全氮（x_3）、全钾（x_5），主要化学成分在 V_1 的线性组合中，起主要作用的因子首先是总糖（y_1），其次分别是总氮（y_5）、还原糖（y_2）、钾含量（y_6）。第 2 对典型相关系数为 0.7564，P 值为 0.0037，土壤养分因子在 U_2 的线性组合中，权重系数最大的是全氮（x_2）、其次是 pH（x_3）、再次全磷（x_4），主要化学成分在 V_2 的线性组合中，起主要作用的因子首先是烟碱（y_4）、其次是总氮（y_5）、淀粉（y_7）。对前两对标准化典型相关变量的分析显示，pH（x_1）、全氮（x_3）、全磷（x_4）、全钾（x_5）对化学成分的影响较大，主要表现在对总糖、还原糖、烟碱、总氮、化学成分（指标）的影响。

表 3-11　土壤养分因子与烟叶化学成分的典型相关系数

典型变量	相关系数	卡方值	自由度	P 值
1	0.9280	151.6536	56	0.0001
2	0.7564	70.6756	42	0.0037
3	0.5291	35.8744	30	0.2122
4	0.4952	22.4060	20	0.3189
5	0.4131	10.8699	12	0.5401
6	0.2530	3.1978	6	0.7836
7	0.1086	0.4862	2	0.7842

表 3-12　土壤养分因子与烟叶化学成分的第 1 对和第 2 对标准化典型相关变量

$$U_1 = 0.5334x_1 - 0.0044x_2 + 0.4567x_3 + 0.0871x_4 - 0.2787x_5 - 0.0676x_6 + 0.1375x_7 - 0.0576x_8$$

$$V_1 = 0.8951y_1 + 0.3459y_2 + 0.0949y_3 + 0.0827y_4 + 0.3753y_5 + 0.3456y_6 + 0.1525y_7$$

$$U_2 = 0.8597x_1 - 0.3073x_2 - 0.9371x_3 - 0.4850x_4 - 0.0993x_5 - 0.3376x_6 - 0.0449x_7 + 0.1013x_8$$

$$V_2 = 0.1466y_1 - 0.3327y_2 - 0.2583y_3 + 0.8020y_4 + 0.4440y_5 + 0.0723y_6 + 0.4031y_7$$

三、气候生态条件与烟叶化学成分关系分析

对大田期日照时数（x_1）、大田期平均气温（x_2）、大田期降雨量（x_3）、大田期相对湿度（x_4）、大田期气温日较差（x_5）和烟叶化学成分总糖（y_1）、还原糖（y_2）、水溶性氯（y_3）、烟碱（y_4）、总氮（y_5）、钾含量（y_6）、淀粉（y_7）进行典型相关分析，得到 5 组标准化典型相关变量，分析结果见表 3-13，第 1 对和第 2 对标准化典型相关变量差异性达极显著水平。

表 3-14 中为第 1 对和第 2 对标准化典型相关变量结构分析结果，第 1 个典型相关系数为 0.9805，P 值为 0.0001，气象因子第 1 标准化典型变量 U_1 对烟叶化学成分因子第一典型变量 V_1 影响最大。气象因子在 U_1 的线性组合中，权重系数最大的是大田期降雨量

（x_3）、其次大田期日照时数（x_1），最小的大田期相对湿度（x_4），主要化学成分在 V_1 的线性组合中，起主要作用的因子首先是总糖（y_1），其次分别是烟碱（y_4）、总氮（y_5）、钾含量（y_6）。第 2 个典型相关系数为 0.8618，P 值为 0.0001，气象因子在 U_2 的线性组合中，权重系数最大的是大田期平均气温（x_2）、其次是大田期降雨量（x_3）、再次是大田期气温日较差（x_5），最小的是大田期日照时数（x_1），主要化学成分在 V_2 的线性组合中，起主要作用的因子首先是还原糖（y_2），其次分别是总糖（y_1）、总氮（y_5）、烟碱（y_4）。对前两对标准化典型相关变量的分析显示，大田期日照时数（x_1）、大田期平均气温（x_2）、大田期降雨量（x_3）、大田期气温日较差（x_5）对化学成分的均有较大影响，主要表现在对总糖、还原糖、总氮、烟碱化学成分（指标）的影响。

表 3-13　气象因子与烟叶化学成分的典型相关系数

典型变量	相关系数	卡方值	自由度	P 值
1	0.9805	155.4453	35	0.0001
2	0.8618	65.9524	24	0.0001
3	0.7264	28.6229	15	0.0180
4	0.4671	7.9943	8	0.4340
5	0.2089	1.2268	3	0.7466

表 3-14　气象因子与烟叶化学成分的第 1 对和第 2 对标准化典型相关变量

$$U_1 = 0.3534x_1 - 0.2632x_2 + 0.7964x_3 + 0.1685x_4 - 0.1081x_5$$

$$V_1 = 0.5062y_1 + 0.0335y_2 + 0.0588y_3 + 0.2547y_4 + 0.2836y_5 + 0.2582y_6 + 0.0647y_7$$

$$U_2 = 0.0999x_1 - 4.0823x_2 - 3.2818x_3 - 0.4885x_4 - 1.8055x_5$$

$$V_2 = 0.7367y_1 - 0.8342y_2 - 0.1047y_3 + 0.3924y_4 + 0.6701y_5 + 0.1561y_6 + 0.0113y_7$$

四、小结

1）烟叶物理指标与土壤养分因素的典型相关分析结果表明，pH（x_1）、其次是全氮（x_3）、全钾（x_5），对烟叶物理特性影响较大，主要表现在对开片度（y_3）、单叶重（y_4）、梗重（y_5）、含梗率（y_6）、平衡含水率（y_7）等物理指标的影响。

2）烟叶化学成分与土壤养分因素的典型相关分析结果表明，权重系数最大的是 pH（x_1）、全氮（x_3）、全磷（x_4）、全钾（x_5），主要表现在对总糖、还原糖、烟碱、总氮、化学成分（指标）的影响。

3）烟叶化学成分与气候因素的典型相关分析结果表明，大田期日照时数（x_1）、大田期平均气温（x_2）、大田期降雨量（x_3）、大田期气温日较差（x_5），主要表现在对总糖、还原糖、总氮、烟碱化学成分（指标）的影响。

第四章　湘西烟叶生产栽培技术研究

第一节　不同移栽期对烟叶产量、质量的影响

一、研究目的

移栽是烟草生产的关键环节。移栽期不同，烤烟生长期间的气候条件不同，烟草的生长发育及品质均有差异。移栽过早，烤烟大田生育前期常受低温影响，易导致早花，减产降质；移栽过晚，烟叶成熟期间气温低，烘烤后易挂灰，品质差。因此，合理安排移栽期，使烟株生长在适宜的气候条件下是其品质特征形成和保持的重要因素。本试验旨在探讨高海拔地区烤烟不同移栽期对烟株生长及产量、质量的影响，为湘西烤烟生产基地制定最佳的播栽期提供科学依据。

二、试验设计与方法

1. 试验地基本状况

试验在湖南龙山县试验基地进行。该地海拔 1000m 左右，试验地排灌方便，地势平坦，前作无病虫害。

2. 试验设计

试验设 3 个处理，烟苗移栽期为：A 处理，4 月 30 日；B 处理，5 月 10 日；C 处理，5 月 20 日。各处理施纯氮 130.5kg/hm²，随机区组排列，小区面积 35m²，每小区栽烟 68株。供试烤烟品种为‘K326’。

3. 观察内容和测试分析方法

烤烟大田生育期观测：各小区随机固定 5 株有代表性的烟株在团棵期、现蕾期、顶叶成熟期进行株高、茎围、叶片数、最大叶面积的测定。调查分析 5 种病害的发病情况：发病株（叶）率＝［发病株（叶）数/总调查株（叶）数］×100%。烘烤结束后分小区对烤烟产量、质量及经济性状进行测定。

三、结果与分析

1. 移栽期对烤烟生育期的影响

从表 4-1 可以看出，同一播期不同移栽期的烟苗在大田主要生育期的时间随移栽期的

推迟而延迟。A 处理 4 月 30 日移栽，于 6 月 2 日进入团棵期，从移栽至团棵共 34d。而 C 处理 5 月 20 日移栽，于 6 月 18 日进入团棵期，从移栽至团棵共 30d。A 处理于 6 月 25 日进入现蕾期，而 C 处理于 7 月 15 日才进入现蕾期。随着烟苗移栽时间的推迟，烟株至终采期的时间仍有差异，A 处理终采期的时间比 B 和 C 处理早 8d。大田生育期以 A 处理最长，达 142d，其次为 B 处理（141d），而 C 处理最短，为 131d。由此可见，随着移栽时间的推迟，大田生育期逐渐缩短。

表 4-1 不同处理大田生育期比较

处理	移栽期	团棵期	现蕾期	采收期	大田生育期/d
A	4 月 30 日	6 月 2 日	6 月 25 日	9 月 20 日	142
B	5 月 10 日	6 月 9 日	7 月 8 日	9 月 28 日	141
C	5 月 20 日	6 月 18 日	7 月 15 日	9 月 28 日	131

2. 移栽期对烤烟主要农艺性状的影响

对各处理团棵期主要农艺性状调查，C 处理的烟株株高、茎围和叶数均最高，而 A 和 B 两处理的差异不大（表 4-2）。C 处理观察时间比 A 和 B 处理的观察时间迟 10d 左右。而到成熟期统一观察各处理烟株的主要农艺性状时，各处理的株高、茎围、节距和叶数差异较小。

表 4-2 烟株不同生育期主要农艺性状比较

生育期	处理	株高/cm	茎围/cm	节距/cm	单株叶数/片
团棵期	A	20.20	1.86	1.95	12.40
	B	19.70	2.06	1.90	12.40
	C	20.60	2.07	1.92	13.80
现蕾期	A	115.40	2.78	3.70	22.00
	B	121.60	3.12	3.90	25.00
	C	121.40	2.98	3.90	27.00
成熟期	A	103.60	3.10	3.75	18.00
	B	105.50	3.15	3.92	19.00
	C	104.40	3.00	3.90	20.00

3. 移栽期对烤烟发病情况的影响

从 5 月 28 日开始到 8 月 28 日结束（表 4-3），先后对 5 种病害的发病情况进行全面调查，结果发现：C 处理的花叶病和青枯病发病株（叶）率最高，分别达到 6.77% 和 2.08%，花叶病和青枯病发病株（叶）率最低的是 B 处理；在黑胫病和根黑腐病的调查过程中，各处理均未发现有感病植株；A 处理的赤星病发病株（叶）率最高，达到 69.05%，赤星病发病株（叶）率最低的是 B 处理。可见，随着移栽期的提前，在高海拔地区烟株赤星病有明显加重的趋势；但随着移栽期的推迟，花叶病、青枯病的发生则出现一定程度的加重。

表 4-3 大田主要病害发生情况比较

病害	调查时间	发病株（叶）率/%		
		A	B	C
花叶病	5 月 28 日	2.6	1.56	6.77
青枯病	7 月 5 日	1.04	0.52	2.08
黑胫病	7 月 6 日	0	0	0
根黑腐病	7 月 6 日	0	0	0
赤星病	8 月 28 日	69.05	32.86	35.71

4. 移栽期对烤烟产量、质量的影响

由表 4-4 可以看出，B 处理的产量最高，达 2604.90kg/hm^2，其次是 C 和 A 处理，但各处理之间产量差异不显著。可见在相同施肥量的情况下，在高海拔地区，不同移栽期处理对于烤烟的产量影响较小。同样的，B 处理烤烟的上等烟比例、产值、均价也表现最高，分别为 28.58%，22 402.05 元和 8.60 元，且 B 与 C 处理的产值存在显著差异，与 A 处理存在极显著差异。而 4 月 30 日最早移栽的 A 处理烤烟的上等烟比例及产值最低，分别为 15.02%和 19 109.85 元。

表 4-4 不同处理烤烟产、质量比较

处理	产量/(kg/hm^2)	差异显著性	产值/(元/hm^2)	差异显著性	上等烟比例/%	中等烟比例/%	下等烟比例/%	均价/(元/kg)
A	2 507.85	aA	19 109.85	cB	15.02	74.82	10.16	7.62
B	2 604.9	aA	22 402.05	aA	28.58	60.83	10.59	8.60
C	2 536.65	aA	19 735.05	bA	21.37	55.24	22.39	7.78

四、小结

气候是影响烤烟品质的重要生态因素，烟叶生长季节气候条件优良，表现为大田期日均温≥20℃持续时间长，≥10℃有效积温在 30d 以上，日照时数、平均相对湿度均处于最优条件下，有利于烟叶的正常生长及优秀品质的形成。但在烟叶成熟后期有高温危害天气，因此采取适时早栽早收措施，对高温期与成熟期的一致性有一定规避作用。与国内外典型烟区相比，本试验条件下，除伸根期均温略低于津巴布韦马绍纳兰州外，其他各生育期均温均高于其他烟区，各生育期均温变化趋势与巴西最接近；伸根期降雨量低于美国北卡罗来纳州、巴西南大河州、津巴布韦马绍纳兰州，高于我国玉溪，旺长期降雨量与国内外典型烟区相比较少，成熟期降雨量与国内外典型烟区相比居中，各生育期降雨量变化趋势与巴西南大河州、我国玉溪最接近。但降雨量的年际波动较大，除了选用优质的烤烟品种外，加大烟水设施配套建设，改善栽培措施也是重要的防御措施之一，适当提高降雨利用率，用来应对少雨年份烤烟正常生长的需求。根据气候相似性原理，该烟区与国内外烟区的相似性程度不尽一致，其与巴西南大河州、我国玉溪为较高相似，与美国北卡罗来纳州、津巴布韦马绍纳兰州为中度相似。黄璜通过对近30年气象资料和8种作物生长发育特性情况进行整理，运用模糊数学的隶属函数原理分析中国红黄壤地区作物生长的气候生态适应性时指出，应根据不同播种季节的不同作物对温、光、降水的适应性，提出相应的优化管理对策。季节气候与烟草气候进行最佳配置是发展优质特色烤烟生产的气候对策之一，因此应根据气候相似情况进行布局调整，充分利用自然资源，努力开发优质特色烟叶，推动原料保障上水平。

第二节　不同磷肥用量对烤烟产量、质量的影响

一、研究目的

在目前的农业生产体系中，施肥是烤烟栽培的关键技术之一，是决定烟叶产量和产值的重要因子。磷是烤烟生长必需的营养元素之一，对细胞结构构成、物质和能量代谢及烟叶的品质形成有重要的作用。适量施磷能够促进烟叶成熟，改善烤烟的颜色，使烟叶化学成分协调，油分充足，香气质量好。缺磷胁迫对烤烟苗期和大田生长期的生长发育状况均有显著的影响，缺磷条件下烟株的主根伸长，各级侧根的发生和生长受到限制，根体积显著下降，根冠比增加；株高、留叶数、叶绿素含量等指标下降。磷素过量时，烟叶厚而粗糙，叶脉突出，调制后烟叶缺少油分和弹性，易破碎。目前烟叶生产中施肥还存在一定的盲目性，农田土壤全磷含量高而有效磷含量较低的现实不容忽视。磷素的供应水平与烤烟根系生长也有很好的相关性，烟株通过根系固着于土壤上，根系首先感知土壤有效磷含量的变化，并通过根系形态特性、空间构型和生理活性的适应性变化影响地上部"叶光系统"的建成，从而影响烟叶的产量和质量。前人关于磷对烤烟生长影响的研究，主要集中在小范围地区适宜磷用量的确定、施磷对烟叶产量品质的促进作用、不同基因型烤烟的磷效率及烤烟对缺磷胁迫的适应性反应等，关于磷施用量对烤烟整个生育期内根系形态及生理指标的影响尚缺乏系统的研究。

叶片是植物进行光合作用的场所，为根系生长提供必要的糖类和维生素等营养物质。烟草是一种叶用经济作物，大田生育期各阶段根系对地上部所需水分和养分的供应能力影响叶片的生长状况，并最终影响烟叶的产量和质量。然而，烤烟根系与地上部的关系不能一概而论，因遗传因子、栽培措施、生态因素、土壤状况而异。本研究以当地主栽品种'K326'为研究对象，设置不同的磷肥施用梯度，系统研究磷施用量对烤烟生育期内根系形态及生理指标的影响，给予合理的磷肥施用范围；并从烤烟物质分配、养分积累、根系指标与地上部指标的相关关系等方面揭示不同磷施用量影响烤烟根冠关系的可能机制，为湘西山地特色生产优质烟叶提供科学依据。

二、试验设计与方法

1. 试验设计

本课题研究分大田试验和盆栽试验两部分。大田试验和盆栽试验均设置 4 个磷施用量处理，各处理 N：P$_2$O$_5$：K$_2$O 分别为 1：0：3（CK）、1：1：3（T1）、1：2：3（T2）和1：3：3（T3）。具体的肥料种类、施用量及施肥方法存在差异。

大田试验：施肥量根据优质烟叶生产要求并结合土壤基础肥力水平确定，各处理 N用量均为 30kg/hm^2，设置 3 次重复，随机区组排列，小区面积 170m^2。本试验采用的肥料分别为烟草专用复合肥、重过磷酸钙、硫酸钾。结合当地施肥习惯，70%复合肥和全部的重过磷酸钙于整地后移栽前条施，30%复合肥和 50%硫酸钾于移栽时穴施，余下的硫酸钾于移栽后 30d 做追肥施用。其他田间栽培管理措施及病虫害防治均按照当地优质烟叶生产管理要求进行。

盆栽试验：每盆施纯氮 3.5g，N、P、K 肥采用分析纯硝酸铵、磷酸二氢钾和硫酸钾。以单株烟为单位，计算其肥料用量并提前分装，分装好的肥料直接与土壤充分混匀后装盆。

2. 取样方法

大田试验：于移栽后 25d，在每个小区选取 5 株长势良好均匀的烟株挂牌标记，用来测定不同时期烟株的农艺性状。最后，将整株烟分不同器官杀青（105℃，15min，65℃烘至恒重），并记录根、茎、叶干重，粉碎过 60 目筛，保存，用来测定氮、磷、钾的含量。

盆栽试验：于移栽后 25d，在每个处理中选取 3 株长势良好均匀的烟株挂牌标记，用来测定不同时期烟株的农艺性状和光合特性。不同器官杀青样品的制备方法同上。

3. 测定项目和方法

（1）烟草农艺性状的测定　　按照《烟草农艺性状调查测量方法》（YC/T142—2010），于每次取样同期用软尺测定挂牌烟株的株高、茎围、有效叶片数、叶长、叶宽等植物学性状。

（2）烤烟根系体积、根系鲜重和不同器官干重的测定　　用吸水纸将烟草根系上的水吸干，用排水法在量筒中测定根体积。再次用吸水纸小心吸干根系上的水分，称量得到根系的鲜重。烟株分根、茎、叶经杀青烘干后称量得其干重。根据上述数值计算烟草根冠比、根系干鲜比。

（3）叶片光合特性的测定　　盆栽试验测定了烤烟的光合特性，测定时间为移栽后45d、60d、75d、90d。选取与测定农艺性状相同的同一烟株，于晴天上午 9:00～11:00 使用 LI-6400 便携式光合测定系统测定中部功能叶片的净光合速率、蒸腾速率、气孔导度和胞间 CO$_2$ 浓度等指标。测定采用红蓝光源叶室，设定光量子密度（PAR）为 1000μmol/(m^2·s)。每个处理测定 3 株，每株重复 3 次。

（4）氮、磷、钾含量的测定 采用 YC/T159—2002 标准中的连续流动法测定杀青样品的氮、钾含量。

采用干灰化法处理杀青样品，使用 ICP（电感耦合等离子体发射光谱仪，美国）测定磷含量。样品前处理的方法如下：称取 0.4g（精确至 0.0001g）样品至坩埚中，加入 3～4 滴 95%乙醇溶液，将坩埚放于马弗炉中，升温至 100℃稳定 0.5h，再升温至 250℃稳定 1h；最后升温至 500℃稳定 3h。待冷却后取出，用 5%硝酸溶液（优级纯）洗涤过滤至 50mL 容量瓶中，定容，用来测定磷元素的含量。

三、结果与分析

1. 不同施磷量对烤烟根系的影响

从 2013 年大田试验的研究结果（表 4-5）可以看出，T1 处理（P_2O_5 用量为 30kg/hm²）烟株具有最大的根干重和根体积。在烤烟大田生长过程中，移栽后 40d 以前 T2 处理（P_2O_5 用量为 60kg/hm²）烟株的根干重最大，此后 T1 处理烤烟根干重迅速增加且大于其他处理，T3 处理（P_2O_5 用量为 90kg/hm²）烤烟根干重小于 T1 和 T2（移栽后 40d 除外），说明在一定范围内增施磷肥对烤烟根系生长的促进作用主要表现在生育前期，过量的磷肥抑制了烤烟根干重的增加。不同处理间烤烟根体积的差异性与根干重类似，表现为 T1 处理烟株的根体积最大，除移栽后 40d 外的其他时期，T1 处理烤烟根体积显著大于 CK，与其他施磷处理差异不显著。

2014 年盆栽试验的研究结果（表 4-6）表明，移栽后 90d 时 T2 处理（P_2O_5 用量为 7.0g/株）烟株的各项根系指标均最大，显著大于 CK（不施磷）和 T1（P_2O_5 用量为 3.5g/株）。移栽后 60d 以前，根干重、根鲜重和根体积随施磷量的增加而增加，磷肥表现出明显的促根作用；此后 T2 处理烟株的根干重、根鲜重及根体积成倍地增加，至成熟期一直处于较高水平。

表 4-5 不同施磷量对烤烟根系的影响（2013 年大田试验）

指标	处理	移栽后天数					
		30	40	50	60	70	80
根干重/(g/株)	CK	2.69b	3.96c	9.26b	22.96b	33.38b	39.98b
	T1	4.30ab	6.97b	21.06a	41.36a	52.49a	61.73a
	T2	4.71a	10.31a	15.37ab	36.81a	51.87a	58.56a
	T3	3.74ab	8.92ab	14.07ab	36.33a	50.41a	52.79ab
根体积/(cm³/株)	CK	18.7c	29.5b	43.5b	91.0b	155.0b	216.7b
	T1	33.5a	42.8ab	76.3a	131.0a	220.7a	290.0a
	T2	29.8ab	51.2a	68.5a	114.7a	204.0ab	286.7a
	T3	27.2b	36.7b	67.7a	125.0a	203.3ab	245.0ab

注：同列不同小写字母表示处理间差异显著（$P < 0.05$），下表同

表 4-6 不同施磷量对烤烟根系的影响（2014 年盆栽试验）

指标	处理	移栽后天数				
		30	45	60	75	90
根干重/(g/株)	CK	1.23c	5.52c	11.01d	29.31d	33.94c
	T1	3.72b	12.59b	16.88c	37.52c	58.99b
	T2	5.02ab	16.43a	23.92b	70.74a	80.75a
	T3	5.97a	17.07a	30.34a	60.27b	78.16a
根鲜重/(g/株)	CK	14.51b	80.80d	87.33d	214.59d	268.33d
	T1	56.70a	131.83c	159.46c	299.88c	366.52c
	T2	60.79a	164.66b	192.13b	487.84a	535.42a
	T3	74.71a	186.24a	257.93a	370.34b	498.95b
根体积/(cm³/株)	CK	21b	82c	91d	205d	218d
	T1	59a	136b	161c	295c	314c
	T2	61a	186a	194b	479a	513a
	T3	76a	164ab	256a	355b	459b
	T3	79.2a	261.7a	412.6a	564.0b	725.8b

2. 不同施磷量对烤烟地上部的影响

（1）不同施磷量对烤烟植物学性状的影响　　由表 4-7 可知，施磷促使烟株长高、茎秆粗壮，磷素对烟草株高、着生叶数和茎围的影响主要表现在生育前期。移栽后 50d 以前，施磷处理烟株的株高、着生叶数和茎围显著高于 CK，各施磷处理间差异不显著。烟草的一生最多可发生 30 片叶（T2 处理），烟株的可采收叶数在不同处理间表现为 CK 最小，但与其他处理无显著差异。

2013 年大田试验磷施用量对烤烟不同部位叶片叶面积的影响如表 4-7 所示。移栽后 50～60d 上部叶迅速扩展，至移栽后 80d，各处理上部叶叶面积大小表现为 T3>T2>T1>CK，说明在一定范围内增施磷肥能促进上部叶的扩展。多重比较结果表明，在整个生育期内 T3 处理的上部叶叶面积与 CK 差异达显著水平；T1、T2 叶面积仅在生育前期与 CK 差异显著。各施磷处理烟株的中部叶叶面积快速增长出现在移栽后 40～50d，CK 处理的中部叶叶面积一直处于较低水平，移栽后 50d 时其叶面积仅为各施磷处理叶面积的一半左右，到移栽后 60d 这种差距逐渐缩小。经多重比较分析，大田生育前期各施磷处理中部叶叶面积与 CK 差异显著，移栽后 80d 时各处理间差异不显著，说明增施磷肥对烤烟中部叶叶片扩展无明显的促进作用。下部叶叶面积快速增长阶段出现在移栽后 30～40d，CK 处理的下部叶叶面积较小，移栽 60d 以前显著小于各施磷处理。移栽 60d 以后，下部叶叶面积变化不大，仅 T3 处理有一定的增长。经田间观察、测量发现，移栽后 80d 时各部位叶片基本不再扩展，叶片的生长重心已由叶面扩展转向内含物的积累、转化，此时各部位叶片的叶面积随施磷量的增加而逐渐增大，T3 处理烟株具有最大的叶面积。对比各处理烟株的株型发现，T2 处理中部叶较上部叶和下部叶大，符合烟株的理想株型"腰鼓形"，有利于各部位叶片进行光合作用，为烟草内含物的充实提供形态学基础。

表 4-7　不同施磷量对烤烟植物学性状的影响（2013 年大田试验）

指标	处理	移栽后天数					
		30	40	50	60	70	80
株高/cm	CK	8.6b	20.9b	41.8b	73.1b	88.3b	91.0b
	T1	15.5a	36.8a	72.6a	102.7a	103.8a	105.7a
	T2	16.3a	38.4a	74.5a	109.1a	112.4a	113.1a
	T3	16.7a	38.8a	75.8a	106.4a	109.1a	109.5a
着生叶数/片	CK	14.3b	21.8b	22.4b	27.7b	20.2a	—
	T1	18.6a	25.4a	26.8a	28.1ab	21.8a	—
	T2	19.0a	26.0a	27.1a	30.0a	22.1a	—
	T3	18.6a	26.1a	26.2a	28.0ab	21.1a	—
茎围/cm	CK	5.53b	8.32b	9.47b	9.74b	10.49b	11.33b
	T1	8.00a	9.91a	10.91a	11.00a	11.22ab	11.63b
	T2	8.10a	9.23a	10.32a	11.08a	11.26ab	11.91ab
	T3	8.64a	9.71a	10.92a	11.43a	11.46a	12.76a
上部叶面积/cm²	CK	—	—	76.9b	809.9b	1093.5b	1230.5b
	T1	—	—	540.2a	1004.3a	1161.1ab	1258.8b
	T2	—	—	644.3a	1135.1a	1265.0ab	1389.9ab
	T3	—	—	531.1a	1147.5a	1363.7a	1545.9a
中部叶面积/cm²	CK	—	99.1c	553.9b	993.5c	1057.9b	1218.3a
	T1	—	417.2ab	1164.2a	1169.8bc	1260.6a	1273.8a
	T2	—	504.4a	1096.9a	1319.0ab	1369.5a	1431.5a
	T3	—	332.9b	1127.0a	1387.7a	1440.5a	1441.6a
下部叶面积/cm²	CK	99.6b	751.3b	909.0c	1107.2c	1168.9b	1182.1c
	T1	313.2a	1070.5a	1311.6b	1316.9b	1319.2b	1339.4bc
	T2	379.9a	1047.1a	1252.4b	1337.3b	1341.8b	1408.3b
	T3	319.5a	1190.7a	1537.7a	1580.9a	1698.7a	1720.5a

注：着生叶数是指烟草一生中发生的所有叶片数，包括从苗床带出和枯黄脱落的叶片。本试验于移栽后 65d 左右打顶，移栽后 70d 的叶片数代表实际可采收的叶数

　　与 2013 年的大田试验相比，盆栽试验各处理烟株的株高、实际可采收叶数及茎围较小，磷施用量对烟草植物学性状的影响也存在差异。由表 4-8 可知，移栽后 45d 以前，株高、有效叶数及最大叶面积随施磷量的增加而增加，磷素对烟草的生长表现出明显的促进作用。此后 T2 处理烟株表现出一定的生长优势，至移栽后 90d 时株高显著高于 CK 和 T1，最大叶面积显著大于 CK 和 T3。施磷量对烟草茎围的影响无明显规律。根据烟草生长的营养状况，本盆栽试验采取"低打顶，少留叶"策略，移栽后 75d 时除 CK 外其他处理有效叶数均减少，此时 T1 和 T3 处理烟株的株高也低于上一时期，可能由于打顶后烟草的自然生长高度小于打顶时损失的株高。

表 4-8　不同施磷量对烤烟植物学性状的影响（2014 年盆栽试验）

指标	处理	移栽后天数				
		30	45	60	75	90
株高/cm	CK	4.4c	15.4c	50.9b	63.7b	71.0b
	T1	8.5b	30.9b	71.7a	67.2ab	70.2b
	T2	12.3a	35.9ab	75.4a	79.7a	84.0a
	T3	11.2a	37.6a	79.2a	76.7a	79.2ab
有效叶数/片	CK	10.0c	14.3b	16.0b	17.0b	—
	T1	12.0b	19.0a	22.3a	19.3ab	—
	T2	12.0b	19.3a	21.0a	20.7a	—
	T3	14.7a	20.3a	21.7a	19.3ab	—
茎围/cm	CK	4.47b	6.10b	7.93a	8.17a	8.83b
	T1	5.70a	7.03ab	8.83a	9.60a	11.00a
	T2	6.43a	7.63a	8.97a	10.17a	11.00a
	T3	5.67a	7.40a	8.27a	9.50a	9.83ab
最大叶面积/cm²	CK	240.5c	426.9b	778.1a	849.8a	851.5c
	T1	367.2b	548.0b	1061.1a	1333.5a	1584.8ab
	T2	572.1a	786.4a	984.6a	1387.3a	1693.7a
	T3	592.2a	819.4a	1040.4a	1243.0a	1287.1b

注：有效叶数是指一株烟上除去枯黄脱落的叶片及叶长小于 5cm 的叶片以外的其他叶片的总数目。本试验于移栽后 63d 左右打顶，移栽后 75d 的叶片数代表实际可采收的叶数

（2）不同施磷量对烤烟叶片光合特性的影响　　如图 4-1 所示：在整个生育期内，烟株叶片净光合速率（P_n）呈先增后降的变化趋势，各处理均于移栽后 60d 达到峰值。P_n 在不同处理间均表现为 T2 最大，CK 最小，两处理在移栽后 60d 以前差异显著，其他生育期内各处理间差异不显著。叶片的蒸腾速率（T_r）与 P_n 变化趋势一致。各处理叶片气孔导度（G_s）的最大值均出现在移栽后 60d，T2、T3 显著高于 T1 和 CK，此后 G_s 迅速下降，可能由生育后期气温较高所致。胞间 CO_2 浓度（C_i）在整个生育期内波动较小，各处理间差异不显著，进一步分析圆顶期、成熟期气孔限制值 L_s（$L_s = 1 - C_i/C_a$）（Ca 为大气 CO_2 浓度）和 C_i 的变化认为，此时叶片 P_n 的下降主要是气孔限制。

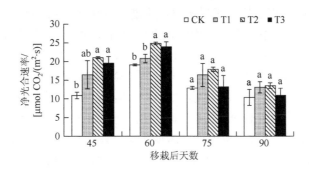

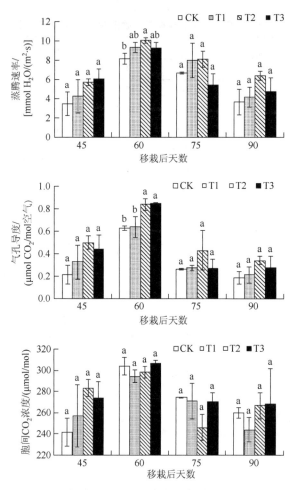

图 4-1　磷用量对烤烟不同生育时期叶片光合特性的影响（2014 年盆栽试验）

移栽后 30d 时中部叶叶片较小，故没有测定该时期叶片的光合特性

3. 不同施磷量处理下烤烟根系与地上部的关系

（1）不同施磷量处理下烤烟根系与地上部干物质积累的关系　　根系与地上部的生长动态是由烤烟自身遗传特性决定的，烤烟叶、根、茎干重在整个生育期内均随生育进程的推进逐渐增加，表现出前期增长较慢，中期快速增长，后期又趋于平缓的变化趋势。磷施用量只是影响干物质的积累量和积累速率，不能改变生长曲线的整体特性（图 4-2）。经分析，不同磷用量处理、不同器官干物质积累量随时间的变化均符合 Logistic 生长曲线的变化规律，拟合方程为 $y = k/(1 + a \times e - bt)$，其中 y 为干物质积累量（g/株），t 为移栽后天数（d），k、a 和 b 为待定参数。回归方程经 F 测验得到的 P 值均小于 0.05，因此选用的回归模型具有统计学意义。各拟合方程中的参数和决定系数 R^2 的取值如表 4-9 所示。对拟合方程求一阶导数，得到干物质积累速率方程，进一步求极值得到最大积累速率出现的时间及最大积累速率。不同磷用量处理下烤烟各器官最大积累速率出现的时间均表现为叶片最早，根系次之，茎最晚，最大积累速率也与干物质在不同器官的最终分配量一致，表

现为叶＞茎＞根，这与 Moustakas 等的研究结果一致，烟株干物质在不同器官的分配总是优先供给叶片，而根系和烟茎的生长为叶片内含物的充实提供了基础。

不同磷用量处理相比，叶、根、茎干物质积累规律相同，而积累量、积累速率存在差异。移栽后 40d 以前，烤烟不同器官干物质积累量在不同磷用量处理间无明显差异，此后 CK 处理烟株干重显著低于其他处理，且随生育期的推进，这种差距越来越大，至移栽后 80d 时，CK 处理叶、根、茎干重仅为 T1 处理（具有最大的叶、根、茎干重）的 0.63、0.65 和 0.54 倍。T1、T2、T3 处理间相比，烤烟不同器官的干重无明显差异，T1 略高于 T2 和 T3。对于干物质积累速率，CK 处理烟株的叶、根、茎分别在移栽后 58.6d、58.9d 和 59.7d 干物质积累最快，叶、根的最大积累速率出现时间晚于其他处理，而茎早于其他处理，可能由于缺磷导致植物根冠之间的协调性被打破，优先供给烟茎的生长，并最终导致该处理烟株的总干重较小。T1、T2 和 T3 处理烟株不同器官干物质的最大积累速率无明显的规律。

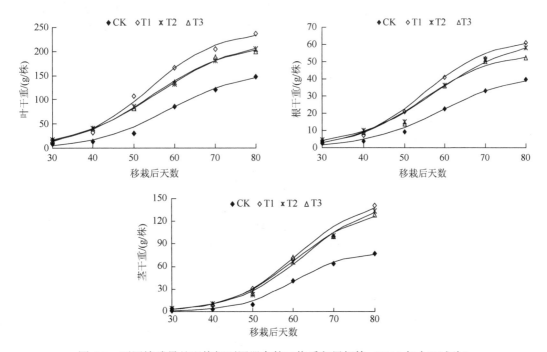

图 4-2 不同施磷量处理烤烟不同器官的干物质积累规律（2013 年大田试验）

表 4-9 不同施磷量处理烤烟干物质积累的拟合方程特征参数（2013 年大田试验）

器官	处理	参数			R^2	最大积累速率出现时间/d	最大积累速率/[g/(株·d)]
		a	b	k			
叶	CK	793.14	0.11	157.85	0.976	58.6	4.5
	T1	562.84	0.12	243.98	0.988	53.7	7.2
	T2	220.74	0.10	225.26	0.999	55.6	5.5
	T3	319.90	0.11	216.25	0.995	54.2	5.7

器官	处理	参数			R^2	最大积累速率 出现时间/d	最大积累速率/[g/(株·d)]
		a	b	k			
根	CK	612.16	0.11	43.10	0.981	58.9	1.2
	T1	720.54	0.12	64.00	0.984	54.8	1.9
	T2	284.86	0.10	65.05	0.986	57.7	1.6
	T3	603.65	0.12	55.63	0.977	54.3	1.6
茎	CK	9283.56	0.15	79.06	0.978	59.7	3.0
	T1	1799.02	0.12	150.44	0.981	60.9	4.6
	T2	1519.29	0.12	148.61	0.995	62.6	4.3
	T3	1677.40	0.12	137.15	0.993	60.4	4.2

　　以大田生育期内烤烟地上部分的干重为自变量，对应时期的根干重为因变量，进一步分析烤烟根系与地上部干物质积累的关系（图4-3），结果表明二者呈极显著线性相关，CK、T1、T2和T3 4个处理根系干重与地上部干重的 Pearson 简单相关系数分别为0.9986、0.9959、0.9904和0.9881。因此，随生育进程的推进，根系与地上部的生长是同步的，这种生长一致性不受磷肥施用量的制约。

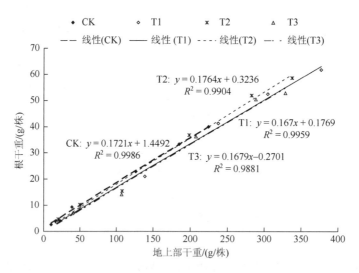

图4-3　不同施磷量处理烤烟根系干重与地上部干重的关系（2013年大田试验）

　　（2）不同施磷量处理下烤烟根系与地上部氮磷钾积累的关系　　烟草在生长过程中，不断地吸收水分和各种无机养分，以维持正常的生长生理活动。氮、磷、钾作为烤烟生长的三大必需元素，对烟株的生长发育、代谢及最终烟叶品质的形成有重要的影响。氮是有机体的主要组成成分，是植物体内酶反应过程中原子基团的必需元素。磷与烤烟体内的醇基起酯化反应，磷酸酯在能量转化中起重要作用。钾在维持植物细胞渗透压中起非专性作用，控制着细胞膜透性和膜电位的变化。因此，选取氮、磷、钾元素为烤烟矿质营养的代表，通过分析不同施磷量处理下烤烟各器官氮、磷、钾的积累和分配规律，以及根系和叶片中氮、磷、钾含量的相关性，初步阐明烤烟根系与地上部在吸收矿质营养方面可能存在的协同或竞争关系。

1）氮素的积累与分配：不同施磷量处理下烤烟各器官的氮含量如图 4-4 所示。由图可知，在整个大田生育期内，叶片氮含量和根系氮含量整体呈下降趋势，而茎中氮素含量无明显的规律，这种变化趋势不受磷肥施用量和年份变化的影响，磷用量仅影响不同器官中氮素含量的高低。不同器官间相比，叶片氮含量高于根系和茎，茎中氮含量前期低但下降幅度小，最终和叶片中氮的含量相差不大，根系中氮的含量最低。2013 年大田试验结果显示，T1 处理叶片在生育前期氮含量最高，根系和茎中氮含量相对较低，而到移栽后80d 时，该处理叶片氮含量迅速下降，为烟叶成熟落黄提供了基础。CK 处理叶片氮含量和根系氮含量一直处于较高水平，可能由于缺磷促进了烟株对氮素的吸收。2014 年盆栽试验的结果表明，在移栽后 60d 以前，各处理烟叶氮含量差异不显著，此后各处理间差距

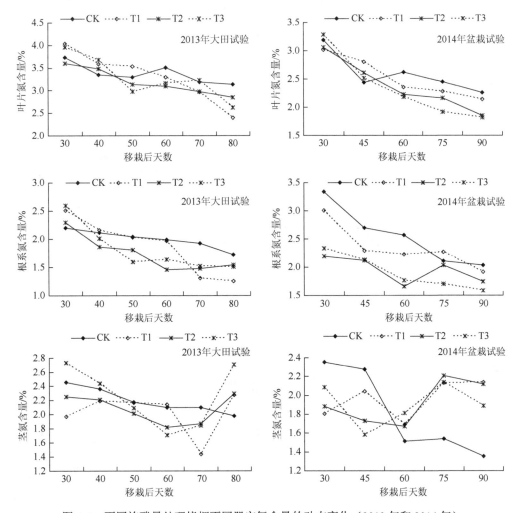

图 4-4　不同施磷量处理烤烟不同器官氮含量的动态变化（2013 年和 2014 年）

增大，至移栽后 90d 时，不同处理的烟叶氮含量表现为 T3＜T2＜T1＜CK。与叶片氮含量在各处理间的变化规律不同，根系氮含量则表现为前期各处理差距大，后期逐渐缩小的规律，CK 处理根系氮含量较高，这与大田试验的研究结果一致。烟茎的氮素含量在整个生育期内波动变化，可能由于茎连接植物根系和叶片，茎最先感知根系或叶片因外界环境变化所发出的信号并做出一系列的反应所致。

不同施磷量处理下烤烟不同器官的氮积累量如图 4-5 所示。在整个大田生育期内，不同磷用量处理、烤烟不同器官对氮素的积累均表现为前期缓慢增加，中期快速增加，后期又变慢的变化趋势。2013 年大田试验结果显示，不同磷用量处理叶片的氮素积累量在生育前期差异较大；根系的氮素积累量表现为 CK 显著低于其他处理，T1、T2 和 T3 差异不显著；茎对氮素的积累在不同处理间的差异主要表现在生育后期。而 2014 年盆栽试验的结果与之不同：

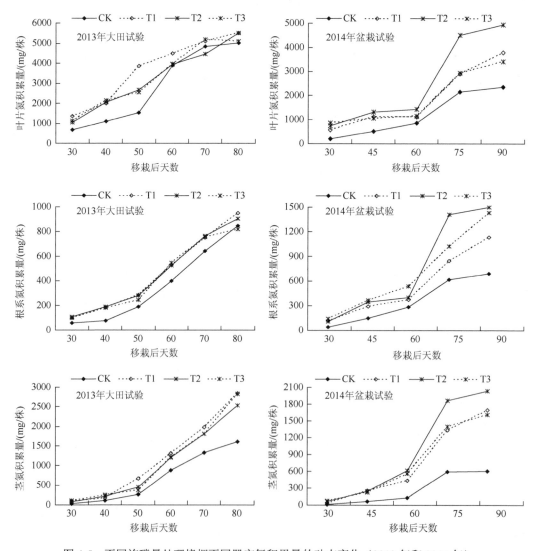

图 4-5 不同施磷量处理烤烟不同器官氮积累量的动态变化（2013 年和 2014 年）

叶、根、茎中的氮素积累量在不同磷用量处理间的差异随生育进程的推进逐渐增大，具体表现为 T2 处理不同器官中的氮素积累量最大，CK 最小，T1、T3 居中且差异不大。

在大田生育前期，肥料的供给量对烟株的生长起决定作用，后期烟株所需的养分则主要从土壤中获得。当肥料养分供给不足时，烟株发生一系列的适应性反应，从土壤中吸收更多的养分以满足其正常生长所需。大田试验烟株具有充足的土壤，可能减弱了施肥量对烟株生长发育的影响，后期各处理烟株干物质重差异较小；而盆栽试验烟株的生长具有一定的局限性，无论从植物学性状还是干物质重来看，各处理烟株均差异较大。烟草对氮素的积累量取决于同期干物质重和烟株体内氮素的含量，当氮素含量差异不大时，干物质重就会起主导作用，这可能是两年试验结果存在差异及盆栽试验 T2 处理不同器官中的氮素积累量均最大的原因。

不同施磷量处理烤烟不同器官氮素的分配比例如表 4-10 和表 4-11 所示。在移栽后 30d 内，根系扩展迅速，根干重和根体积增加较快，而烟株地上部分生长缓慢，此时烟株体内的氮素在各器官的分配比例表现为叶＞根＞茎，此后生长重心逐渐向地上部分转移，至生育后期茎中氮素的分配比例超过根系，但仍远小于叶片中氮素的分配比例，说明叶片是烟株生长的重心，吸收的氮素总是优先供给叶片。在整个生育期内，随生育进程的推进，各处理叶片的氮素分配比例整体呈下降趋势，说明烟株的氮代谢逐渐向碳代谢转化；茎中氮素的分配比例升高；根系则无明显的规律。叶片和茎中氮素的分配比例在盆栽试验中的个别生育期内存在小幅度的波动，但并不影响整体的变化趋势。在生育后期，不同处理叶片的氮素分配比例表现为 CK＞T2＞T1＞T3，施磷促使烟叶中的氮素向根系和茎中转移，有利于烟叶正常的成熟落黄。

表 4-10　不同施磷量处理烤烟不同器官氮素的分配比例（2013 年大田试验）（%）

处理	器官	移栽后天数					
		30	40	50	60	70	80
CK	根	7.7	6.2	9.5	7.7	9.5	11.3
	茎	4.8	8.1	13.3	17.0	19.5	21.5
	叶	87.6	85.7	77.2	75.3	71.0	67.2
T1	根	6.4	7.3	5.9	8.4	9.6	10.2
	茎	5.7	7.9	13.9	20.9	25.2	30.6
	叶	88.0	84.8	80.2	70.7	65.2	59.2
T2	根	8.8	7.7	8.2	9.2	10.9	10.1
	茎	6.8	8.9	13.3	21.3	25.7	28.4
	叶	84.4	83.4	78.5	69.4	63.4	61.5
T3	根	7.7	7.0	7.7	9.5	9.8	9.4
	茎	7.3	9.8	11.9	21.2	23.4	32.4
	叶	85.0	83.2	80.4	69.3	66.9	58.2

表 4-11 不同施磷量处理烤烟不同器官氮素的分配比例（2014 年盆栽试验）（%）

处理	器官	移栽后天数				
		30	45	60	75	90
CK	根	13.2	24.5	18.1	19.0	18.7
	茎	4.9	8.0	9.1	14.7	14.0
	叶	81.9	67.6	72.8	66.2	67.3
T1	根	15.6	23.3	20.6	14.1	14.5
	茎	6.3	14.7	18.4	22.1	21.8
	叶	78.2	62.0	61.0	63.7	63.7
T2	根	15.4	20.7	20.4	15.1	15.2
	茎	8.4	14.3	17.6	19.9	20.6
	叶	76.2	65.0	62.1	65.0	64.3
T3	根	17.9	26.9	22.1	16.9	17.8
	茎	9.4	16.5	23.1	23.2	20.0
	叶	72.7	56.6	54.8	59.9	62.2

2）磷素的积累与分配：不同磷用量处理下烤烟不同器官的磷含量如图 4-6 所示。由图可知，在整个大田生育期内，叶片磷含量和根系磷含量整体呈下降趋势，茎中磷含量呈波动变化，磷肥施用量没有改变这种趋势，仅影响不同器官中磷素含量的高低。对比不同器官中磷的含量发现，叶片和茎中磷含量相对较高且二者差异不大，根系中磷含量最低。2013 年大田试验结果显示，叶片磷含量在移栽后 40~70d 有一定程度的升高，具体出现时间在不同处理间存在差异，但总体仍呈下降趋势；根系磷含量在各处理间差异不大，在移栽后 70d，除 T1 外其他各处理根系磷含量均小幅度地上升；茎磷含量在整个生育期内波动较大，尤其是移栽 50d 以后，T2 处理的变幅最大。

与大田试验结果相比，2014 年盆栽试验各处理叶片磷含量稳步下降，移栽后 60d 以前，高磷水平的 T3 处理烟叶磷含量显著高于其他处理，此后又快速下降；根系磷含量在生育后期有微小的波动；茎中磷含量呈"降—升—降"的变化趋势，在移栽后 60d 以前各处理茎中磷含量快速下降，此后有一定程度的上升，但最终仍低于生育前期茎中的磷含量。结合两年的研究结果，磷肥施用量与烤烟不同器官中磷的含量无明显的线性关系，各处理间差异不显著。

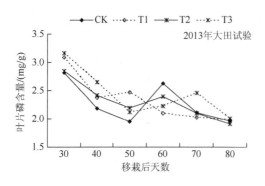
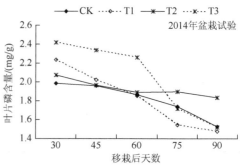

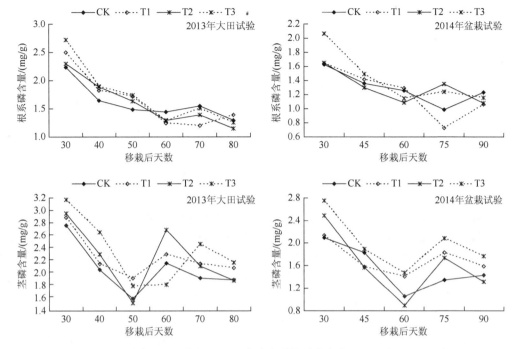

图 4-6　不同施磷量处理烤烟不同器官磷含量的动态变化（2013 年和 2014 年）

　　不同磷用量处理下烤烟不同器官的磷素积累量如图 4-7 所示。不同磷用量处理、烤烟不同器官磷积累量均随生育期的推进不断增加，至生育后期这种增加趋势变缓。2013 年大田试验结果显示，CK 处理叶片的磷素积累量在生育前期显著低于其他处理，而根系和

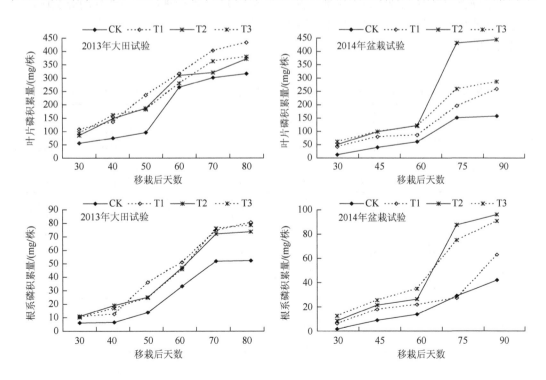

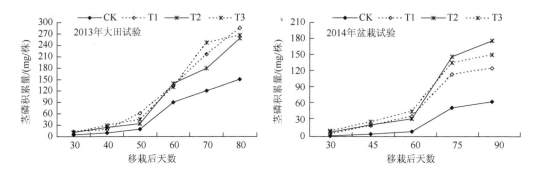

图 4-7　不同施磷量处理烤烟不同器官磷积累量的动态变化（2013 年和 2014 年）

茎中磷素的积累量在生育后期显著低于其他处理。出现这种差异的原因可能是大田生育前期在缺磷胁迫下根系比叶片更有生长优势，烟株吸收的营养优先供给根系的生长；进入旺长期后，烟叶快速扩展，叶面积不断增大，更多的养分及光合产物向叶片分配，叶片干物质积累增多，削弱了 CK 叶片磷含量与其他处理间的差异。2014 年盆栽试验的结果显示，T2 处理叶片磷积累量在移栽后 60d 至移栽后 90d 时显著高于其他处理，这与同期该处理叶干重较大有关；不同磷用量处理下根系和茎中的磷素积累量在生育前期差异不大，后期表现为 CK 最小，T1 次之，T2 和 T3 差异不大。结合两年的研究结果，不施磷处理烟株各器官的磷素积累少，积累速率小，显著低于其他施磷处理；其他各施磷处理间差异不显著。

如表 4-12 和表 4-13 所示，磷素在烤烟不同器官的分配规律为：随生育进程的推进，叶片中磷素分配比例逐渐下降，根系的磷素分配比例呈波动变化，但始终未超过 20%，最终烟株体内磷素在各器官的分配比例大小顺序为叶＞茎＞根。施磷量的多少未改变磷素在烤烟不同器官的分配规律，只影响分配比例的高低。CK 处理叶片中磷素的分配比例始终高于其他处理，在生育后期，叶片的磷分配比例在不同处理间的差异与氮素相同，也表现为 CK＞T1＞T2＞T3。

表 4-12　不同施磷量处理烤烟不同器官磷素的分配比例（2013 年大田试验）（%）

处理	器官	移栽后天数					
		30	40	50	60	70	80
CK	根	10.0	7.5	11.1	8.6	11.0	10.1
	茎	6.8	10.4	15.6	23.3	25.6	29.1
	叶	83.3	82.1	73.3	68.1	63.4	60.8
T1	根	8.4	7.8	11.0	10.2	10.7	10.1
	茎	9.8	10.7	18.4	26.7	31.2	35.8
	叶	81.8	81.5	70.6	63.0	58.1	54.2
T2	根	10.4	10.2	10.2	9.5	12.6	10.5
	茎	10.3	12.5	14.1	28.2	31.6	36.7
	叶	79.2	77.3	75.6	62.3	55.8	52.8
T3	根	9.1	8.3	9.9	10.1	11.1	10.9
	茎	10.5	14.0	18.1	28.7	36.1	36.7
	叶	80.4	77.7	72.0	61.2	52.8	52.4

表 4-13 不同施磷量处理烤烟不同器官磷素的分配比例（2014 年盆栽试验）（%）

处理	器官	移栽后天数				
		30	45	60	75	90
CK	根	10.8	16.5	16.6	12.4	15.8
	茎	7.0	8.8	10.9	22.4	24.0
	叶	82.2	74.7	72.5	65.2	60.2
T1	根	11.7	15.1	14.9	8.0	14.0
	茎	7.8	16.9	25.1	33.9	28.0
	叶	80.5	68.0	60.0	58.1	58.1
T2	根	12.4	15.0	14.3	13.1	13.3
	茎	11.9	15.3	18.1	22.0	24.6
	叶	75.7	69.7	67.6	64.9	62.1
T3	根	14.6	17.0	17.4	14.8	15.8
	茎	11.4	17.7	22.8	33.5	33.9
	叶	74.0	65.3	59.8	51.7	50.3

3）钾素的积累与分配：不同磷用量处理下烤烟不同器官的钾含量如图 4-8 所示。与氮、磷在烤烟不同器官的含量变化相同，在整个生育期内，烤烟不同器官钾的含量均随生育期的推进逐渐降低，在生育后期茎中钾含量最高，叶片和根系相对较低且差异不大。2013 年大田试验结果显示，叶片钾含量随生育期的推进不断降低，从移栽后 40d 开始，CK 处理的叶片钾含量一直低于其他处理，至移栽后 80d 该处理烟叶钾含量仅为 T1 处理的 3/5；根系钾含量在各处理间差异不大，在移栽后 70d，除 T1 外其他各处理根系含量均小幅度地上升；茎中钾的含量随生育期的变化整体呈下降趋势，在移栽后 60d 时，除 T3 外其他各处理茎中钾的含量有一定的增加，此后又逐渐降低。2014 年盆栽试验结果与大田试验类似，各处理叶片中

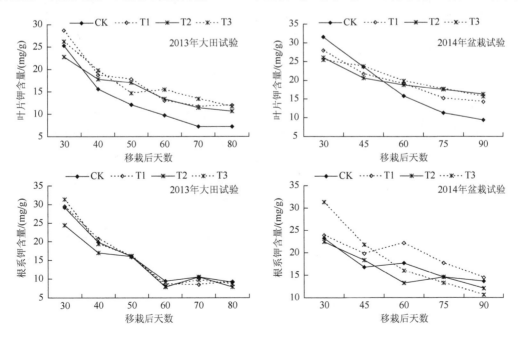

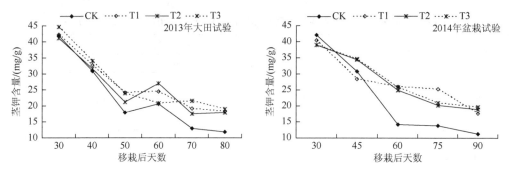

图 4-8 不同施磷量处理烤烟不同器官钾含量的动态变化（2013 年和 2014 年）

钾的含量和茎中钾的含量稳步下降，根系钾含量在移栽后 60d 时有微小地波动。生育后期 CK 处理叶片钾含量和茎中钾的含量显著低于其他处理，根系钾的含量在各处理间差异不显著。

不同磷用量处理下烤烟不同器官的钾素积累量如图 4-9 所示。不同磷用量处理、烤烟不同器官钾素的积累量均随生育期的推进不断增加，至生育后期这种增加趋势变缓。不同器官间相比，烟叶中积累钾素最多，茎次之，根系中最少。2013 年大田试验结果显示，CK 处理不同器官的钾素积累量低于其他处理，这种差异在叶片中表现得更明显；其他施磷处理间差异不显著。因此，磷是烟株生长过程中的必需元素，缺磷抑制了烟株对钾素的积累，而施磷量的多少对钾素的积累影响不大。2014 年盆栽试验的结果显示，在移栽后 60d 以前，各磷用量处理叶片的钾含量差异不大，此后施磷处理叶片钾积累量显著高于不施磷处理，各施磷处理间也存在一定的差异，T2 处理叶片中积累钾素最多，积累速率最大，这与同期该处理叶片干物质积累较快有关；不同磷用量处理下根系和茎中的钾素积累量表现为 CK 最小，T1 和 T3 居中且差异不大，T2 最大。结合两年的研究结果，不施磷

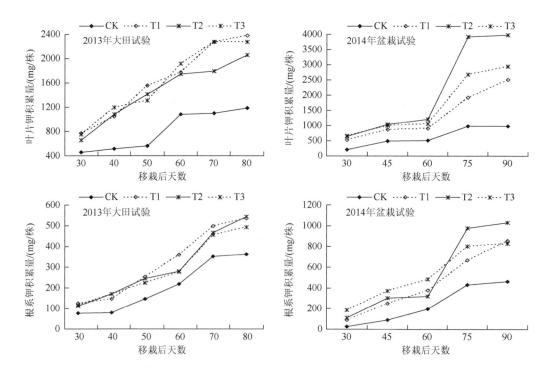

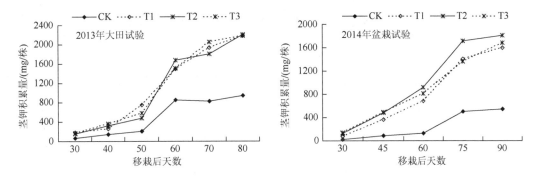

图 4-9 不同施磷量处理烤烟不同器官钾积累量的动态变化（2013 年和 2014 年）

处理烟株各器官钾素积累缓慢，积累量少，显著低于其他施磷处理；磷肥施用量的多少与烤烟不同器官中钾素的积累无明显的线性关系。

2013 年大田试验钾素在烟株不同器官的分配比例随生育期的变化与磷素相似，表现为随生育进程的推进叶片中钾的分配比例逐渐下降，茎中钾的分配比例逐渐上升（表 4-14），各处理烟叶中钾的分配比例均于移栽后 60d 时急剧减少，较上一时期下降 10%以上，此后继续下降，更多的钾素分配至茎中。至移栽后 80d，各施磷处理烟叶的钾素分配比例均高于对照，表现为 T1＞T3＞T2＞CK，T2 处理烤后烟叶样品中部叶的中性致香成分含量最低，可能与较低的烟叶钾素分配比例有关。2014 年盆栽试验钾素在烟株不同器官的分配比例随生育期的变化无明显的规律（表 4-15），除 T2 外，其他各处理烟株中钾素在各器官中的分配比例表现为生育前期叶＞根＞茎，生育后期叶＞茎＞根，而 T2 处理在整个生育期内均表现为叶＞茎＞根。

表 4-14 不同施磷量处理烤烟不同器官钾素的分配比例（2013 年大田试验）（%）

处理	器官	移栽后天数					
		30	40	50	60	70	80
CK	根	13.2	10.8	15.9	10.2	15.4	14.6
	茎	10.4	18.6	22.7	39.7	36.3	43.7
	叶	76.4	70.6	61.4	50.1	48.3	41.6
T1	根	11.7	10.1	9.9	9.9	10.6	10.5
	茎	17.1	17.8	29.2	41.3	41.0	42.8
	叶	71.2	72.1	60.8	48.7	48.4	46.7
T2	根	12.1	10.9	11.5	7.6	11.5	11.3
	茎	16.2	20.5	22.2	45.2	44.5	45.9
	叶	71.6	68.6	66.3	47.2	44.0	42.8
T3	根	11.3	9.8	10.6	7.5	9.5	10.0
	茎	16.0	21.1	27.7	40.7	43.0	44.0
	叶	72.7	69.1	61.7	51.8	47.5	46.1

表 4-15　不同施磷量处理烤烟不同器官钾素的分配比例（2014 年盆栽试验）（%）

处理	器官	移栽后天数				
		30	45	60	75	90
CK	根	11.3	13.9	23.4	22.5	23.3
	茎	8.6	12.1	14.8	26.2	27.3
	叶	80.1	73.9	61.8	51.3	49.5
T1	根	12.9	16.9	19.2	16.7	17.3
	茎	11.1	24.5	34.7	35.3	32.1
	叶	76.0	58.6	46.1	48.0	50.6
T2	根	12.8	16.6	11.3	14.8	15.1
	茎	14.2	25.8	45.6	25.9	26.5
	叶	72.9	57.6	43.1	59.3	58.4
T3	根	19.1	20.0	20.7	16.6	15.2
	茎	13.9	26.3	34.4	28.2	30.8
	叶	67.0	53.7	44.8	55.3	54.0

（3）烤烟根系氮、磷、钾含量与叶片氮、磷、钾含量的相关分析　由表 4-16 可知，烤烟根系氮、磷、钾含量与叶片氮、磷、钾含量呈极显著正相关，根系磷含量与根系和叶片钾含量的相关系数高达 0.800 以上，因此如何采取措施提高烟株磷的吸收、利用效率，提高根系磷含量，进而提高烟叶钾含量值得关注。根系钾含量与叶片钾含量的相关系数也较大，而根系氮含量与叶片中氮、磷、钾含量的相关系数较小，说明与氮素相比，烤烟根系吸收磷素和钾素的能力对烟叶矿质营养的影响更大。

表 4-16　烤烟根系氮、磷、钾含量与叶片氮、磷、钾含量的相关系数

	根系磷	根系钾	叶片氮	叶片磷	叶片钾
根系氮	0.767**	0.737**	0.474**	0.513**	0.564**
根系磷		0.944**	0.649**	0.787**	0.838**
根系钾			0.663**	0.727**	0.869**
叶片氮				0.698**	0.640**
叶片磷					0.798**

** 表示 $P < 0.01$

4. 不同施磷量处理烤烟不同器官的磷含量及磷积累量

旺长期不同施磷量处理叶片和根系中的磷含量及磷积累量如图 4-10 所示。由图可知，叶片磷含量显著高于根系磷含量，是根系磷含量的 1.3～1.9 倍。就不同施磷量处理来说，T3 处理叶片磷含量最高，其他处理叶片磷含量相差不大；根系磷含量在各处理间无明显的规律。进一步方差分析结果表明，各处理间叶片磷含量和根系磷含量差异均不显著。

由图 4-10 可知，叶片中磷的积累量显著高于根系。叶片和根系的磷积累量随施磷量

的增加而增加，T3 处理叶片的磷积累量略低于 T2，但差异不显著。CK 处理叶片和根系的磷积累量均最低，可能与该处理较小的叶干重和根干重有关。

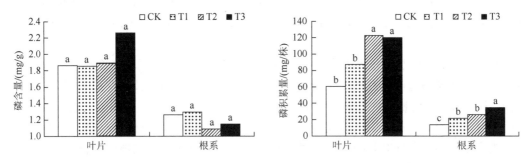

图 4-10　不同施磷量处理烤烟不同器官的磷含量及磷积累量（2014 年盆栽试验）

5. 烤烟根系指标与地上部形态指标的相关性

根系活力是反映烟草根系生理活性的重要指标，与根干重、根体积、叶干重、叶面积、株高、茎围等指标呈正相关，但相关关系不显著，仅与根系总吸收表面积、根系活跃吸收表面积的相关关系达显著水平。除根系活力外，其他各指标两两之间均呈极显著正相关，两年的研究结果一致（表 4-17）。2013 年大田试验结果显示，根体积与株高的相关系数高达 0.9，盆栽试验中二者的相关系数也很高，因此，可通过株高来预测烟株根体积的大小，也表明烟草根体积的扩大与烟株的长高具有同时性。根干重、根鲜重与地上部形态指标极显著的相关性表明烟株地上、地下部分协同生长，可通过地上部分的长势预测地下根系的生长状态。2014 年盆栽试验结果显示，根系总吸收表面积、根系活跃吸收表面积与株高、茎围、最大叶面积的相关系数在 0.8 左右，根系强大的吸收能力为地上部的生长发育提供了保障。

表 4-17　烤烟根系指标与地上部形态指标的相关系数（2013 年大田试验）

	根体积	叶干重	叶面积	株高	茎围
根干重	0.839**	0.898**	0.803**	0.835**	0.724**
根体积		0.738**	0.716**	0.900**	0.656**
根系活力		0.022	0.149	0.149	0.322
叶干重			0.779**	0.751**	0.696**
叶面积				0.791**	0.833**
株高					0.832**

** 表示 $P < 0.01$

四、小结

两年的研究结果表明，不施磷肥对烤烟根系和地上部的生长发育有强烈的抑制作用，适宜的磷用量能促进烤烟根系的生长及根系生理活性的增强，促使烟株长高，烟茎变粗，下部叶面积增大，但对最终可收获叶数的影响不大。在大田生育前期，适量施磷能提高叶片的净光合速率，碳同化产物增多；生育后期叶绿素能适时转化分解，为烟叶的成熟落黄提供了保障。过量施磷时，烤烟生育前期使烟株的根干重和根体积增大，后期对烟草根系的生长有一定的抑制作用。因此，在湘西山地 P_2O_5 施用量 $30\sim60kg/hm^2$，氮磷肥比例以 1：（1～2）为宜。

烤烟根、冠的生长整体表现出相互促进、相互协调的状态，烟草生长过程中积累的干物质及吸收的矿质营养总是优先供给叶片，根系和茎为烟叶的生长发育提供有力的支撑。然而，根、冠生长的协调性是建立在土壤养分供给充足、生态良好的基础上的，当出现逆境胁迫时（本研究中的缺磷环境及高磷环境），根、冠生长的协调性被打破，二者更多地表现为竞争关系，争夺有限的资源，最终导致烟株整体发育不良或根系徒长。

五、展望

磷营养是烟草矿质营养研究的重要组成部分，考虑到磷在土壤中易固定、磷肥利用率低的特点，在本研究的基础上，还可基于不同生态区土壤 pH 的差异，进一步研究不同施磷量处理下植烟土壤磷素的矿化特征，与整个大田生育期内烤烟的根系发育、烟株的吸磷特性相结合，进一步解释磷营养对烤烟生长的作用。

烤烟根系与地上部协调生长是生产优质、适产烟叶的基础，烤烟根系与地上部关系的研究还可从物质代谢、信号传导、遗传因子等方面深入分析二者的同质性和差异性，进一步丰富和完善特色优质烟叶生产理论。

第三节　不同钼肥用量和使用方法对烤烟产量、质量的影响

一、研究目的

钼是动植物所需微量元素之一，其在动植物生长发育过程中的不可替代性已经被证实。此外钼元素的研究主要集中在豆科作物上，如大豆、花生等，在大田实际生产上禾本科植物对钼的需求很低，而钼肥的施用对禾本科植物的生长发育影响也较小，同时也很少出现缺钼症状。钼在作物体内的积累与分布，在生理代谢过程中的功能，以及钼与其他大、中、微量营养元素之间的相互作用目前已经得到了较为全面认识。烟草是茄科作物，近年来在烟叶生产中微量元素所起到的作用及施用微量元素所取得的效果正越来越受到人们的重视，人们对于钼肥在烤烟生长发育过程中的作用，钼在烤烟各器官中的积累与分布，钼对烤烟烘烤过程中生理生化特性的影响，以及施钼对烤烟化学成分和产量、质量的影响已经有了较为广泛的研究。

二、试验设计与方法

本试验于 2014 年在湖南省湘西自治州永顺县松柏镇进行，研究了钼肥不同用量和使

用方法对烤烟生长发育和产量品质的影响,以前人对钼肥的研究为基础,综合了不同用量、不同使用时期和不同使用方法等措施,旨在探寻钼肥在烤烟生产中更高效的利用。

试验设计:采用随机区组设计,重复三次,每个小区种植 5 行,每行 30 株左右,约 150 株烟,田间栽培管理措施按项目要求结合当地生产技术方案实施。

试验共设 4 个处理,分别为:CK(当地常规栽培,N∶P$_2$O$_5$∶K$_2$O = 1∶1.3∶3)、T1(每亩增施 30g 钼酸铵,于移栽后 15d 左右和提苗肥一起兑水追施)、T2(每亩增施 60g 钼酸铵,其中 40g 钼酸铵于移栽后 15d 左右和提苗肥一起兑水追施,20g 在打顶前 10d 喷施)、T3(每亩增施 90g 钼酸铵,其中 50g 钼酸铵于移栽后 15d 左右和提苗肥一起兑水追施,20g 在移栽后 50d 左右喷施,20g 在第一炕烟采收后喷施)。

三、结果与分析

1. 钼肥的施用对烤烟成熟期农艺性状的影响

烤烟是以叶片为收获对象的经济作物,叶片是烟株进行光合作用的重要场所,叶片的长、宽及其比例能够衡量烤烟的生长发育和产量、质量状况。分析表 4-18,从上部叶长、宽及其比例分析来看,上部叶长各处理均与对照差异明显,且各处理间也存在显著差异,说明施用钼肥对烤烟上部叶长度增加有促进作用,上部叶宽除 T1 外,其余各处理与对照相比显著增加,上部叶长宽比 T3 处理显著小于对照,说明钼肥对烤烟上部叶开片具有一定的积极作用。从中部叶长、宽及其比例分析来看,中部叶长除 T3 与 CK 无显著差异外,T1 和 T2 处理均与对照处理呈显著差异,中部叶宽各处理均优于对照,T1 和 T3 处理间差异不显著且均优于处理 T2,中部叶长宽比各处理均小于对照,叶面积更大,呈现出较好的叶片发育状况,有利于烤烟产量的增加。从下部叶长、宽及其比例分析来看,下部叶长和宽各处理均优于对照,但与上中部叶相比较绝对增量较小,这与下部叶叶龄短和喷施处理较晚有关。总体来看,施用钼肥对烤烟成熟期农艺性状促进作用较明显,证实了钼肥不同施用量和使用方法对烤烟的田间生长发育具有积极作用。

表 4-18 农艺性状调查表

处理	株高/cm	留叶数/片	节距/cm	茎围/cm	上部叶			中部叶			下部叶		
					长/cm	宽/cm	长宽比	长/cm	宽/cm	长宽比	长/cm	宽/cm	长宽比
CK	100.9c	22a	8.4c	9.5b	52.5d	16.8c	3.13c	65.2b	24.7c	2.64a	50.6c	25.6c	1.98a
T1	102.8b	22a	8.5c	9.7a	57.3b	17.2c	3.33a	64.2c	27.2a	2.36c	50.3d	26.1b	1.93c
T2	103.4a	22a	9.8b	9.5b	59.1a	18.3a	3.23b	65.9a	26.8b	2.46b	51.1a	26.5a	1.93c
T3	102.7b	22a	10.5a	9.4c	54.7c	17.8b	3.07c	65.1b	27.4a	2.38c	50.9b	26.2b	1.94b

2. 钼肥的施用对烤烟生长过程中干物质积累和成熟落黄情况的影响

钼属于过渡金属元素,虽然含量很少,但却广泛存在于多种生物体内,是生物体内多种酶的金属活性中心的重要构成。研究表明施用钼肥对促进烤烟生长前期干物质积累效果明显，这与钼肥能够促进烤烟生长前期叶绿素合成，提高光合速率和水分利用率有关。从表 4-19～表 4-21 也可以看出施用钼肥处理的烟株叶片干鲜重明显高于对照，这也在一定程度上说明钼肥对烤烟生长前期具有一定的促进作用。

在烤烟生长成熟期，施用钼肥能够促进烤烟成熟落黄，提高烟叶落黄均一性，有利于上部叶尽早成熟采收，避免受到后期低温影响。

表 4-19　各处理团棵期干鲜重及鲜干比

处理	根			茎			叶		
	鲜重/g	干重/g	鲜干比	鲜重/g	干重/g	鲜干比	鲜重/g	干重/g	鲜干比
CK	13.24	1.42	9.32	19.41	1.74	11.16	100.1	9.4	10.65
T1	14.95	1.75	8.54	20.77	1.79	11.60	104.36	9.78	10.67
T2	14.26	1.71	8.34	21.90	1.18	18.56	101.2	9.71	10.42
T3	15.45	1.75	8.83	21.89	1.77	12.37	105.78	9.62	11.00

表 4-20　各处理旺长中期干鲜重及鲜干比

处理	根			茎			叶		
	鲜重/g	干重/g	鲜干比	鲜重/g	干重/g	鲜干比	鲜重/g	干重/g	鲜干比
CK	54.08	10.05	5.38	149.26	11.83	12.62	353.21	34.22	10.32
T1	52.69	9.78	5.39	148.30	11.41	13.00	362.93	36.85	9.85
T2	55.26	9.03	6.12	155.69	14.59	10.67	380.44	37.16	10.24
T3	58.29	10.96	5.32	158.84	15.35	10.35	385.46	38.67	9.97

表 4-21　各处理成熟期干鲜重及鲜干比

处理	根			茎			叶		
	鲜重/g	干重/g	鲜干比	鲜重/g	干重/g	鲜干比	鲜重/g	干重/g	鲜干比
CK	148.86	32.32	4.61	444.97	44.71	9.95	700.02	78.00	8.97
T1	150.51	34.48	4.37	418.18	42.16	9.92	721.56	83.91	8.60
T2	148.33	35.22	4.21	438.08	44.02	9.95	738.96	82.64	8.94
T3	154.17	35.26	4.37	455.53	45.07	10.11	758.43	83.62	9.07

3. 钼肥对烤烟常规化学成分的影响

对烤后烟叶化学成分进行分析（表 4-22），与对照相比，各处理总糖、还原糖和氯含量无特定规律性。施用钼肥的各处理烤后烟叶烟碱和钾含量均高于对照，且在各处理中以 T3 处理最高，且均在优质烤烟含量范围内，本试验结果表明钼肥的施用对适当提高烤后烟叶烟碱和钾含量具有一定的促进作用。对下部叶糖碱比分析发现，随着施用钼肥量的增加及施用次数的增多，下部叶糖碱比逐渐接近优质烤烟含量范围（8%～10%）。对中部叶氮碱比分析发现，与对照相比，施用钼肥处理烤后中部烟叶氮碱比明显较对照高且更加接近优质烟叶（优质烤烟氮碱比接近于 1）。

表 4-22　烤后烟叶常规化学成分

	处理	总糖%	还原糖%	烟碱%	氯%	钾%	总氮%	糖碱比	氮碱比	钾氯比
下部叶	CK	25.09	19.34	1.15	0.32	1.70	1.06	16.79	0.92	5.29
	T1	24.52	19.90	1.81	0.28	2.21	1.48	11.00	0.82	7.92
	T2	23.85	18.96	1.76	0.20	2.10	1.43	10.79	0.81	10.42
	T3	23.36	19.88	1.86	0.24	2.16	1.45	10.70	0.78	9.13
中部叶	CK	25.97	21.33	1.95	0.42	1.31	1.44	10.91	0.74	3.14
	T1	24.56	18.60	2.15	0.46	1.44	1.96	8.66	0.91	3.09
	T2	25.04	20.02	1.96	0.37	1.59	1.83	10.22	0.93	4.32
	T3	24.01	19.74	2.43	0.41	1.65	2.19	8.11	0.90	4.02
下部叶	CK	23.61	18.57	2.88	0.48	1.14	2.36	6.46	0.82	2.40
	T1	23.16	19.89	3.02	0.55	1.31	2.35	6.60	0.78	2.40
	T2	22.50	17.32	2.87	0.38	1.30	2.48	6.05	0.87	3.41
	T3	23.53	19.54	3.25	0.44	1.53	2.51	6.01	0.77	3.49

4. 不同钼肥用量和使用方法对烤烟中部叶感官质量的影响

由表 4-23 可知，供试烤烟的香型定位为浓香型，各处理间烟叶感官质量总得分差异较为明显，具体得分为 T3＞T2＞T1＞CK，表明随着钼肥用量和使用次数的增加烤后中部烟叶的总体感官质量得到了较为明显的提升。施用钼肥对中部叶香气质、香气量、浓度、余味、燃烧性和灰分均有不同程度的提高和改善，其中处理 T3 香气质和香气量得分均为最高，T1 和 T2 处理的浓度相同且均最大。其中杂气和刺激性在施用钼肥后得到了改善，且随着钼肥施用量的增加改善程度加大。综合各处理感官质量特征和总得分，可以看出 T3 处理烟叶具有较好的吸食品质，综合评价较优。

表 4-23　不同处理对烤烟中部叶感官质量的影响

处理	香型	香气质	香气量	浓度	杂气	刺激性	余味	劲头	燃烧性	灰分	总分
CK	浓香型	14.83	12.67	7.00	6.00	4.67	7.17	4.67	3.83	3.67	62.83
T1	浓香型	14.29	13.86	7.86	6.14	4.86	7.71	4.86	4.00	3.86	66.71
T2	浓香型	14.86	13.86	7.86	6.14	6.14	9.14	4.71	4.00	3.71	69.00
T3	浓香型	16.71	15.14	7.57	7.43	7.43	11.29	4.86	4.29	3.86	77.86

5. 钼肥对烤烟烘烤品质形成及烤后烟叶产量和产值的影响

施用钼肥能够增加烤烟中抗坏血酸（AsA）含量，降低烘烤过程中烟叶体内多酚氧化酶（PPO）活性，从而抑制烤烟烘烤过程中的酶促棕色化反应的发生，有利于改善烟叶外观和提高烟叶品质。本试验结果表明，增施钼肥后上中等烟叶比例显著提高，杂色烟比例明显下降。且以处理 T3 效果最优（表 4-24）。

表 4-24 不同处理下经济性状变化

处理	比例/%		产量/(kg/hm²)	产值/(元/hm²)	均价/(元/kg)
	上等	上中等			
CK	44.1	85.7	2329	45 834.72	19.68
T1	46.3	88.6	2389	50 670.69	21.21
T2	47.7	90.9	2411	54 898.47	22.77
T3	48.6	92.1	2436	55 370.28	22.73

四、小结

1. 不同钼肥用量和使用方法对烤烟生长发育的影响

试验结果表明，钼肥的施用对提高烤烟成熟期株高效果显著。在留叶数相同的条件下，T3 和 T2 处理的节距显著大于对照，有利于叶片对光温资源的利用和成熟。上部叶长、宽及长宽比均在 T3 处理下最优，中下部叶长、宽及长宽比在施用钼肥处理下与对照相比较也均得到了优化。在 35～65d 生长发育过程中，烤烟叶片干物质积累量随着钼肥用量的增加而增大，钼肥对旺长前中期烤烟叶片干物质积累的增加作用明显。对于 35～50d 过程中茎秆干物质增量，T3 明显大于对照和其他处理，钼肥在旺长前期对烤烟茎秆干物质量的增加有促进作用。35～65d 过程中烤烟根系干物质积累量迅速增加，65d 时根系干物质量随着钼肥用量的增加而升高，钼肥在旺长期能够促进烤烟根系干物质积累量的增加，且以 T3 处理效果最优。

2. 不同钼肥用量和使用方法对烤后烟叶常规化学成分的影响

试验结果表明，钼肥的施用使中上部叶的总糖和还原糖含量趋于更加合理的范围，钾含量随着钼肥施用量和使用次数的增加而升高，氯含量随着钼肥用量的增加而降低，钾氯比也和钼肥的施用量构成正相关关系，其中中部叶 T3 和 T2 处理的钾氯比值均大于 4。下部叶在不同施钼条件下烟碱含量有所提升，另外下部叶糖碱比随着钼肥用量的增加呈现出更加接近优质烤烟含量范围的变化趋势，综合来看，T3 处理条件下，各部位烟叶化学成分含量较适宜，协调性较好。

3. 不同钼肥用量和使用方法对烤后烟叶感官质量和经济形状的影响

试验结果表明，中部叶各处理评吸总得分随着钼肥用量的增加而升高，香气质、香气量、浓度、余味、燃烧性和灰分在施用钼肥后均得到了一定的提高和改善，综合来看，T3 处理中部叶的感官质量较好。对经济性状分析发现，随着钼肥用量的增加上中等烟比例逐渐增加，杂色烟比例下降，综合来看，T3 处理对提高上中等烟比例、产量产值和均价等经济性状效果更优。

第四节　水氮耦合技术对烤烟肥料利用率和产量、质量的影响

一、研究目的

水分和氮素是影响烟草生长发育的两大主要因素，也是人为有效调控烟草产量和质量的主要手段。在烤烟不同的生育期内，烟草对水分和氮素的需求不同，烟叶的产量、质量和生产效益受水分、氮素的影响极大。我国中部烟区降雨量偏少，在不同的年份和季节降雨量差异较大，尤其在烟草的团棵期和旺长期经常发生不同程度的干旱，造成烟叶产量、质量差异较大；我国东南烟区雨水充足，烟田干旱鲜有发生，但降雨往往集中在烟草生长发育的还苗期、伸根期和旺长期前期，常造成大田积水，严重影响烟株根系发育；旺长期后期和成熟期干旱时常发生，导致上部叶不能落黄，使上部叶的外观质量和感官质量下降。水氮的合理配施使烟草生长旺盛，根系发达，有利于烟株水分的吸收；但同时也会造成烟叶大而肥，导致烟叶品质下降，造成上等烟比例严重下降，影响烟叶的经济效益。烟草的水肥耦合效应就是通过水分和氮素的合理配施，以肥调水，以水促肥，在保证烟叶经济产量的前提下，实现水肥的高效利用，达到节水、节肥及烟叶优质高产的目的。

目前，关于水氮耦合对烤烟叶面积指数、干物质积累、光合作用和细胞液浓度和营养元素的吸收已经有了较为广泛的研究，发现水氮合理配施能够提高烤烟叶面积指数，促进干物质积累和烤烟生长发育的光合速率，有利于光合产物的积累和烟叶质量的提高。但对烤烟不同生育期的细胞液浓度和营养元素吸收的研究较少，使其对烤烟常规化学成分和中性致香物质含量的测定的影响不能进行有效反馈，从而不能对烤烟外观质量和感官质量的具体影响得出有效结论。

本实验为了进一步提高烟叶质量，节约生产成本，增加烟叶生产效益。以水分控制和施氮量为控制指标，采用双因子多水平交互式试验组合设计，在水肥耦合条件下，烟叶生长发育过程中，对烤烟叶面积指数、不同生育期烤烟的光合作用、不同生育期烤烟的细胞液浓度、对营养元素的吸收、土壤氮素的含量、抗旱性、烟叶产质量、经济效益、烤烟常规化学成分、烤烟的外观质量和感官质量等 11 项指标进行研究，探索烤烟水氮耦合的合理配施，以此达到节水节肥及烟叶优质高产的目的。

二、试验设计与方法

1. 试验设计

试验采用正交试验设计，其中水分控制为 2 个水平，施氮量为 4 个水平。共设 6 个处

理，具体处理如表 4-25 所示。氮肥的使用分为基肥和追肥两部分，移栽前每公顷施纯氮 45kg，N：P_2O_5：K_2O = 1：2.2：3.5。移栽后 30d 依据实验设计进行追肥的施用，所施氮肥为硝酸铵；灌水采用滴灌法。

表 4-25　试验处理

处理	水分占土壤含水量的百分数	基肥施氮量/(kg/hm²)	追氮量/(kg/hm²)	施氮量/(kg/hm²)
T1	55%-75%-65%	45	10	55
T2	55%-75%-65%	45	15	60
T3	55%-75%-65%	45	20	65
T4	55%-75%-65%	45	25	70
T5	45%-65%-55%	45	10	55
T6	45%-65%-55%	45	15	60

注：55%-75%-65%表示水分在伸根期、旺长期、成熟期占土壤含水量的百分数分别为 55%、75%、65%，此栏其余数值含义同

2. 项目测定

（1）烟株干物质积累的测定　　干物质积累的测定分别在伸根期、旺长期、成熟期，每个处理选取长势、长相较为一致的 5 株烟，分根、茎、叶称量其鲜重，并采用杀青烘干法进行测定，于 105℃在鼓风干燥箱中先杀青 15min，然后 60℃烘干至恒重，测其干重，计算干鲜比与根冠比。

（2）烤烟光合参数的测定　　用 LAI-2000 冠层分析仪测定烤烟不同生育期的叶面积指数（LAI）；3 个生育期烤烟的光合特性采用 CIRAS-2 型便携式光合作用测定系统对进行测定。

（3）烤烟细胞液浓度的测定　　用糖量计测定细胞液质量分数，每个生育阶段各测 1 次，测定部位定为中部叶，测定的时间为 8:00～16:00，每隔 2h 测 1 次，各个处理各测 10 株，每株测定 5 次。

（4）烤烟 N、P、K 的测定　　烟叶中 N、P 的测定分别采用凯氏定氮法和钒铂黄比色法测定；K 的测定采用火焰光度法。

（5）土壤速效氮与硝态氮的测定　　分别对各生育期内植烟土壤 0～20cm，20～40cm，40～60cm 的土壤进行采集，并对硝态氮与铵态氮的含量测定，其中土壤速效氮含量采用乙醇燃烧法进行测定，土壤中的硝态氮的含量采用周顺利等（1997）的方法进行测定。

（6）烤烟抗旱性指标的测定　　脯氨酸的测定采用茚三酮比色法；可溶性糖的含量采用液相色谱-蒸发光散射检测法测定；采用硫代巴比妥酸比色法对各处理移栽后 0d、35d、55d、60d、90d、120d 的烟叶进行丙二醛含量的测定。

（7）烟化学成分测定　　严格按照烤烟 42 级国标进行分级，对每个处理的 B2F、C3F 两个等级的烟叶各取 2kg。对淀粉等 8 种化学成分进行测定，其中淀粉的测定采用酸水解法；蛋白质的测定采用考马斯亮蓝（Bradford）法；烟碱含量采用紫外分光光度法测定；

总糖含量采用蒽酮比色法测定；还原糖含量采用 DNS 显色法测定；总氮含量采用过氧化氢-硫酸消化法测定；钾含量采用火焰光度法测定；氯采用流动分析仪法测定。

三、结果与分析

1. 水氮耦合对烟草叶面积指数的影响

由图 4-11 可知，伸根期土壤含水量一致时随着施氮量的增加，叶面积指数先增加后减小，在施氮量为 T3 时叶面积指数达到最大值，而施氮量为 70kg/hm² 时叶面积指数有所下降；当施氮量一致时叶面积指数表现为 T1＞T5，T2＞T6；由此可知水氮耦合能够在一定程度上提高伸根期烟叶的叶面积指数。旺长期土壤含水量一致时随着氮肥施用量的不断增加，叶面积指数逐渐增加，当施氮量为 60kg/hm² 时叶面积指数有较小幅度的增加，而当施氮量达到 70kg/hm² 时叶面积指数在各处理中达到最大值；当施氮量一致时，随着土壤含水量的降低叶片及指数逐渐降低，由于土壤含水量降低，烟叶对水分的吸收受到阻碍，生理生化反应受到一定的影响，烟叶的开片受到较大影响。烤烟叶面积指数在成熟期，随着施氮量的增加而增加，当施氮量 70kg/hm² 时达到最大值，然而 T1、T2、T3 三个处理的增加幅度相对较小；随着土壤含水率的降低叶面积指数有所下降，但下降幅度较小，因此可知成熟期对叶面积指数的影响因素的施氮量，水分含量对叶面积指数的影响较小。

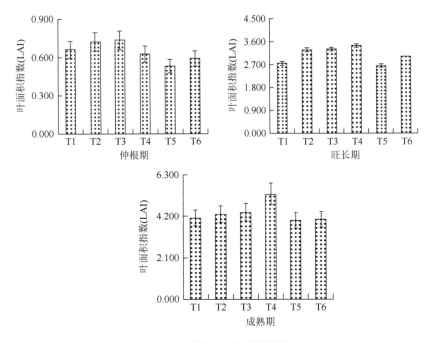

图 4-11 烤烟叶面积指数变化

2. 水氮耦合对烟草光合效应的影响

由图 4-12 可知，在伸根期，当土壤含水量一定时，随施氮量的增加烤烟的蒸腾速率呈先逐渐减小后增大的趋势，在施氮量为 60kg/hm² 时达到谷值，在相同施肥条件下随着土壤含水量的增加蒸腾速率逐渐降低；烟叶的气孔导度随着施氮量的增加表现为先降后升的趋势，而在相同施氮条件下，随着土壤含水量的不断降低，气孔导度却逐渐增加；烤烟光合速率的变化在土壤含水率相同时随着施氮量的增加，表现为先逐渐减小后增大再减小的趋势，施氮量为 60kg/hm² 时达到谷值，在施氮量 65kg/hm² 时达到峰值，随着土壤含水率的不断降低光合速率不断减小。

在旺长期，相同土壤含水量条件下，随施氮量的增加，烤烟的蒸腾速率表现为先逐渐升高后降低的趋势，且在施氮量为 65kg/hm² 时达到峰值，而在施氮量相同时下，随着土壤含水量的降低蒸腾速率逐渐增加，且增加幅度较大；烟叶的气孔导度随着施氮量的增加表现为先增加后降低的趋势，且在施氮量为 65kg/hm² 时达到峰值，再者 T3 显著高于 T1、T2 与 T4，而在相同施氮条件下，随着土壤含水量的不断降低，气孔导度的变化不大；烤烟光合速率的变化在土壤含水率相同时随着施氮量的增加，表现为先逐渐增加后逐渐减小的趋势，且在施氮量为 65kg/hm² 时达到峰值，但 T2 与 T3 的差异相对较小。

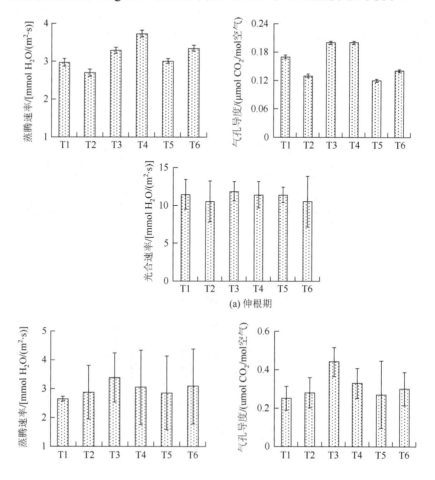

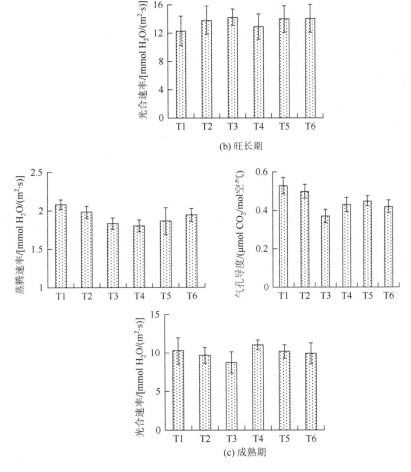

(b) 旺长期

(c) 成熟期

图 4-12　各生育期烤烟光合效应

在成熟期，烟叶的蒸腾速率随着施氮量的增加表现为逐渐降低的趋势，而在相同施氮条件下，随着土壤含水量的不断降低，蒸腾速率却较大幅度地降低；相同土壤含水量条件下，随施氮量的增加，烤烟的气孔导度先逐渐减小后增加，在施氮量为 65kg/hm² 时达到谷值，且 T1 与 T2 显著高于 T3 与 T4，在施氮量相同时随着土壤含水量的增加气孔导度有较大幅度的增加；当土壤含水率相同时光合速率随着施氮量的增加，表现为先减小后增加的趋势，施氮量为 65kg/hm² 时达到最小值，当施氮量为 70kg/hm² 时达到峰值，随着土壤含水率的不断降低光合速率略有减小。

3. 水氮耦合对细胞液浓度的影响

由图 4-13 可知，伸根期 T1 在 10:00 达到最大值 8.7，T2、T3 与 T6 在 14:00 达到最大值 9.4、10.7 和 10.7，T4 与 T5 在 12:00 达到最大值 12.4 和 11.9，在土壤含水量一致的条件下随着施氮量增加细胞液浓度出现最大值的时间先增后减，由 T1 与 T4，以及 T2 与 T6 对比分析可知施氮量一致的条件下，随着土壤含水量的增加细胞液浓度呈减少的趋势；田间持水的减少形成水分胁迫，造成细胞液浓度变大，烟株的抗旱性得到增强，使得烟株正常的生理活动得以进行,甚至得到一定程度的延续,从而在一定程度上限制了烟株水分的损耗,但细胞液浓度的最大值出现时间有所提前。另外,由于此时期土壤含水量相对较低,这在一定程度上促进了根系的生长发育,对烤烟旺长期的生长提供较发达的营养吸收系统,从而保障烟叶质量的形成。

在旺长期,T1 与 T2 均在 10:00 达到峰值,分别为 10.6 和 11.5,T3 与 T4 分别在 12:00 和 14:00 出现峰值,分别为 11.3 和 10.4,而 T5、T6 的峰值出现时间比 T1 与 T2 略晚。在水分胁迫条件下,增加氮肥的用量,能够在一定程度上提高烟叶细胞液浓度,增强烟草植株的抗逆性,从而给烟株在相对干旱条件下的生长发育提供一定的保障。

在成熟期,T1、T2、T3、T4、T5、T6 的细胞液浓度均有所减小,T3 的最大值在 14:00 出现,T6 的最大值在 12:00 出现,且 T3 和 T6 的最大值都保持在较高水平,而且日变化极差也变小。可能是由于成熟期的细胞生命活动逐渐降低,从而对水分的吸收相对较小,进而使得细胞液浓度的保持在较稳定的水平。另外,相同土壤含水量条件下,随着施氮量的增加细胞液浓度最大值先增加后减少,在施氮量为 65kg/hm² 时达到峰值。相同施氮量条件下,随着土壤含水量的增加细胞液浓度最大值的差异不大。

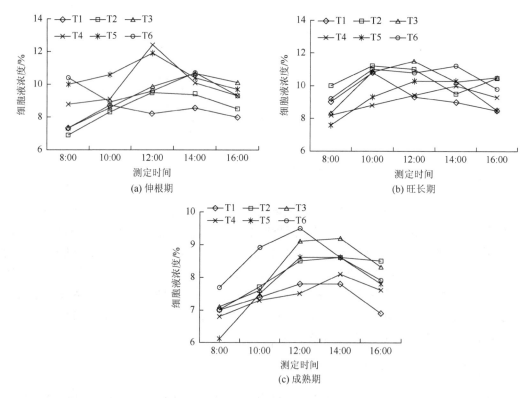

图 4-13　烤烟伸根期细胞液浓度日变化

4. 水氮耦合对烟草矿质营养吸收和土壤养分的影响

(1)烟草对矿质吸收积累　由图 4-14 可知,在土壤含水量一致时,随施氮量的增加烟株根系对氮素的吸收表现为先增加后降低的趋势，其中 T2 与 T3 之间无显著性差异，且 T3 显著高于 T4；随着土壤含水率的增加，烟株对氮素的吸收无显著变化。烤烟茎秆对氮素的吸收随着施氮量的增加也表现为先增加后减少的趋势，并且 T2 与 T3 间差异不明显，而 T3 显著高于 T1 与 T4；随着含水率的降低，烟株茎秆的氮含量显著降低。烤烟叶片对氮素吸收随着施氮量的增加，表现为上升趋势，且 T3 与 T4 几乎一样，T3 与 T4 显著高于 T1、T2；随着土壤含水率的降低，叶片对氮素的吸收变化不大。

土壤含水量一致的情况下，烟株叶片对磷素的吸收随施氮量的增加而增加，然而增加幅度略小；而烟茎对磷的吸收表现为先增加后降低的趋势，T2 处理达到最大值；根系对磷的吸收也表现为先增加后降低的趋势，但 T3 处理达到最大值。在施肥量一致的情况下随着土壤含水量的减少，根对磷的吸收有所下降但下降幅度较小，茎对磷的吸收有所增加，叶对磷的吸收有较大幅度的降低，这说明烟株施氮量存在有效范围。同样氮肥情况下，灌水量大的处理磷含量增加，说明水氮耦合有利于烟株对磷元素的吸收积累，磷元素在烟株体内不同部分的吸收积累与氮元素有相似规律。

在相同土壤含水量条件下，根部对钾素的吸收随着施氮量的增加而增加，然而在施氮量为 60g/hm² 之后增加的幅度相对较小；茎与叶片中的钾含量表现为先增加后减少的趋势，均在 T3（65kg/hm²）时达到最大值，但茎中钾含量 T4 与 T3 相比下降幅度比叶大。施肥量一致时，随着土壤含水量减少根部钾含量基本保持不变，而茎与叶片中的钾含量略

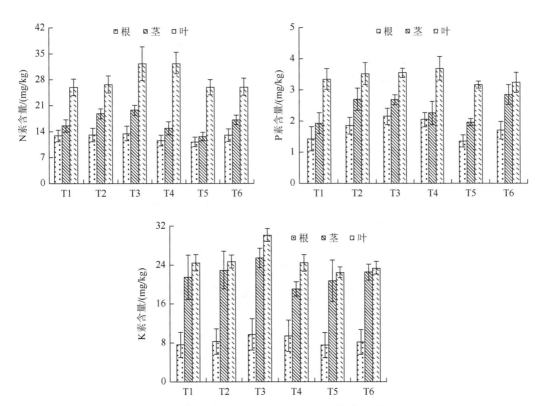

图 4-14 矿质元素在植株组织中的积累和分配

有下降。不同水氮耦合水平下烤烟吸收的钾营养元素在根、茎、叶中的烟株对钾素的吸收规律与氮素、磷素相似。

（2）土壤速效氮变化　　由图 4-15 可知，不同生育期各处理随着土层深度的加深，土壤速效氮的含量基本呈现先快速降低后慢速降低的趋势。伸根期在土壤含水率不变的前提下随着施氮量的增加，0～20cm 处的速效氮含量表现为 T4＞T1＞T2＞T3，随着土壤含水率的降低，烟叶速效氮的含量迅速升高，可能是由于烟株处于相对干旱的环境，细胞液浓度很高，自由水含量较少的缘故。在 20～40cm 的土壤深度范围内各处理差异不大，而40～60cm 土层深度范围内，速效氮含量基本维持在 48mg/kg 左右，但是 T1 速效氮的含量略高。

在旺长期速效氮的含量随着土层深度的加深，各处理的变化趋势差异较大，尤其是在0～20cm 的土层深度，随着施氮量的增加，速效氮的含量表现为先降低后增加再降低的趋势，并且 T3 处理的速效氮含量最大，且 T3 在 0～20cm 到 20～40cm 速效氮的降低幅度小于 40～60cm，可能是由于施氮量足以满足烟株生长发育需要，对速效氮的吸收相对较少。土壤速效氮的含量随着土壤含水量的降低而逐渐降低，可知水氮耦合对土壤速效氮的影响较大。

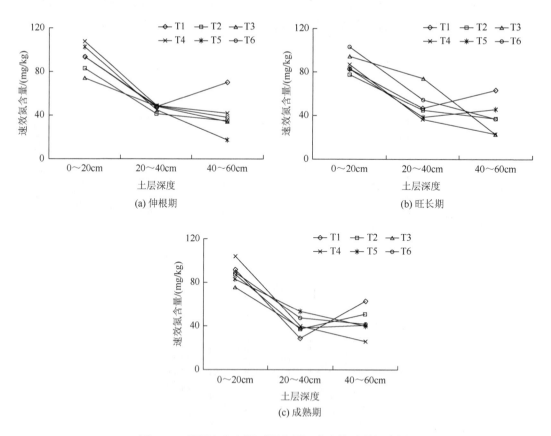

图 4-15　烤烟全生育期不同土层深度土壤速效氮含量

　　成熟期各处理土壤速效氮的含量降低幅度最大的土层深度，均为 0～20cm 到 30～40cm，降低幅度保持在 35～65mg/kg，尤其是 T1 与 T4 的降低幅度较大。随着施氮量的增加，在 0～20cm 处土壤中的速效氮含量表现为先降低后增加的趋势，随着土壤含水率的增加速效氮的含量表现为 T1＞T5，而 T2＜T6。

　　（3）土壤硝态氮的影响　　由图 4-16 可知，硝态氮的垂直运动基本局限在 0～40cm 深度范围内，40～60cm 和 60～80cm 土壤硝态氮含量变化不大。

　　0～20cm 土层范围不同处理均表现为先增加后减少的趋势，均在栽后 60d 土壤硝态氮含量达到最大值，之后有所下降，整个生育期内 0～20cm 处硝态氮含量大体表现为 T6＞T4＞T5＞T3＞T2＞T1，田间持水量相同条件下，随着施氮量的增加而增加，施氮量相同时随着土壤含水量的减少而增加，但在旺长期由于土壤含水量一致，土壤硝态氮的含量差异不大。

　　20～40cm 土层硝态氮含量总体上表现为 T6＞T5＞T4＞T1＞T2＞T3，变化趋势为先增加后降低，T1、T2、T3 处理在移栽后 55d 达到最大值，而 T4、T5、T6 处理在移栽后 60d 达到最大值。120d 时各处理差异不大。成熟期之前各处理土壤硝态氮差异不明显。

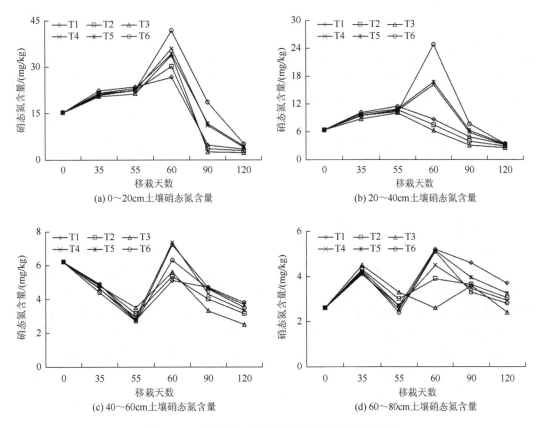

(a) 0～20cm土壤硝态氮含量　　　　(b) 20～40cm土壤硝态氮含量

(c) 40～60cm土壤硝态氮含量　　　　(d) 60～80cm土壤硝态氮含量

图 4-16　水氮耦合对土壤硝态氮动态变化的影响

40～60cm 土层的硝态氮随生育期的发展成"倒 N"形变化，不同处理差异比较大时期为移栽后 60d，移栽 55d 前差异不大，各处理最高值表现为 T4＞T5＞T6＞T3＞T2＞T1，120d 时各处理差异相对明显，含量大小表现为 T1＞T5＞T6＞T4＞T2＞T3。

60～80cm 土层的硝态氮含量基本表现为"M"形变化，且在移栽 60d 后各处理差异有所增加，除 T3 在移栽后 35d 达到最大值外，其他处理硝态氮含量均在移栽后 60d 达到最大值。120d 时土壤硝态氮的含量为 T1＞T5＞T4＞T2＞T6＞T3。

（4）小结　　随着施氮量的增加，烤烟根部对 P 素与 K 素的吸收逐渐增加，在 T3 时达到最大值，之后略有下降，而对 N 素的吸收改善幅度较低；而茎秆对 3 种矿质元素的吸收均表现为先增加后减少的趋势，尤其是 65～70kg/hm^2 降低幅度最大，而 T2 到 T3 茎秆对 3 种矿质元素的吸收差异较小；叶片对 N 素的吸收在 T3 时达到最大值，但 T3 与 T4 差异不显著，但显著高于 T1 与 T2，叶片对 P 的吸收呈增加趋势，对 K 素的吸收在 T3 达到最大值，而 T1、T2、T4 差异较小。随着土壤含水率的增加各组织对 N、P、K 三种矿质元素吸收的效果改善不明显。由此可知，土壤施氮量对烟株 N、P、K 含量的积累的影响高于水分的影响，且以 T3 处理表现较优。

在烤烟的生育期内，速效氮含量主要分布在 0～20cm 处，随土层深度增加，速效氮含量减小。氮肥的施用对烟株吸收土壤速效氮影响较大，与伸根期相比，旺长期各处理 0～20cm 处的速效氮含量大小变化较大，且到 20～40cm 土层速效氮含量的下降幅度相对较缓，主要是旺长期烟株的需氮量较大对速效氮的吸收较多，导致土壤中的速效氮含量相对较低。而成熟期 0～20cm 处的速效氮含量有所增加，与 20～40cm 处的速效氮含量差异较大，可能是由成熟期烟株的吸收量较少所致；另外，保持较高含水率可以降低土壤速效氮的含量，增加促进根系对氮素的吸收。

土壤硝态氮的含量在土层深度为 0～40cm 时随时间推移变化幅度较大，且土壤含水量越低，肥料使用量越高土壤硝态氮的含量越高，且各土层硝态氮含量均在移栽后 60d 达到最大值，移栽后 90d 各处理有较大差异。

5. 水氮耦合对烤烟抗旱生理指标的影响

（1）水氮耦合对烤烟叶片脯氨酸含量的影响　　由图 4-17 可知，水氮耦合对烤烟叶片脯氨酸含量有十分显著的影响。随移栽时间的延长，6 个处理烤烟叶片的脯氨酸含量都有不同程度的增加，各处理脯氨酸的含量在移栽后 90d 达到最大值，90d 之后有不同程度的降低，降低幅度约为 280μg/g FW。不同水氮耦合处理相比，在施氮量相同时，叶片中脯氨酸含量随着土壤含水量的降低而增加，在土壤含水量条件一致时，施氮量对叶片中脯氨酸的含量有显著的促进作用，移栽 90d 时烟叶脯氨酸的含量为 T6＞T5＞T4＞T3＞T2＞T1。表明水氮耦合能够在一定程度上影响烤烟叶片脯氨酸的积累，尤其是当氮肥含量在土壤中比例增加时，脯氨酸含量得到大量积累，从而有助于提高烟叶的抗旱性，增强了烟株在生长发育过程中的适应性，为烟叶质量的提高，风格的彰显，以及在卷烟配方中比例打下基础。

（2）水氮耦合对烤烟叶片可溶性糖含量的影响　　由图 4-18 可知，水氮耦合条件下烟叶片中可溶性糖含量的变化表现为先增后减的趋势，但不同处理之间的差异较大。土壤

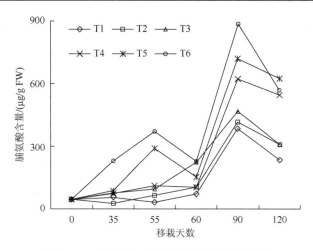

图 4-17　水氮耦合对烤烟脯氨酸含量的影响

含水量相同时，随着施氮量增加的增加，可溶性糖先增加后降低，在 T6 条件下达到峰值。施氮量一定的条件下，随着土壤含水量的增加叶片中的可溶性糖含量表现为增加趋势，由于施氮量的增加及土壤含水量的减少，烟叶处于相对干旱的环境中，为了增加抗性，细胞液浓度增加、可溶性糖含量增加，但超过最适比例时，可溶性糖含量有所减少，说明水氮耦合对烟叶可溶性糖含量的影响较大，可在一定程度上提高烟叶可溶性糖的含量，进而提高烟叶的抗旱性。

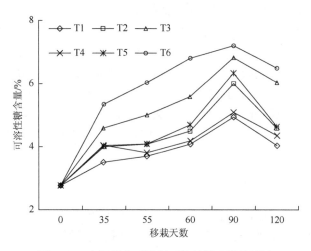

图 4-18　水氮耦合对烤烟可溶性糖含量的影响

（3）水氮耦合对烤烟叶片丙二醛含量的影响　　由图 4-19 可知，水氮耦合对烟叶中丙二醛含量有显著的影响。随移栽时间的延长，各处理烤烟叶片丙二醛含量大体上都呈增加的趋势，且在移栽后 90d 含量达最大值。土壤含水量一致的条件下，随着氮肥施用量的增加，烟叶丙二醛的含量表现为 T4>T1>T2>T3，在施氮量相同的条件下，土壤含水量对烟叶中丙二醛含量有显著的负影响，在移栽后 120d 各处理丙二醛的含量差异较大，可知随着土壤含水量对烤烟丙二醛的含量有显著的抑制作用,只有在相对干旱的条件下才能促进丙二醛的生成。

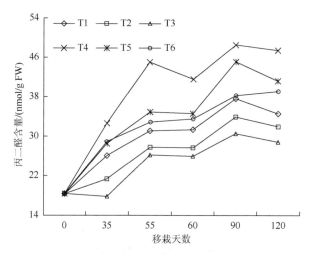

图4-19 水氮耦合对烤烟丙二醛含量的影响

(4) 小结　　通过对烤烟生长过程中脯氨酸、可溶性糖及丙二醛含量的研究,可知烤烟生长过程中脯氨酸的含量大体上与施氮量呈正相关,在一定施氮量范围内,施氮量越大脯氨酸的含量越高;可溶性糖的含量随施氮水平的提高先增加后降低,且在施氮量为 $65kg/hm^2$ 时达到峰值,然而丙二醛的含量表现为先降低后增加的趋势,却在施氮量为 $65kg/hm^2$ 时达到最小值,可知在一定施氮量范围内施氮量能够增强烤烟的抗旱性,超过一定施氮量后抗旱性减弱,由于施氮量过大,土壤溶液的浓度增加,烟叶细胞的生长环境受到胁迫,进而生长发育受到影响。随着土壤含水率的降低,烤烟的脯氨酸含量显著增加,可溶性糖含量也显著增加,然而 T2 与 T5 的差异非常小,丙二醛的含量显著增加,表明一定量的水分能够增强烟株的抗旱性,但效果不如施氮明显,且能够增强烤烟的抗氧化性。因此水氮耦合能够提高烤烟的抗旱性与抗氧化性,保持细胞活力,促进烟株生长发育,尤其以 T3 处理表现较好。

6. 水氮耦合对烤烟产量与质量的影响

(1) 水氮耦合对烟草经济性状的影响　　由图4-20可知,不同处理的产量以 T3 与 T4 较高,T1 与 T2 次之,而 T5 与 T6 最低;在土壤含水量保持一致的情况下,各处理随氮肥施用量的增加,烟叶产量增加;而在土壤含水量较低时烤烟的产量相对较低。在同等施肥条件下,烤烟产量随着土壤含水量的增加而增加,说明土壤含水率的下降在一定程度上限制了烤烟产量的增加,而水氮耦合具有显著的增产作用。水氮耦合对烤烟上等烟比例的影响与产量基本相似,在土壤含水量为 55%-75%-65% 时,上等烟比例随施氮量的增加,表现为先增后减的趋势,在施肥量为 $65kg/hm^2$ 时比例达到最大,可知在水分供应一定的条件下随氮肥施用量的增大,烤烟上等烟比例增加。T2 和 T3 处理烟叶产值差异不大;由于 T3 处理的产值与上等烟比均最大,因此产值最高,但 T2 的产值略低于 T3。

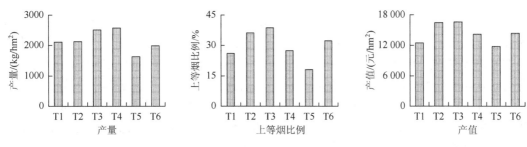

图 4-20 水氮耦合对烤烟产量产值的影响

（2）水氮耦合对外观质量的影响 由表 4-26 可知，上部叶外观质量得分最高的为 T4（施氮量 70kg/hm²），随着施氮量的增加，外观质量总分表现为增加趋势，且在施氮量由 60kg/hm² 到 65kg/hm² 时有较大幅度的提高；随着含水率的降低，外观质量得分表现为 T1＞T5 而 T2＜T6。成熟度的得分随着施氮量的增加呈现为先增加后降低的趋势，施氮量为 60kg/hm² 与 65kg/hm² 均为最高分，但与 T1、T4 相比增加幅度较小；随着土壤含水率的降低，成熟度得分表现为 T1＞T5，但增加幅度非常小，T2＝T6。颜色得分表现为随施氮量的增加先增加后减小，在施氮量达到 60kg/hm² 时得分达到最大值，随着土壤含水率的提升得分略有提高，可知水氮耦合对烤烟上部叶颜色的影响较小。烤烟叶片结构随着施氮量的增加表现为先增后降再增的趋势，T2 与 T4 均为最大值，且二者与 T3 相比升高 0.46 分；随着土壤含水率的降低叶片结构得分有较大幅度的降低，与 T6 相比 T2 提高 0.43 分。身份得分随着施氮量的增加表现为逐渐增加的趋势，且 T3 与 T1 相比、T4 与 T2 相比增加幅度较大，分别提高 1.77 分与 1.97 分；随着土壤含水率的降低，身份得分表现为 T1＝T5，T2＜T6，且 T6 比 T2 提高 1.91 分，可知水氮耦合对烤烟身份的影响较大。油分得分随着施氮量的增加逐渐增加，且增加幅度较大。与 T1、T2 相比，T3 分别提高 1.45 分、1.74 分，而 T4 分别提高 1.74 分、2.03 分；随着含水率的降低略有增加，可知氮肥对烤烟油分的影响要高于水分的影响。色度随施氮量的增加逐渐增加，但 T1 与 T2 的差异较小，且 T3 与 T4 差异也较小，但与 T1、T2 相比，T3 与 T4 的有较大幅度的增加；随含水率降低略有提高，可知施氮量对烤烟色度的影响大于水分对烤烟色度的影响。

中部叶外观质量得分最高的为 T3（施氮量 65kg/hm²），随着施氮量的增加，外观质量总分表现为先增加后降低的趋势，且在施氮量由 55kg/hm² 到 60kg/hm² 时有较大幅度的提高；随着含水率的降低，外观质量得分有所下降，但下降的幅度较小。成熟度的得分随着施氮量的增加呈现为先增加后降低的趋势，施氮量为 65kg/hm² 时得分最高，但与 T1 相比增加幅度略大，而 T2、T3 与 T4 间差异不显著；随着土壤含水率的降低成熟度得分表现为 T1＜T5，而且增加幅度较大，T2＞T6 且降低幅度略大。颜色得分表现为随施氮量的先减少后增加再减少的趋势，在施氮量为 65kg/hm² 时得分达到最大值，T4 在 4 个处理中得分最低，与 T3 相比降低 0.73 分；随着土壤含水率的降低得分表现为 T1＞T5 而 T2＜T6，其变化度保持在 0.5 分左右，可知水氮耦合对烤烟中颜色有一定的影响，但影响程度较小。烤烟叶片结构随着施氮量的增加表现为逐渐增加的趋势，T2 与 T1 相比略有增加，但 T2 到 T4 增加幅度极小；随着土壤含水率的降低，叶片结构得分变化幅度较小，可知水氮耦合对叶片结构的变化影响程度较小。身份得分随着施氮量的增加表现为先增加后减少的趋势，且 T2 与 T3 之间无显著性差异，但 T3 与 T1、T4 相比分别提高了 0.44 分与 0.95 分，增加幅度较大；随着土壤含水率的降低身份得分表现为减少趋势，但减少的幅度基本保持在 0.45 分左右。可知一定比例的水分氮肥均能够在一定程度上增加烟叶身份，提高烟叶的质量。油分得分随着施氮量的增加先增加后降低，但 T1、T2 与 T4 间差异较小，但 T2 与 T1、T3、T4 相比分别提高了 0.8 分、0.49 分、0.6 分；随着含水率的降低有较大幅度的降低，可知水氮耦合条件对提高烤烟油分促进作用较大。色度随施氮量的增加先增加后降低再增加，最大值在施氮量为 70kg/hm^2 时出现，且与 T1 相比提高 1.13 分，与 T3 相比提高 0.82 分；随含水率降低表现为 T1＞T5，且降低幅度较大，二者相差 1.06 分，而 T2＜T6，二者之间的差异略小，为 0.5 分，可知水氮耦合作用对烤烟色度有较大的影响。

表 4-26　烟叶外观质量的变化

部位	处理	成熟度	颜色	叶片结构	身份	油分	色度	总分
上部叶	T1	9.87	9.96	9.74	7.87	7.62	7.87	52.93
	T2	10.00	10.00	9.93	7.87	7.93	7.93	53.66
	T3	10.00	9.83	9.47	9.64	9.07	8.89	56.90
	T4	9.93	8.93	9.93	9.84	9.36	9.22	57.21
	T5	9.80	9.87	9.67	7.87	7.64	7.84	52.69
	T6	10.00	8.91	10.00	9.78	8.80	8.67	56.16
中部叶	T1	9.67	9.82	9.73	7.69	7.42	7.87	52.20
	T2	9.98	9.27	9.94	8.00	8.22	8.20	53.61
	T3	10.00	10.00	9.93	8.13	7.73	8.00	53.79
	T4	9.98	9.13	10.00	7.18	7.62	8.82	52.73
	T5	10.00	9.29	10.00	7.21	7.20	8.93	52.63
	T6	9.74	9.87	9.80	7.67	7.67	7.70	52.45

（3）水氮耦合对感官质量的影响　　由表 4-27 可知，上部叶感官质量得分最高的为 T3（施氮量 65kg/hm^2），随着施氮量的增加，感官质量总分先升高后降低；随着含水率的降低，感官质量得分略有下降。香气质的得分随着施氮量的增加呈现为先增加后降低的趋势，在施氮量为 65kg/hm^2 时得分最高，随着土壤含水率的降低香气质得分逐渐降低。由于土壤含水率降低，土壤溶液浓度增大，烟叶的生长发育受到一定的影响。香气量得分表现为随施氮量的而增加，但施氮量达到 60kg/hm^2 得分提高较小，随着土壤含水率的提升得分略有提高，可见施氮量因素对烤烟上部叶香气质的影响要大于水分的影响。烟气浓度随着施氮量的增加表现为先增后降再增的趋势；随着土壤含水率的降低，浓度得分略有提高。刺激性得分随着施氮量的增加表现为先降后增再降的趋势，且 T3 与 T2、T4 相比增加幅度较大；随着土壤含水率的降低刺激性得分略有降低。施氮量与含水率的变化对杂气得分的影响较小。劲头得分随着施氮量的增加变化趋势与刺激性一致，随着含水率的降低略有减少。余味随施氮量的增加呈先增加后减少趋势，随含水率降低略有增加，但增加幅

度相对较小。燃烧性得分随施氮量的增加表现为先降低后增加的趋势，T4 与 T2 相比提高 0.36 分，且 T3 与 T4 的差异较小，随着土壤含水率的降低，燃烧性得分有较大幅度的减少，可知水氮耦合对提高烟叶的燃烧性影响较大。灰色得分随施氮量的增加表现为先增后降再增的趋势，且在施氮量为 60kg/hm^2 得分最高，比 T1 与 T3 分别高 0.5 分与 0.33 分，随着土壤含水率的降低，灰色得分变化幅度较大，具体表现为 T1 比 T5 减少 0.15 分，而 T2 比 T6 高 0.62 分。可知土壤含水率及施氮量对烤烟灰分均有较大影响。

表 4-27　烤烟感官质量的变化

部位	处理	香气质	香气量	浓度	刺激性	杂气	劲头	余味	燃烧性	灰色	总分
上部叶	T1	7.33	7.34	7.50	7.14	7.00	7.50	6.67	7.33	6.83	64.64
	T2	7.40	7.50	7.67	7.00	7.00	7.33	7.00	7.23	7.33	65.46
	T3	7.51	7.50	7.50	7.25	7.00	7.60	7.00	7.47	7.00	65.83
	T4	7.43	7.52	7.60	6.98	7.07	7.19	6.93	7.59	7.20	65.51
	T5	7.29	7.37	7.55	7.00	6.93	7.26	6.86	7.22	6.98	64.46
	T6	7.25	7.50	7.70	7.00	7.00	7.25	7.00	7.15	6.71	64.56
中部叶	T1	7.83	7.50	7.50	7.50	7.67	7.00	7.83	7.75	7.83	68.41
	T2	8.00	7.75	7.50	7.50	7.50	7.00	7.50	7.97	7.50	68.22
	T3	8.00	7.50	7.50	7.50	7.50	7.00	7.50	7.88	7.50	67.88
	T4	8.00	7.90	7.71	7.60	7.52	7.38	7.52	7.79	7.71	69.13
	T5	7.98	8.14	7.90	7.48	7.64	7.52	7.55	4.68	7.76	66.65
	T6	8.00	8.00	8.17	7.50	7.50	7.83	7.50	7.74	7.83	70.07

　　中部叶感官质量得分最高的为 T4（施氮量 70kg/hm^2），得分最低的为 T5（55kg/hm^2）。随着施氮量的增加，感官质量总分先降低后升高；随着含水率的降低，感官质量得分表现为 T1>T5，而 T2<T6，可能是由于相对干旱的条件下，土壤中的水分对中部叶的供给利用率较高，腺毛分泌物的含量较高，中性致香物质的积累与转化量较多。香气质的得分随着施氮量的增加逐渐增加，施氮量为 60kg/hm^2 时达到最大值，随着土壤含水率的降低香气质得分逐渐增加，但降低幅度较小。由于土壤含水率降低，土壤溶液浓度增大，烟叶的生长发育受到一定的影响。香气量得分表现为随施氮量的增加而增加，但施氮量达到 65kg/hm^2 得分提高较小，随着含水率的提升得分提升幅度较大，T5 与 T1 相比提高 0.64 分，而 T6 与 T2 相比提高 0.25 分，可见水分因素对烤烟上部叶香气质的影响要大于施氮量的影响。烟气浓度得分随着施氮量的增加表现为 T4>T1 = T2 = T3；随着土壤含水率的降低浓度得分增加幅度较大，且 T5 比 T1 高 0.4 分，而 T6 比 T2 提高 0.67 分。刺激性得分随着施氮量的增加表现为 T4> = T1 = T2 = T3，且 T4 与 T1、T2 及 T3 相比增加幅度非常小；随着土壤含水率的降低刺激性得分基本保持不变。杂气随着施氮量的增加表现为 T1>T4>T2 = T3，且 T1 比三者提高 0.17 分，随土壤含水率的降低，杂气得分基本保持不变，可见水氮耦合对刺激性及杂气的影响较小。劲头得分随着施氮量的增加变化趋势与刺激性一致，且 T4 比其他三个处理提高 0.38 分；但随着含水率的降低有较大幅度的降低，

T5 与 T1 相比提高 0.52 分，T6 与 T2 相比提高 0.83 分。余味随施氮量的增加大体上表现为降低趋势，且 T1 比 T2、T3 提高 0.33 分，比 T4 提高 0.31 分；随含水率降低有比较大幅度的降低，可见土壤含水率对烤烟余味得分的提高有较大影响，而施氮量的影响相对较小。燃烧性得分随施氮量的增加表现为先增加后降低的趋势，T2 与 T1 相比提高 0.22 分，且 T2 与 T3 的差异较小，随着土壤含水率的降低，燃烧性得分有较大幅度的减少，可知土壤水分因素对提高烟叶的燃烧性有较大影响。灰色得分随施氮量的增加表现为先降低后增加再降低的趋势，且在施氮量为 $65kg/hm^2$ 得分最高，比 T2 与 T4 分别高 0.35 与 0.34 分；随着土壤含水率的降低灰色得分有较小幅度的降低，T1 比 T5 提高 0.07 分，水氮耦合在一定程度上能够提高烤烟灰色得分，增加烟叶质量。

第五节　高碳基土壤修复肥对烟叶田间耐熟性的影响

一、研究目的

低碳、循环和可持续发展是当今世界经济和社会发展的主题。但在全国总耕地面积不断减少的背景下，不重视土壤肥力培育，过度使用和长期偏重施用化肥，致使耕地土壤质量和耕性下降，造成土壤酸化、板结严重，有机质含量减少、养分不平衡等不良后果，严重制约了我国农业经济的可持续发展。我国烟区也面临这样的问题，由于烤烟连作较为普遍，化肥尤其是氮肥的长期大量施用对土壤造成严重破坏，南方烟区还分布着大面积的酸性土壤，最终造成化肥淋失严重和烟叶产量、质量下降，所以改善土壤生态环境仍然是现如今较为严峻和迫切的问题。

被称为"黑色黄金"的生物质炭自出现以来，就受到生态环境、工业、农业、能源等多个领域的广泛关注。生物质炭以其巨大的比表面积、疏松多孔的结构、丰富的官能团，较高的碳素含量不仅优化了土壤的理化特性，促进土壤养分的转化，作为肥料的载体提高化肥的利用率，实现了碳封存，还为土壤微生物提供可利用的碳源和良好的生存繁殖场所，从而直接或间接地影响土壤微生态环境，成为调节土壤碳氮比，改善土壤理化特性，优化土壤结构的新型措施。在农业生产方面，我们已经对小麦、玉米、水稻、高粱、豇豆、胡萝卜、大豆、黑麦草等作物开展了大量研究与推广应用，并取得较好的成效，对土壤的改良与作物丰产优质发挥了积极的效应。因此，遵循自然与生态规律，"以农林废弃资源循环利用为基础，以秸秆炭化还田为核心，增加土壤投入，提高耕地质量，消减秸秆焚烧，实现固碳减排和农业可持续发展"，应该是一条符合中国国情并具有中国特色的生物质炭产业发展之路。

本试验以湖南湘西自治州连续两年定位试验为基础，围绕湘西特色优质烟叶原料需求特征，研究了不同用量高碳基土壤修复肥与氮肥配施对湘西植烟土壤的改良效果及烟叶品质和耐熟性的影响，以探明最适合湘西烤烟的高碳基修复肥用量与减氮的配比，对提高氮肥利用率，增加烟草施肥效益，深入挖掘生物质炭在改善土壤肥力、改良植烟土壤方面的潜力奠定基础，为培肥地力、丰产优质提供依据，指明方向。

二、试验设计与方法

本试验于 2015 年在湖南省湘西自治州永顺县松柏镇西元村（海拔 800m）进行田间试验。供试品种为当地主栽品种'K326'。试验田土壤类型为水稻土，pH 为 6.4，养分含量为碱解氮 184.09mg/kg、速效磷 13.38mg/kg、速效钾 230.73mg/kg、有机质 18.14g/kg。于 2015 年 4 月 6 日施肥起垄，2015 年 4 月 24 日移栽。

采用随机区组设计，试验设 6 个处理，每个处理面积 0.2 亩，重复三次，共 18 个小区，按照 1.2m 行距拉线，将全部专用基肥、生物有机肥和 40%～50%的专用追肥混匀，直接撒施成宽 20～30cm 的肥料带，后覆土、起垄。试验处理见表 4-28，烤烟肥料配方见表 4-29。

表 4-28　不同试验处理的施肥量

处理	试验用量
T1	不施肥
T2	常规施肥＋生物有机肥（参见表 4-29）
T3	常规施肥（减氮 5%）＋50kg/亩高碳基土壤修复肥
T4	常规施肥（减氮 10%）＋100kg/亩高碳基土壤修复肥
T5	常规施肥（减氮 15%）＋150kg/亩高碳基土壤修复肥
T6	常规施肥（减氮 20%）＋200kg/亩高碳基土壤修复肥

注：各种肥料及生物质炭施用量都是按亩计算

表 4-29　湘西自治州 2015 年烤烟肥料配方表

县分公司	肥料品种（养分含量）	每亩用量/kg
	发酵型专用基肥	50
	专用追肥	20
永顺	生物有机肥（发酵型）	15
	提苗肥	5
	硫酸钾	25

三、结果与分析

1. 高碳基土壤修复肥对烟叶生长过程中烟株干物质积累的影响

（1）高碳基土壤修复肥对烟叶生长过程中烟株总干物质积累的影响　　干物质积累量是衡量烟株生长发育的重要指标，烤烟不同生长期的干物质积累状况反映了植株各时期的生长发育状况（图 4-21）。移栽后 30d，各处理间差异不明显，但施加高碳基修复肥的处理干物质积累大于常规施肥和不施肥。在移栽后 45d 开始各处理间存在显著差异，T4 处理的干物质积累量明显高于其他处理，并在移栽后 60d 差异达到最大值，其整株干物质积累分别是不施肥和常规施肥的 2.14 和 1.21 倍。移栽后 60d，即旺长期，是烟株生长的旺盛时期，烟株的生长发育、碳氮代谢、各种酶活性都达到顶峰，烟株旺盛生长，施加高碳基修复肥后明显促进烟株的生长，即使减少配施的氮肥仍然不影响干物质的积累，但是 T3 处理（减氮 5%＋高碳基 50kg/亩）的干物质积累量高于 T5（减氮 15%＋150kg/亩）、T6（减氮 20%＋高碳基 200kg/亩），这是因为 T3 处理减氮量少，同时高碳基肥料施加的量少，其中的生物质炭对肥料的吸附作用较弱。从移栽后 75～90d，T5、T6 处理的干物质积累逐渐与 T3 持平，说明高碳基肥料在烟株生长后期缓释肥料，对烟株生长起到促进作用。由此可见，增施高碳基土壤修复肥提高了烤烟干物质积累量（移栽 30d 除外）。特别是在烤烟移栽后 60～90d，增施高碳基土壤修复肥对烟株总干物质积累量有明显促进作用，整体表现为 T4＞T3＞T5＞T6＞T2＞T1，且对提高氮素利用率有一定的促进作用。

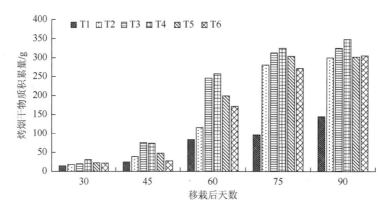

图 4-21　高碳基土壤修复肥对烟叶生长过程中干物质积累的影响

　　（2）高碳基土壤修复肥对烟叶生长过程中地上部及地下部干物质积累的影响　　从图 4-22 可以看出，移栽后 30d，各处理间烟株地上部与地下部之间差异性不显著。移栽后 45d，地上部干物质积累开始出现差异，施加高碳基修复肥的处理 T3 的干物质积累是不施肥处理的 2.23 倍，与常规施肥相比增加了 53.7%，随着氮素的减少，地上部干物质积累呈现减少趋势，地下部无明显差异；T4 处理在移栽后 60d，地上部与地下部干物质积累量与各处理相比均达到最大值，且施加高碳基肥处理的根的干物质积累量（T3～T6）明显高于对照处理（T1，T2）。在移栽后 75～90d 时，各处理根的干物质积累量趋于平稳，T4 处理的干物质积累量显著高于其他处理，并在移栽后 90d 达到最大值。T3 处理与 T5、T6 处理间的差异不显著。

　　另外，从图 4-22 中可以看出，施高碳基土壤修复肥的处理在烟株全生育期地上部与地下部干物质积累均高于不施肥处理 T1 和常规施肥处理 T2，并且不施肥的处理地下部干物质积累呈现直线增长，增长速率基本保持一致，而施加高碳基修复肥与常规施肥的处理呈现 "S" 形的增长趋势，说明地下部干物质的积累速率受到施肥处理的影响，并且可以发现，增施高碳基土壤修复肥提高了烤烟地上部与地下部干物质积累量，以 T4 处理（减氮 10%＋100kg/亩高碳基土壤修复肥）对根干物质积累效果最佳。尤其在烤烟移栽 60d 后，增施高碳基土壤修复肥对烤烟地上部和地下部的积累都有明显的促进作用。

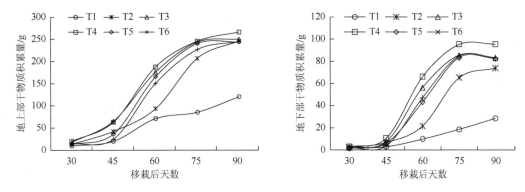

图 4-22 高碳基土壤修复肥对烟叶生长过程中地上部及地下部干物质积累的影响

（3）高碳基土壤修复肥对烟叶生长过程中根冠比的影响 不同用量高碳基土壤修复肥及减氮处理对烟叶生长过程中根冠比的影响如图 4-23 所示，添加高碳基土壤修复肥的各处理根冠比均高于对照（T1、T2），并且随着生育期的延长，不同处理根冠比的总体上呈现增加趋势。移栽后 30～45d，增长幅度较小，各处理之间没有明显差异，移栽后 45d 起增幅开始加大，到移栽后 60d 根冠比增长速率达到一个最高值，75d 各处理根冠比达到最大值，且各处理与干物质积累规律一致，均以 T4 处理根冠比最大，达到 0.38，90d 后根冠比有所下降，维持在 0.35 左右，但仍比对照高出 16.67%～52.17%，从而有利于营养物质的合理分配。

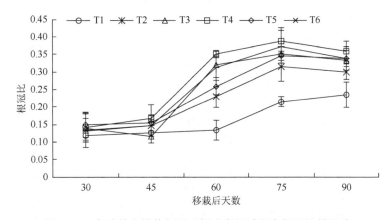

图 4-23 高碳基土壤修复肥对烟叶生长过程中根冠比的影响

2. 高碳基土壤修复肥对烤烟养分吸收及氮肥利用率的影响

高碳基土壤修复肥对移栽后 90d 烤烟养分吸收及氮肥利用率如表 4-30 所示，高碳基土壤修复肥的施用可以增加烟株对氮、磷、钾的吸收，分别比常规施肥处理增加 21.25%～37.80%、17.21%～46.72%、17.03%～23.82%。随着高碳基修复肥用量的增加，对氮磷钾的吸收出现先增加后降低的趋势，对氮含量高低表现为 T4＞T5＞T6＞T3＞T2＞T1，对磷钾的吸收则均表现为 T5＞T4＞T6＞T3＞T2＞T1，且烟株对氮养分的吸收没有显著影响。此外，以不施肥 T1 处理为对照，结合整株生物量与各处理施氮量水平（每亩以 1100 株计算），计算出移栽后 90d 的氮肥利用率，发现 T4 处理对氮素的利用率最高，高出常规施肥 97.23%，说明高碳基土壤修复肥促进了烟草对氮素的吸收利用，对提高氮肥利用率有显著的效果。

表 4-30　高碳基土壤修复肥对移栽后 90d 烟叶养分吸收及氮肥利用率

处理	全氮/(g/kg)	全磷/(g/kg)	全钾/(g/kg)	氮肥利用率/%
T1	11.10±1.14b	1.05±0.012e	6.28±0.36e	—
T2	14.15±0.35ab	1.22±0.038d	13.21±0.63d	22.79%±0.012d
T3	16.42±0.71ab	1.43±0.062c	15.46±1.43c	34.55%±0.044c
T4	19.25±0.57a	1.50±0.035b	16.28±0.72b	44.95%±0.056a
T5	18.67±1.40a	1.79±0.045a	18.74±0.97a	38.79%±0.029b
T6	16.52±0.62a	1.46±0.075bc	16.13±1.08b	31.19%±0.071c

3. 高碳基土壤修复肥对土壤 C/N 的影响

从图 4-24 可以看出，高碳基土壤修复肥对增加土壤 C/N 有显著作用。随着高碳基土壤修复肥的增加，土壤 C/N 呈现增加趋势，且与不施肥 T1 处理和常规施肥 T2 处理差异显著。T1 土壤 C/N 为 10.50~12.99，常规施肥则为 11.51~14.45，而施加高碳基土壤修复肥的处理，土壤 C/N 为 14.02~16.92；移栽后 60d，施加高碳基土壤修复肥的各处理与对照 T1、T2 相比差异尤为显著，可能是烟株在旺盛生长时期，碳氮代谢较强，从土壤中吸收大量的养分用于自身生长发育及形态建成，导致土壤 C/N 下降，而施加了高碳基土壤修复肥的处理由于生物质炭的特性固持了较多的养分释放到土壤中，维持了土壤较高的 C/N。因此，高碳基土壤修复对增加土壤 C/N、固持土壤养分有显著的作用。

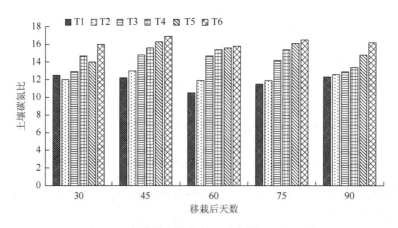

图 4-24　高碳基土壤修复肥对土壤 C/N 的影响

4. 高碳基土壤修复肥对烤后下部烟叶常规化学成分的影响

由表 4-31 可知，对于下部叶而言，湘西试验地区烤烟糖含量普遍偏高，还原糖含量则随着高碳基修复肥的添加而降低，且以 T6 降低较为显著，较常规施肥降低 19.0%，并处于适宜水平；各处理烤烟总氮、烟碱含量均随高碳基修复肥用量的增加而增加，并均处于适宜水平，T6 处理烟碱含量最高。这说明高碳基修复肥对减少氮肥用量有显著的效果；施加高碳基土壤修复肥处理的钾含量与对照 T2 相比，均有不同程度的下降，其中 T6 处理降低程度最大，可能的原因是高碳基土壤修复肥中的生物质炭具有吸附的效果，影响了下部叶对钾的吸收，同时下部叶养分转移，导致其含量均有所降低。氯含量也随高碳基修复肥的添加而降低，并处于适宜水平；各处理的糖碱比均高于优质烤烟糖碱比范围，这一结果可能与该产区烟叶糖含量过高有关。但施加高碳基土壤修复肥的处理与对照（T1、T2）相比均有所降低，并呈现出随着高碳基土壤修复肥施用量的增多而降低的趋势；施加高碳基土壤修复肥的处理氮碱比与对照相比均有所降低，T6 处理的氮碱比值 0.9，最接近优质烤烟氮碱比值 1。施加碳基修复肥处理下部叶的钾氯比在适宜范围内。

表 4-31　高碳基土壤修复肥对烤后烟叶常规化学成分的影响

处理	总糖/%	还原糖/%	总氮/%	烟碱/%	钾/%	氯/%
T1	32.99±0.05e	29.46±0.34a	1.42±0.007a	0.85±0.057c	0.68±0.036e	0.23±0.003c
T2	35.80±0.35c	26.83±1.30bc	1.32±0.007ab	2.06±0.046a	1.68±0.072b	0.35±0.002a
T3	37.87±0.04a	28.14±0.12ab	0.90±0.014b	1.82±0.017b	1.84±0.007a	0.26±0.002b
T4	34.12±0.02d	25.61±0.16c	1.12±0.007ab	1.96±0.033a	1.63±0.008b	0.18±0.005d
T5	36.79±0.34b	26.40±0.22bc	1.11±0.035ab	1.78±0.003b	1.56±0.043cd	0.17±0.004e
T6	36.69±0.16b	24.91±1.77c	1.37±0.400a	1.99±0.047a	1.52±0.063d	0.24±0.006c

5. 小结

1）在本试验条件下，与对照 T1、T2 相比，高碳基土壤修复肥的施用显著增加了全生育期烟株的干物质积累，T4 处理的干物质积累量明显高于其他处理，并在移栽后 60d 差异达到最大值，其整株干物质积累分别是不施肥和常规施肥的 2.14 倍和 1.21 倍；促进了烟株对氮、磷、钾养分的吸收，其中 T4 处理对氮素的利用率提高尤为显著，高出常规施肥 97.23%。但是高施用量的生物质炭对土壤肥力的提升已经达到或超过了烟株对养分吸收的限度，与 100kg/亩高碳基修复肥施用量相比，过高用量高碳基土壤修复肥的施用对烟株生长发育无显著影响。

2）对土壤养分的影响研究结果表明，土壤中有机质和碱解氮与高碳基的施用呈线性相关，移栽后 60d，T6 处理的有机质含量达到 37.83g/kg，比不施肥增加 24.72%，比常规施肥增加 22.11%。速效钾、速效磷随高碳基修复肥的施用而呈现出先增加后降低的趋势，T4 处理在移栽后 75d 与 90d 分别比 60d 增加 14.35% 和 17.91%，但仍远高于对照，施加高碳基土壤修复肥的处理土壤 C/N 较常规增加 17.02%～47.00%。总体来讲，适量高碳基土壤修复肥的施入有利于土壤养分的转化，促进了有机碳的矿化，提高了氮素的可利用性，保肥效果较好，显著增加了土壤中的养分含量，尤其是有机质，对酸性土壤 pH 的增加有显著效果。

3）对烤后烟叶化学成分的研究表明，湘西烟叶糖含量偏高，常规施肥下部叶总糖含量高达 37.31%，还原糖含量高达 32.82%，而 T4 处理中部叶还原糖含量较常规施肥较低了 4.76%，烟碱含量以 T6 处理最高，达到 1.99%，氮与高碳基添加（T3～T6）处理后的烤后烟叶钾含量与常规施肥（T2）和不施肥（T1）相比较均显著增加，且以 T3 含量最高，分别比 T2 和 T1 增加 9.5% 和 17%，但随着氮素的减少和高碳基修复肥的添加而降低。减氮处理与高碳基土壤修复肥的添加对于改善中、上部叶的化学成分效果显著，并以 T4（减氮 10%＋高碳基 100kg/亩）处理效果最优。

综上，土壤中输入高碳基土壤修复提高了土壤有机质含量，改善了土壤理化性状，特别是提高了土壤有效养分含量，进而提高了土壤肥力，促使植烟土壤环境条件得到有效改善，土壤生态系统功能增强，为根系发育提供了良好的生长环境。在一定程度上促进了全生育期整株烟草生物量的积累，提高了烟株根冠比，从而使营养分配格局得到了优化，生理功能增强，促进了根系生长。同时，为地上部营养物质供应、转化与积累提供了重要保障，对氮肥利用率的提高有显著效果，适量降低了烟叶糖含量，维持了烟叶化学成分的协调性，提高烟叶中新植二烯的含量，对烟叶中性致香物质总量方面有明显的促进作用，改善了烟叶品质，并促使最终产量的提高，尤其以 T4 处理对生产指导的效果最佳。

第六节　群体密度对烟叶品质的影响研究

一、不同群体密度对烟叶生长及品质形成的影响

1. 试验设计

采用随机区组设计，重复三次，每个小区种植 5 行，每行 30 株左右，约 150 株烟，田间栽培管理措施按项目要求结合当地生产技术方案实施。

试验共设 9 个处理，分别为：T1（行距 120cm，株距 45cm，留叶数 20 片）、T2（行距 110cm，株距 50cm，留叶数 20 片）、T3（行距 130cm，株距 45cm，留叶数 20 片）、T4（行距 120cm，株距 45cm，留叶数 18 片）、T5（行距 110cm，株距 50cm，留叶数 18 片）、T6（行距 130cm，株距 45cm，留叶数 18 片）、T7（行距 120cm，株距 45cm，留叶数 22 片）、T8（行距 110cm，株距 50cm，留叶数 22 片）、T9（行距 130cm，株距 45cm，留叶数 22 片）。

试验设计中的当地常规为，行距 120cm，株距 50cm，留叶数 20 片。常规栽培行距 120cm，株距 45cm，留叶数 20 片，故常规对照（CK）即为处理 T1。

2. 试验结果

（1）不同群体密度下烤烟农艺性状的变化　　由表 4-32 农艺性状调查表可知，当留叶数为 20 片时以处理 T1（120cm×45cm）的茎围和上部叶长宽最大，有利于烟株茎秆的发育和上部叶叶片开展。当留叶数为 18 片和 22 片时以处理 T6 和 T9 的节距、茎围和中

上部叶长宽最大，烟株生长发育较为良好。通过对 T1、T6 和 T9 的对比发现，T1 处理的中上部叶长、宽和长宽比综合表现较优。

表 4-32 农艺性状调查表

处理	株高/cm	留叶数/片	节距/cm	茎围/cm	上部叶			中部叶			下部叶		
					长/cm	宽/cm	长宽比	长/cm	宽/cm	长宽比	长/cm	宽/cm	长宽比
T1	106.7	20	11.2	13.2	65.3	23.5	2.78	76.6	31.4	2.44	64.7	28.1	2.30
T2	107.9	20	11.5	12.5	61.9	21.6	2.87	72.5	27.8	2.61	61.2	28.8	2.13
T3	107.7	20	12.4	12.9	65.7	22.5	2.92	76.2	29.9	2.55	65.7	30.1	2.18
T4	105.6	18	11.2	12.4	64.7	22.3	2.90	74.5	31.7	2.35	65.2	30.7	2.12
T5	105.3	18	11.7	11.9	63.2	23.2	2.72	75.6	31.6	2.39	66.3	31.3	2.12
T6	106.9	18	12.1	12.6	65.9	22.7	2.90	75.4	31.7	2.38	66.8	32.1	2.08
T7	110.2	22	9.5	12.7	62.3	20.1	3.10	73.5	30.6	2.40	63.4	31.4	2.02
T8	112.3	22	10.2	12.5	62.6	21.5	2.91	74.2	30.8	2.41	64.1	31.7	2.02
T9	113.4	22	11.1	13.8	63.4	22.4	2.83	75.6	30.1	2.50	65.2	32.9	1.98

（2）不同群体密度下烤烟发育重要时期各部位鲜干重及鲜干比变化 由表 4-33～表 4-35 可知，团棵期根部干鲜重以 130cm×45cm 处理最大，茎部干鲜重以处理 120cm×45cm 最大，叶片鲜重以处理 130cm×45cm 最大，干重则以处理 110cm×50cm 最大，各处理之间未表现出绝对优势。旺长中期和成熟期均以 130cm×45cm 处理在根茎叶的干鲜重表现最优，这与该处理有着较大的行距、能够获得充分的光照和空间有较大关系。

表 4-33 各处理团棵期干鲜重及鲜干比

行距×株距	根			茎			叶		
	鲜重/g	干重/g	鲜干比	鲜重/g	干重/g	鲜干比	鲜重/g	干重/g	鲜干比
120cm×45cm	7.82	0.72	10.86	14.03	0.69	20.33	88.44	8.34	10.60
110cm×50cm	7.98	0.68	11.74	26.39	1.32	19.99	95.42	7.78	12.26
130cm×45cm	11.08	1.01	10.97	25.91	1.28	20.24	96.63	8.13	11.89

表 4-34 各处理旺长中期干鲜重及鲜干比

行距×株距	根			茎			叶		
	鲜重/g	干重/g	鲜干比	鲜重/g	干重/g	鲜干比	鲜重/g	干重/g	鲜干比
120cm×45cm	27.37	3.76	7.28	118.23	8.01	14.76	397.35	34.83	11.41
110cm×50cm	45.91	6.57	6.99	185.02	12.92	14.32	516.85	48.73	10.61
130cm×45cm	51.89	6.25	8.30	200.13	13.44	14.89	515.21	47.61	10.82

表 4-35　各处理成熟期干鲜重及鲜干比

行距×株距	根			茎			叶		
	鲜重/g	干重/g	鲜干比	鲜重/g	干重/g	鲜干比	鲜重/g	干重/g	鲜干比
120cm×45cm	133.90	21.31	6.28	390.66	30.54	12.79	863.87	82.78	10.44
110cm×50cm	139.31	23.71	5.88	450.99	44.85	10.06	1 003.46	91.53	10.96
130cm×45cm	145.77	26.35	5.53	478.63	46.33	10.33	1 083.21	95.87	11.30

（3）不同群体密度下烤后烟叶常规化学成分变化　　各处理密度大小为 T1 = T4 = T7＞T2 = T5 = T8＞T3 = T6 = T9。各处理中部叶总糖和氯含量随着密度的增加逐渐增加，而烟碱和总氮则呈现出逐渐减小的变化趋势（表 4-36）。这是由于密度影响到烟株体内化学成分分配与积累的代谢活动。密度小，根系分布范围大，且活力强，在烟株旺长期吸收大量的氮素与碳水化合物结合形成氮化物，蛋白质含量增加。在叶片定型后，仍吸收较多的氮素，消耗了碳水化合物，形成的含氮化合物存在于叶内，这就相应地减少了碳水化合物的含量。氮是烟碱合成中的主要元素之一，尤其是叶内较多的蛋白质到后期分解成大量的谷氨酸被运送到根部，而谷氨酸是合成烟碱的前体，谷氨酸越多越有利于烟碱的合成。相反，密度大，根系分布范围小，吸收能力低，对土壤深层的养分利用率低，由于氮素施入量已定，因此单株吸收氮素少，相应地用于合成氮化物的碳水化合物也少，相对含糖量增加。由于群体大，烟株中下部叶片的叶绿体分解早，蛋白质分解为简单含氮化合物向上输送，使其叶内含氮量下降，糖分增加，又由于根系的吸收和合成机能弱及蛋白质分解成的谷氨酸含量低，因而烟碱含量也降低。

表 4-36　各处理烤后烟叶常规化学成分

部位	处理	总糖/%	还原糖/%	烟碱/%	氯/%	钾/%	总氮/%	糖碱比	氮碱比	钾氯比
	T1	24.07	20.34	1.25	0.23	2.04	1.65	16.28	1.32	8.79
	T2	23.40	20.66	1.28	0.63	2.09	1.55	16.18	1.21	3.30
	T3	22.66	19.60	1.29	0.30	2.26	1.57	15.23	1.22	7.56
	T4	20.88	18.90	1.20	0.24	2.32	1.61	15.80	1.35	9.55
下部叶	T5	20.57	18.22	1.35	0.15	2.12	1.55	13.47	1.15	14.40
	T6	20.33	18.27	1.39	0.33	2.25	1.55	13.11	1.11	6.73
	T7	24.21	22.20	1.46	0.35	2.04	1.61	15.25	1.11	5.89
	T8	23.39	20.86	1.35	0.24	2.10	1.69	15.43	1.25	8.80
	T9	19.53	16.13	1.17	0.21	2.15	1.57	13.73	1.34	10.35
	T1	28.18	21.64	2.04	0.30	1.41	1.47	10.63	0.72	4.68
	T2	27.47	21.31	2.18	0.09	1.28	1.54	9.77	0.71	13.65
	T3	25.19	22.67	2.37	0.15	1.55	1.57	9.58	0.66	10.22
中部叶	T4	29.20	23.02	2.15	0.26	1.39	1.46	10.73	0.68	5.35
	T5	28.12	24.68	2.24	0.13	1.62	1.58	11.00	0.70	12.52
	T6	24.57	21.15	2.42	0.13	1.26	1.79	8.75	0.74	9.55
	T7	26.56	22.90	2.16	0.24	1.54	1.62	10.62	0.75	6.54

续表

部位	处理	总糖/%	还原糖/%	烟碱/%	氯/%	钾/%	总氮/%	糖碱比	氮碱比	钾氯比
中部叶	T8	25.17	20.01	2.19	0.09	1.14	1.67	9.12	0.76	13.42
	T9	23.21	17.06	2.31	0.16	1.37	1.93	7.38	0.84	8.42
上部叶	T1	27.06	21.91	2.70	0.19	1.15	1.62	8.11	0.60	5.90
	T2	26.04	20.65	2.86	0.24	1.25	1.95	7.23	0.68	5.13
	T3	23.60	16.89	2.86	0.18	1.11	1.95	5.92	0.68	6.21
	T4	26.43	19.57	2.88	0.20	1.38	2	6.79	0.69	6.85
	T5	25.12	21.30	2.89	0.26	1.19	1.93	7.38	0.67	4.57
	T6	25.86	24.50	2.79	0.14	1.26	1.94	8.79	0.70	9.09
	T7	27.26	23.55	2.86	1.32	1.32	1.83	8.24	0.64	1.00
	T8	26.12	23.98	2.75	1.22	1.22	1.87	8.71	0.68	1.00
	T9	24.75	21.03	3.17	0.15	1.40	1.89	6.62	0.60	9.48

本研究表明，不同的行株距与有效留叶数对烟株群体结构的影响明显，当行株距为110cm×50cm 时，烟株间对光、温、水、肥等因素的竞争加剧，烟叶单位空间内密度过大，相互遮挡，此时留叶数应适当控制。同样当行株距为 130cm×45cm 时，大田生长成熟期时，行距过大，未能实现对土地资源的充分利用，单位面积产量也会受到一定的影响。行距120cm，株距45cm，留叶数 20 片时，烟株田间群体结构最合理，农艺性状各综合指标较优。烤后烟叶组织结构疏松，厚薄适中，颜色橘黄，叶片油润，多油分，弹性强，综合来看 T1（120cm×45cm，20 片）能够兼顾产量和质量（图 4-25）。

图 4-25　烤烟不同处理密度比较

二、不同优化结构措施对烟叶产量、质量的影响

1. 试验设计

采用随机区组设计，重复三次，每个小区种植 5 行，每行 30 株左右，约 150 株烟，田间栽培管理措施按项目要求结合当地生产技术方案实施。

试验共设 6 个处理，分别为：CK（当地常规栽培，行距 120cm，株距 50cm，当地常规初花打顶，留叶数 20 片左右）、T1（移栽后 35d 打掉 4 片底脚叶，同时进行中耕培土，打顶后留叶数 20 片）、T2（移栽后 45d 打掉 4 片底脚叶，打顶后留叶数 20 片）、T3（移栽后 55d 打掉 4 片底脚叶，打顶后留叶数 20 片）、T4（打顶时打掉 4 片底脚叶，打顶后留叶数 20 片）、T5（打顶后一周打掉 4 片底脚叶，打顶后留叶数 20 片）。

2. 试验结果

（1）不同优化结构措施对烤烟农艺性状变化和影响　　由表 4-37 可知，各处理节距随着清除脚叶时间的推迟，均呈现出逐渐增大的变化趋势。烟株各个部位的叶片长、宽均随着清除脚叶时期的推迟而逐渐增大，其中与对照相比较中部叶长、宽增大较明显。综合各项农艺性状看，过早清除脚叶的处理表现较差，这是因为在 35d 时烟株处在团棵期，下部叶为光合产物的主要积累部位，此时打掉下部叶对烟株前期的生长发育会产生一定的影响，不利于烟株早生快发。此外，株高和茎围均随着打顶时期的推迟先增大后减小，以打顶时打掉 4 片底脚叶，打顶后留叶数 20 片时两者均最大，表明在打顶时打掉下部 4 片底脚叶，有利于烟株的生长发育，过早清除脚叶对烟株生长发育会产生不良影响。

表 4-37　农艺性状调查表

处理	株高 /cm	留叶数 /片	节距 /cm	上部叶			中部叶			下部叶		
				长/cm	宽/cm	长宽比	长/cm	宽/cm	长宽比	长/cm	宽/cm	长宽比
CK	120.1	20	10.8	62.1	19.8	3.14	74.8	30.5	2.45	60.8	30.1	2.02
T1	119.4	20	10.9	59.4	20.7	2.87	73.7	30.9	2.39	55.6	26.7	2.08
T2	117.1	20	11.3	61.1	21.9	2.79	73.9	30.7	2.41	54.4	24.5	2.22
T3	118.9	20	11.1	66.3	23.8	2.79	74.2	33.1	2.24	59.3	27.3	2.17
T4	120.7	20	11.8	66.8	22.9	2.92	76.1	34.2	2.23	62.1	30.9	2.01
T5	119.4	20	11.9	65.6	21.7	3.02	75.2	32.6	2.31	61.9	28.9	2.14

（2）不同优化结构措施对烤烟化学成分的影响　　由表 4-38 可知，上部叶总糖含量随着清除脚叶时间的推迟呈现出近似先增加后减小的变化趋势，而中下部叶总糖含量在各处理间未表现出一定的规律性。各部位烟叶烟碱含量在不同处理下变化规律不明显，但通过对同部位烟叶糖碱比的比较发现，上部叶糖碱比随着清除脚叶时间的推迟出现较明显变化，且在 T4 处理下达到最大值 5.53，接近优质烤烟糖碱比 6～10 的范围。由各部位处理间氮碱比可知，上部叶氮碱比在 T4 处理下达到最大值 0.76，较其他处理上部叶更接近于优质烤烟氮碱比值 1，中下部叶氮碱比值差异不明显。

表 4-38　各处理烤后烟叶常规化学成分

部位	处理	总糖/%	还原糖/%	烟碱/%	氯/%	钾/%	总氮/%	糖碱比	氮碱比	钾氯比
下部叶	CK	23.24	20.48	2.01	0.38	2.16	1.76	10.19	0.88	5.68
	T1	21.59	18.34	1.93	0.31	1.96	1.71	9.50	0.89	6.32
	T2	23.32	20.85	1.97	0.33	2.07	1.68	10.58	0.85	6.27
	T3	21.43	18.95	1.96	0.32	2.08	1.74	9.67	0.89	6.50
	T4	22.35	20.37	2.17	0.37	2.73	1.89	9.39	0.87	7.38
	T5	22.21	19.30	1.89	0.35	2.59	1.71	10.21	0.90	7.40

续表

部位	处理	总糖/%	还原糖/%	烟碱/%	氯/%	钾/%	总氮/%	糖碱比	氮碱比	钾氯比
中部叶	CK	27.37	25.19	2.51	0.57	1.91	2.03	10.04	0.81	3.35
	T1	26.36	23.62	2.56	0.58	1.92	1.96	9.23	0.77	3.31
	T2	25.95	21.56	2.43	0.54	1.83	2.02	8.87	0.83	3.39
	T3	25.53	22.96	2.41	0.55	1.98	2.06	9.53	0.85	3.60
	T4	25.35	22.12	2.54	0.55	1.95	2.13	8.71	0.84	3.55
	T5	26.05	23.90	2.29	0.56	2.01	1.94	10.44	0.85	3.59
上部叶	CK	23.94	20.99	4.13	0.52	1.88	2.28	5.08	0.55	3.62
	T1	20.61	18.11	3.81	0.48	1.72	2.69	4.75	0.71	3.58
	T2	21.01	18.34	3.76	0.46	1.64	2.77	4.88	0.74	3.57
	T3	21.51	19.19	3.85	0.51	1.91	2.64	4.99	0.69	3.75
	T4	22.26	20.15	3.64	0.52	2.23	2.75	5.53	0.76	4.29
	T5	22.05	19.51	3.97	0.57	2.35	2.52	4.91	0.63	4.12

上部叶随着清除脚叶时期的延后，钾元素含量逐渐增加，与对照相比较 T4、T5 处理的钾元素含量明显上升，表明延迟脚叶清除时间能够相对提高上部叶钾含量，这是因为钾元素为可再利用元素，在植株中可由衰老部位向新生部位转移。

（3）不同优化结构措施对烤烟经济性状的影响　　表 4-39 数据显示，处理 T1~T5 与对照 CK 相比较，产量上均有不同程度的下降。从各处理来看，对照 CK 的产量为 2527kg/hm²，T1~T5 各处理中产量最高的 T4 为 2452kg/hm²，产量最低的 T1 为 2397kg/hm²，与对照 CK 相比较，处理 T4 减产 75kg/hm²，处理 T1 减产 130kg/hm²。上等烟比例各处理均优于对照 CK，上中等烟比例除 T1 处理外也均高于对照，其中处理 T4 的上等烟和上中等烟比例均高于其他处理，说明适时清除脚叶能够起到优化烤后烟叶等级比例的作用。烤后烟叶产值呈现出先增大后减小的变化趋势，在处理 T4 时达到最大值为 52 644.44 元/hm²，与对照 50 337.84 元/hm² 相比较提高了 2306.6 元/hm²。从总体上看，以处理 T4 效果最优，既能优化提质，又能稳产增值。

表 4-39　各处理烤后烟叶经济性状

处理	比例/%		产量/(kg/hm²)	产值/(元/hm²)	均价/(元/kg)
	上等	上中等			
CK	43.2	86.5	2 527	50 337.84	19.92
T1	45.4	86.1	2 397	48 203.67	20.11
T2	47.6	91.6	2 420	50 166.60	20.73
T3	48.3	92.1	2 441	51 090.13	20.93
T4	50.8	94.2	2 452	52 644.44	21.47
T5	48.6	90.3	2 417	51 627.12	21.36

第七节　不同起垄高度对湘西烤烟生长发育的影响

一、研究目的

烤烟起垄移栽自 20 世纪 80 年代以来在生产上被普遍采用,深耕起垄能改善土壤环境条件,促进根系生长发育,较平地栽烟在许多地方起到了提高产量和品质的作用。目前烤烟生产过程中一味地追求高起垄,但这种方法是否适合在湘西烟区推广应用还不太明确,因此开展了适宜起垄高度的研究,通过探索起垄高度对烟株生长发育、烟叶品质和生产效益的影响,寻找最佳的烟墒起垄高度范围,为湘西自治州烤烟大田生产服务提供理论依据。

二、试验设计与方法

1. 试验设计

试验设 3 个处理:起垄高度分别为 15cm、25cm 和 35cm。各处理移栽前起垄。每个处理设 3 次重复,随机区组排列。小区烤烟行株距分别为 1.2m 和 0.55m,每小区 5 行。

2. 测定指标及方法

烟株农艺指标:烟苗移栽后 35d、60d、85d,每个处理随机选取 15 株有代表性的烟株,测定株高、最大叶长、最大叶宽、茎围,记录有效叶片数。

产量、质量测定:各处理调制后烟叶分级扎把,挂牌标记。分级称重,统计各等级烟叶产量,按当地收购价格计算各处理经济性状。烤后烟叶常规化学成分(总糖、还原糖、烟碱、钾、氯、总氮、淀粉等)的检测,均采用 YC/T159—2002 等有关标准中的连续流动法进行测定。

三、结果与分析

1. 起垄高度对烤烟农艺性状的影响

由表 4-40 可知,起垄高度对不同生育期烟株高度有明显的影响。25cm 和 15cm 起垄高度烟株在大田生育期间的株高明显高于 35cm 的处理。并随生育期的延长差距逐渐增大:25cm 和 15cm 起垄高度之间烟株高度差异不明显。团棵期前者具有一定的优势,但随生育期延长,后者的优势逐渐显现出来。在单株叶数方面,团棵期不同起垄高度的差异不明显。但 25cm 起垄高度有一定的优势。进入旺长后出现了单株叶片数随起垄高度增加而减少的趋势。15cm 和 25cm 起垄高度之间差异不明显,但两者均与 35cm 起垄高度差异明显。对茎围而言,旺长期起垄高度 15cm 和 25cm 处理之间、25cm 和 35cm 处理之间均无显著差异。但起垄高度 25cm 和 35cm 处理之间的差异达到极显著水平。成熟期起垄高度 35cm 处理茎围极显著小于其他两处理。由此可见,起垄高度明显影响烟株的生长和发育。这种影响在生育前期开始显现,并随生育期的延长日益明显。在黔北缓坡地上,15~25cm 的起垄高度比较有利于烟株的生长和发育,起垄过高可能抑制烟株生长。

表 4-40 起垄高度对烤烟株高、单株叶片数、茎围的影响

垄高处理/cm	株高/cm			叶数/片			茎围/cm	
	团棵期	旺长期	成熟期	团棵期	旺长期	成熟期	旺长期	成熟期
15	37.6a	69.5a	82a	12.7a	18.5a	18.5a	7.50ab	8.51a
25	39.6a	69.7a	80.3a	13.5a	18.1a	18.1a	7.73a	8.3a
35	34.3b	62.8b	72.6b	12.6a	16.9b	16.9b	7.13b	7.7b

表 4-41 的数据表明,起垄高度明显影响烟叶的生长和发育。在烟叶的纵向生长方面,团棵期 25cm 起垄高度相对其他两个起垄高度具有明显的优势。但随着生育期的延长,15cm 起垄高度的优势逐渐显现:在成熟期,最大叶叶片长已较明显超过 25cm 起垄高度,并出现了最大叶叶片长度随起垄高度增加而下降的趋势;35cm 起垄高度较其他两个处理叶片纵向发育始终最差。在叶片的横向生长方面,在大田生育期间 15cm 和 25cm 起垄高度之间均无明显差异,但均极显著高于 35cm 起垄高度的处理。在成熟期顶叶长度和宽度均表现出随起垄高度增加而下降的趋势,顶叶宽度各处理间的差异不明显。而顶叶长度各处理之间达到极显著水平。以上分析表明,在缓坡地上,15~25cm 的适宜起垄高度可促进烟叶的生长和发育,有利于增加叶面积,但起垄过高(超过 25cm)会抑制烟叶的生长。在成熟期最大叶和顶叶的长度和宽度均随起垄高度的增加而降低。

表 4-41 起垄高度对烟叶发育的影响

垄高处理/cm	团棵期		旺长期		成熟期			
	最大叶长/cm	最大叶宽/cm	最大叶长/cm	最大叶宽/cm	最大叶长/cm	最大叶宽/cm	顶叶长/cm	顶叶宽/cm
15	52.2b	23.3a	66a	24.3a	74.6a	27.4a	61.6a	18.1
25	55.7a	23.2a	65.6a	25.1a	72.6ab	27a	57.8b	17.9a
35	51.9b	20.9b	63.7a	24.1a	25.7b	25.7b	53.7c	17.2a

2. 起垄高度对烤烟经济指标的影响

表 4-42 为不同起垄高度烟叶的主要经济指标。表中的数据表明,烟叶的产量、产值和均价均以 25cm 起垄高度的最高,15cm 名列第二,但与前者差异不明显。35cm 起垄高度的最低,与其他两个处理之间存在明显的差异。15cm 起垄高度的上等烟率最高,并随起垄高度的增加而降低。15cm 起垄高度较 35cm 起垄高度烟叶产量、产值分别增加13.90%、17.67%。而 25cm 起垄高度较 35cm 起垄高度的增加幅度分别为16.53%、21.48%。由此可见,在黔北缓坡地上,对烟叶经济性状而言,起垄适宜高度为 15~25cm。25cm 相对较好,起垄高度达到 35cm,烟叶各项经济指标明显下降。

表 4-42　起垄高度对烟叶经济指标的影响

垄高处理/cm	产量/(kg/hm²)	产值/(元/hm²)	上等烟率/%	均价/(元/kg)
15	2 004.80aA	21 012.60abA	40.21	10.47
25	2 050.70aA	21 692.22Aa	46.27	10.58
35	1 760.01bA	17 856.91bA	39.69	10.15

第八节　湘西山地烟地不同绿肥种植模式对烤烟质量的影响

一、试验目的

为探明不同种植绿肥模式的产量表现及其对土壤的改良效果,并筛选适宜湘西烟地的绿肥种植模式,采用混作和净作等绿肥种植模式开展研究。

二、试验设计与方法

1. 试验设计

试验选择箭舌豌豆(豆科)、黑麦草(禾本科)、甘蓝油菜(十字花科)等 3 种绿肥,采用净作、两两混作和三个绿肥混作方式(共 7 种种植模式)。试验设 8 个处理,3 次重复,24 个小区,随机区组排列。T1~T7 分别为箭舌豌豆单作、黑麦草单作、甘蓝油菜单作、箭舌豌豆与黑麦草混作、箭舌豌豆与甘蓝油菜混作、甘蓝油菜与黑麦草混作、箭舌豌豆与黑麦草和甘蓝油菜混作;T8 为空白。每小区长 7.5m,宽 4.4m,面积 33m²。保护行宽 2.2m,走道宽 30cm。2013 年 10 月 20 日播种。箭舌豌豆播种量为 5.5kg/亩,黑麦草播种量为 2.5kg/亩,甘蓝油菜播种量为 2kg/亩。两两混作的播种量为单作的 50%,3 个绿肥混作的播种量为单作的 40%。

烤烟供试品种为'K326',于 4 月 28 日移栽,每亩施用烟草专用基肥 50kg、专用追肥 20kg、活性肥 20kg、提苗肥 5kg、硫酸钾 25kg,总施氮量 6.93kg,N、P、K 比例为 1∶1.3∶3.19。7 月 20 日开始采收,8 月 25 日采收结束。其他管理按照《湘西州烤烟标准化生产技术方案》执行。

2. 主要测定指标及方法

绿肥地上部及地下部生物量的测定:每处理对角线选取 3 个取样点,每个取样点 1m²。平地割掉绿肥地上部分,称鲜重为地上部分鲜重;挖出绿肥地下部分根系,洗净并晾干水分后称鲜重,为地下部分鲜重。

绿肥养分含量的测定:各处理取绿肥鲜样 2kg 左右,杀青烘干后计算其干物质量,参照 LY/T1269—1999、LY/T1271—1999 分析测定其氮、磷、钾和有机碳含量。

绿肥还田后土壤理化性状的检测：每个处理于 8 月底烤烟拔杆后，分小区用环刀进行原位取样，测定土壤的容重。同时，随机采集烟垄上两株烟正中位置的 0～20cm 土样 5 个，混匀后用于测定土壤养分。土壤 pH、有机质、全氮、全磷、全钾、碱解氮、速效磷、速效钾的测定按照常规分析方法进行测定。

烤烟经济性状的考查：主要测定烤烟中等烟比例、上等烟比例、均价、产量和产值。

三、结果与分析

1. 不同处理绿肥生物量及养分比较

由表 4-43 可知，不同处理的绿肥地上部分鲜生物量可达 9090.99～19 690.50kg/hm²，按重量排序为 T1＞T5＞T4＞T7＞T2＞T6＞T3。方差分析结果表明，不同处理间绿肥鲜重差异达显著水平，以箭舌豌豆单作的绿肥鲜重最高，其次为箭舌豌豆与黑麦草或油菜混作的绿肥产量，而黑麦草和油菜单作或混作的绿肥产量较低。不同处理的绿肥地上部分干生物量可达 2188.49～2815.74kg/hm²。不同处理绿肥干生物量的统计结果与鲜重基本一致，表明箭舌豌豆地上部分生物量要高于其他绿肥。

表 4-43　不同种植模式的绿肥地上部分生物量

处理	地上部分鲜重/(kg/hm²)			鲜生物量/(kg/hm²)	干生物量/(kg/hm²)
	箭舌豌豆	黑麦草	油菜		
T1	19 690.50	—	—	19 690.50a	2 815.74a
T2	—	13 939.44	—	13 939.44c	2 188.49c
T3	—	—	9 090.99	9 090.99d	1 400.01d
T4	10 914.30	7 363.66	—	18 277.96b	2 716.84b
T5	12 912.43	—	5 454.59	18 367.02b	2 686.48b
T6	—	8 953.46	4 534.94	13 488.40c	2 104.07c
T7	8 276.20	5 575.78	3 636.40	17 488.37b	2 618.90b

由表 4-44 可知，不同处理的绿肥地下部分鲜生物量可达 447.51～553.21kg/hm²。按重量排序为 T5＞T7＞T6＞T4＞T2＞T1＞T3。不同处理间绿肥鲜重差异达显著水平，以箭舌豌豆与油菜混作和箭舌豌豆、黑麦草、油菜混作的绿肥地下部分鲜重最高，其次为箭舌豌豆与黑麦草混作和黑麦草与油菜混作，而 3 种绿肥单作的地下部分绿肥产量较低。不同处理的绿肥地下部分干生物量可达 166.50～343.21kg/hm²，按重量排序为 T2＞T4＞T7＞T6＞T5＞T1＞T3。不同处理间绿肥地下部分干重差异达显著水平，以黑麦草单作和黑麦草与箭舌豌豆、油菜混作的绿肥地下部分干重较高，箭舌豌豆和油菜单作或混作的地下部分绿肥干重较低，表明黑麦草地下部分生物量要高于其他绿肥，混作模式的绿肥地下部分鲜重高于单作。

表 4-44　不同种植模式的绿肥地下部分生物量

处理	地下部分鲜重/(kg/hm²)			鲜生物量/(kg/hm²)	干生物量/(kg/hm²)
	箭舌豌豆	黑麦草	油菜		
T1	447.51	—	—	447.51c	244.54b
T2	—	459.90	—	459.90c	343.21a
T3	—	—	432.90	432.90c	166.50c
T4	248.05	242.95	—	491.00b	316.85ab
T5	293.46	—	259.74	553.21a	260.26b
T6	—	295.40	215.95	511.35b	303.50ab
T7	188.10	183.96	173.16	545.22a	306.67ab

由图 4-26 可知，不同处理鲜生物量可达 9523.89～20 138.01kg/hm²，按重量排序为 T1＞T5＞T4＞T7＞T2＞T6＞T3。不同处理间绿肥鲜重差异达显著水平，以箭舌豌豆及箭舌豌豆与黑麦草、油菜混作绿肥鲜重较高。不同处理的绿肥干生物量可达 2531.70～3060.28kg/hm²，按重量排序为 T1＞T4＞T5＞T7＞T2＞T6＞T3。不同处理间绿肥干重差异达显著水平，以箭舌豌豆及箭舌豌豆与黑麦草、油菜混作绿肥干重较高。表明箭舌豌豆生物量要高于其他绿肥。

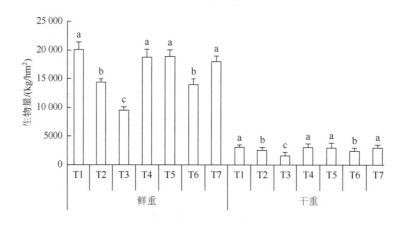

图 4-26　不同种植模式绿肥总生物量

由表 4-45 可知，不同处理地上部分绿肥可提供氮 26.74～87.85kg/hm²，按大小排序为 T1＞T4＞T5＞T7＞T2＞T6＞T3；地下部分绿肥可提供氮 3.01～6.73kg/hm²，按大小排序为 T2＞T4＞T7＞T6＞T5＞T1＞T3；总共可提供氮 29.75～92.86kg/hm²，按大小排序为 T1＞T4＞T5＝T7＞T2＞T6＞T3，不同处理间差异达显著水平，以箭舌豌豆和箭舌豌豆与其他绿肥混作提供的氮素较多。

不同处理地上部分绿肥可提供磷 5.32～13.80kg/hm²，按大小排序为 T1＞T5＞T4＞T7＞T6＞T2＞T3；地下部分绿肥可提供磷 0.27～0.95kg/hm²，按大小排序为 T1＞T4＞T5＞T7＞T2＞T6＞T3；总共可提供磷 5.59～14.75kg/hm²，按大小排序为 T1＞T5＞T4＞

T7＞T6＞T2＞T3，不同处理间差异达显著水平，以箭舌豌豆和箭舌豌豆与其他绿肥混作提供的磷素较多。

不同处理地上部分绿肥可提供钾 18.90～50.96kg/hm²，按大小排序为 T1＞T5＞T4＞T7＞T2＞T6＞T3；地下部分绿肥可提供钾 1.52～3.75kg/hm²，按大小排序为 T4＞T1＞T7＞T2＞T5＞T6＞T3；总共可提供钾 20.42～54.49kg/hm²，按大小排序为 T1＞T4＞T5＞T7＞T6＞T2＞T3，不同处理间差异达显著水平，以箭舌豌豆和箭舌豌豆与其他绿肥混作提供的钾素较多。

不同处理地上部分绿肥可提供碳 562.52～1222.03kg/hm²，按大小排序为 T1＞T5＞T4＞T7＞T2＞T6＞T3；地下部分绿肥可提供碳 65.07～133.81kg/hm²，按大小排序为 T2＞T4＞T7＞T6＞T5＞T1＞T3；总共可提供碳 627.59～1322.69kg/hm²，按大小排序为 T1＞T4＞T5＞T7＞T2＞T6＞T3，不同处理间差异达显著水平，以箭舌豌豆和箭舌豌豆与其他绿肥混作提供的碳较多。

绿肥地上部分提供的氮、磷、钾、碳占提供养分总量的比例分别为91.96%、93.17%、92.11%、89.92%，平均为91.77%。也就是说，地上部分提供的养分一般在90%以上。一般在要求不太严格的条件下，只统计地上部分绿肥的生物量也是具有代表性的。

表 4-45　不同种植模式的绿肥提供的养分量

处理	地上部分/(kg/hm²)				地下部分/(kg/hm²)				提供养分总量/(kg/hm²)			
	氮	磷	钾	碳	氮	磷	钾	碳	氮	磷	钾	碳
T1	87.85	13.80	50.96	1 222.03	5.01	0.95	3.52	100.65	92.86a	14.75a	54.48a	1 322.68a
T2	62.81	6.57	30.64	935.58	6.73	0.65	3.40	138.11	69.54c	7.22b	34.04c	1 073.69c
T3	26.74	5.32	18.90	562.52	3.01	0.27	1.52	65.07	29.75d	5.59c	20.42d	627.59d
T4	81.88	11.12	44.43	1 171.59	6.33	0.87	3.75	128.75	88.21ab	11.99ab	48.18b	1 300.34ab
T5	73.65	12.24	44.76	1 138.89	5.10	0.79	3.22	105.05	78.75b	13.03a	47.98b	1 243.94b
T6	53.68	6.87	29.11	811.54	5.82	0.55	2.94	121.17	59.50c	7.42b	32.05c	1 002.71c
T7	72.75	10.55	41.24	1 112.88	6.00	0.77	3.45	123.58	78.75b	11.32ab	44.69b	1 236.46b

2. 不同处理对土壤养分的影响

由表 4-46 可知，翻压绿肥处理的土壤有机质含量高于对照。不同种植模式的土壤有机质含量高低排序为 T1＞T4＞T2＞T7＞T5＞T6＞T3＞CK。方差分析结果为不同处理的土壤有机质含量差异不显著。

翻压绿肥对土壤 pH 的影响规律不明显。T2、T3、T4 处理的土壤 pH 低于 CK，其他处理的土壤 pH 高于 CK。翻压绿肥处理的土壤碱解氮含量高于对照，不同种植模式的土壤碱解氮含量高低排序为 T1＞T7＞T4＞T2＞T5＞T6＞T3＞CK。方差分析结果为不同处理的土壤有机质含量显著高于 CK（除 T3 处理外），以箭舌豌豆单作及箭舌豌豆与黑麦草混作、箭舌豌豆与黑麦草和油菜混作的土壤碱解氮含量较高。翻压绿肥处理的土壤有效磷含量高于对照，不同种植模式的土壤有效磷含量高低排序为 T1＞T7＞T4＞T5＞T6＞T2＞

T3＞CK。方差分析结果为不同处理的土壤有效磷含量差异不显著。翻压绿肥处理的土壤速效钾含量高于对照，不同种植模式的土壤速效钾含量高低排序为 T4＞T1＞T2＞T7＞T6＞T3＞T5＞CK，方差分析结果为不同处理的土壤速效钾含量差异不显著。翻压绿肥处理的土壤全氮含量高于对照，不同种植模式的土壤全氮含量高低排序为 T1＞T7＞T2＞T5＞T6＞T4＝T3＞CK，方差分析结果为不同处理的土壤全氮含量差异不显著。翻压绿肥处理的土壤全磷含量高于对照，不同种植模式的土壤全磷含量高低排序为 T1＝T2＝T4＞T7＞T6＞T5＞T3＞CK，方差分析结果为不同处理的土壤全磷含量差异不显著。翻压绿肥处理的土壤全钾含量高于对照，不同种植模式的土壤全钾含量高低排序为 T1＞T4＞T5＞T7＞T2＞T6＞T3＞CK，方差分析结果为不同处理的土壤全钾含量差异不显著。

表 4-46　不同绿肥种植模式对土壤养分的影响

处理	有机质/(g/kg)	pH	碱解氮/(mg/kg)	有效磷/(mg/kg)	速效钾/(mg/kg)	全氮/(g/kg)	全磷/(g/kg)	全钾/(g/kg)
T1	27.30a	5.37	161.69a	64.07a	235.33a	1.82a	0.59a	26.17a
T2	27.10a	5.03	154.37b	54.50a	218.00a	1.76a	0.59a	26.00a
T3	26.10a	4.93	146.21c	53.89a	209.02a	1.71a	0.54a	25.30a
T4	27.17a	5.00	159.67a	56.70a	250.33a	1.71a	0.59a	26.10a
T5	26.48a	5.23	150.67b	56.27a	205.33a	1.75a	0.55a	26.10a
T6	26.47a	5.27	151.00b	55.73a	210.67a	1.73a	0.56a	25.80a
T7	26.78a	5.23	160.67a	59.45a	217.00a	1.78a	0.58a	26.03a
CK	25.73a	5.07	144.67c	53.87a	203.33a	1.70a	0.53a	25.27a

3. 不同处理烤烟经济性状比较

不同绿肥种植模式对上等烟比例、均价没有显著影响，但翻压绿肥后的烤烟产量和产值显著高于对照。从烤烟产量和产值来看，箭舌豌豆单作、黑麦草单作、箭舌豌豆与黑麦草混作、箭舌豌豆与黑麦草和油菜混作的烤烟产量和产值相对较高。

四、小结

1）绿肥虽有一定的地下部分生物量，但其提供的养分所见比例不到10%。一般情况下只统计绿肥地上部分生物量即可。

2）在没有追施化肥的情况下，箭舌豌豆的生物量明显高于黑麦草、油菜，其改良土壤和提高烤烟产量、产值的效果明显高于其他绿肥。

3）绿肥混作对提高地上部分生物量效果不明显，但其地下部分生物量要高于单作。

4）从总体上讲，所设计的 4 种混作模式的绿肥生物量、改良土壤效果、提高烤烟产量和产值效果低于箭舌豌豆。因此，在粗放栽培中，不提倡豆科绿肥与禾本科、十字花科绿肥混作。

5）由于 2014 年绿肥播种后，湘西自治州烟区干旱严重，加之绿肥播种后没有追施化肥，黑麦草、油菜出苗率不高，产量低，最终形成的绿肥生物量相对较低。同时说明，种植黑麦草和油菜，对播种出苗期的环境要求较高，需在前期追施少量化肥，否则绿肥的生物量难以保证，建议今后还是推广箭舌豌豆单作为好。

第九节 不同起垄高度对烤烟产量、质量的影响

起垄是烟草生产的关键环节。起垄高度不同，对烤烟不定根数量的影响不同，烟草生长发育及品质均有差异。起垄过低，则烟叶不定根较少，减产降质；起垄过高，则费时费力，增加投入成本。土壤是烟株赖以生长发育的基本条件，土层的厚薄直接影响到烟株根系的生长和发育。垄高发生变化时，将在很大程度上影响到烟株的生长发育，由于过去的耕作习惯，一般烟地的耕层不足20cm，有的烟地耕层甚至只有15～16cm，遇到3～5d的晴朗天气，土壤就会变得很干燥，抗旱能力很差，间接影响根系对养分的吸收。研究发现，起垄有利于烤烟对养分的吸收，烤后烟叶质量好，产量高，经济效益好；如果起垄高度过大，烟草在生长发育前期会受到抑制。

因此，合理设置起垄高度，是烟株保持其品质特征和产量的重要因素。本试验旨在探讨高海拔地区烤烟不同起垄高度对烤烟生长发育及品质的影响，为湘西烤烟生产基地制定最佳的起垄高度提供科学依据。

1. 材料与方法

（1）试验设计 试验在湖南湘西县西元示范基地进行，该地海拔为1000m左右，试验地排灌方便，地势平坦，前作无病虫害。供试土壤容重110.80g/m³，土壤含水率55.20%。供试烤烟品种为'云烟87'。田间栽培管理措施按项目要求结合当地生产技术方案实施。试验处理分别为：CK（不起垄）、T1（起垄高度20cm）、T2（起垄高度30cm）、T3（起垄高度40cm）。试验采用大田小区设计，每个小区约60株，平行3垄，共计12垄，随机区组排列。

（2）烤烟农艺性状的测定 在每个小区各垄随机固定5株有代表性的健康烟株，分别于烤烟旺长期和成熟期对其农艺性状进行观测，包括株高，茎围，有效叶片数，最大叶长、宽的测定。

（3）烤烟根系干鲜比的测定

$$根系干鲜比 = \frac{根系干重}{根系鲜重}$$

（4）烤后烟叶样品采集及常规化学成分的测定 按照烤烟42级国标进行分级，然后取样，取X2F、C3F、B2F进行测定分析，采用连续流动法测烤后样的总氮、总糖、钾、氯和烟碱含量。

（5）烤后烟中性致香物质的定性定量分析 中性致香物质提取及定性定量分析采用HP5890-5972气-质联用仪。取20g粉末状样品→水蒸气蒸馏→二氯甲烷萃取→无水硫酸钠干燥有机相→60℃水浴浓缩至1mL左右即得烟叶精油。经前处理制得的分析样品，由GC/MS鉴定结果和NIST02库检索定性。

（6）烤烟经济产量　　烘烤结束后分小区对烤烟产量、质量及经济性状进行统计测定。

（7）数据处理　　数据采用 Excel 2003 进行处理，采用 SPSS 20 进行多重比较。

2. 结果与分析

（1）不同起垄高度对烤烟主要农艺性状的影响　　在旺长期，对农艺性状（表 4-47）调查后发现，各处理之间叶片数无显著差异；T1 处理的株高与 T3 存在显著差异，其余各处理之间无显著差异；对照 CK 处理的茎围与 T2、T3 均存在显著性差异，T1 与 CK、T2、T3 处理差异不明显；CK、T1 在叶长方面与 T2 和 T3 均存在显著性差异，CK 和 T1 之间、T2 和 T3 之间无显著性差异；对叶宽调查表明 CK 与 T2、T3 均存在显著性差异。叶长、叶宽、茎围和叶片数均以 T2 处理最高。

表 4-47　烟株旺长期主要农艺性状比较

处理	叶数/片	株高/cm	茎围/cm	叶长/cm	叶宽/cm
CK	13.33a	151.00ab	8.23b	56.71b	20.82b
T1	14.33a	149.66b	8.90ab	55.98b	22.43ab
T2	15.67a	157.00ab	9.90a	68.56a	25.69a
T3	15.33a	159.33a	9.83a	67.87a	25.82a

如表 4-48 所示，对各处理成熟期主要农艺性状调查后，发现各处理单株叶数无明显差异；烟株株高之间无显著性差异，且相差不大；CK 处理的茎围与 T3 存在显著性差异；叶长 CK 与 T2 存在显著性差异；叶宽 T1 与 T2 存在显著性差异。各处理中叶长、叶宽、株高和叶片数均以 T2 处理最高。

表 4-48　烟株成熟期主要农艺性状比较

处理	叶数/片	株高/cm	茎围/cm	叶长/cm	叶宽/cm
CK	15.93a	167.8a	9.41b	65.60b	25.29a b
T1	16.93a	166.0a	9.89a b	69.03a b	24.31b
T2	17.07a	168.4a	10.03a b	71.98a	27.65a
T3	16.96a	167.9a	10.24a	68.87a b	25.33a b

（2）不同起垄高度对烤烟根系干鲜比的影响　　由表 4-49 可以看出，T2 和 T3 的干鲜比相等且大于 T1 与 CK，而且 T2 和 T3 处理的根系体积也明显高于 CK 和 T1。这说明 T2 和 T3 处理根系的干物质积累较多，根系较为发达。

表 4-49　烤烟根系干鲜比

处理	根干鲜比	根系体积/cm³
CK	0.14	307.54
T1	0.15	287.93
T2	0.17	368.60
T3	0.17	363.29

（3）不同起垄高度对烤烟化学成分的影响　　根据朱尊权等（1993）的文献结果表明：优质烟叶中还原糖含量为14%～18%，总糖含量为18%～22%，烟碱含量为1.5%～3.5%，总氮含量为1.4%～2.7%，钾含量大于2%，氯含量小于1%。

由表4-50可以看出，还原糖在上、中部叶的含量适宜。烟碱含量各处理之间差别不是很明显，但下部叶烟碱含量明显低于中部和上部叶的烟碱含量，上部叶烟碱含量最高达3.89%。氯含量各处理间差异不明显，数值都比较接近。钾含量在中部叶中，T1、T2均高于CK和T3，且均大于2%，其中中部叶T2钾含量达2.88%，但T2处理的总糖含量较高，中部和下部均大于24%，其中中部叶T2处理总氮含量也较高，在下部叶和上部叶中则含量较为适宜。

表4-50　不同起垄高度对烤烟化学成分的影响

部位	处理	还原糖/%	烟碱/%	氯/%	钾/%	总糖/%	总氮/%
上部叶	CK	13.82	3.29	0.28	1.71	20.49	2.52
	T1	10.77	3.89	0.29	1.89	17.32	3.06
	T2	14.19	3.26	0.29	1.60	20.01	1.96
	T3	12.74	3.56	0.34	1.87	17.70	2.50
中部叶	CK	17.06	3.18	0.22	1.80	20.28	2.82
	T1	8.41	3.71	0.30	2.64	11.32	2.59
	T2	15.66	2.72	0.22	2.88	24.53	2.94
	T3	16.46	3.10	0.28	2.25	20.20	2.87
下部叶	CK	22.51	1.36	0.35	2.27	24.15	1.89
	T1	9.71	1.84	0.68	2.37	10.86	2.37
	T2	22.80	1.62	0.51	2.76	24.73	1.99
	T3	17.66	2.06	0.55	2.57	18.51	1.93

（4）烤后烟（C3F）中性致香物质的定性定量分析

1）不同起垄高度对棕色化反应产物的影响：棕色化反应产物中含有许多使人愉快的香气，对卷烟的香气、吃味都具有良好的影响。棕色化反应产物中的吡咯和呋喃类物质具有可可香味，可以增加烟气的香气、吃味。从表4-51中可以看出，各处理棕色化反应产物总量除2-乙酰基呋喃外均高于对照，说明起垄可以提高烤后烟叶的棕色化反应产物总量，但随着起垄高度的增加，对棕色化反应产物总量的提高没有产生进一步的促进效果。

表4-51　不同起垄高度对棕色化反应产物的影响

处理	糠醛/(μg/g)	糠醇/(μg/g)	2-乙酰基呋喃/(μg/g)	3,4-二甲基-2,5-呋喃二酮/(μg/g)	总量/(μg/g)
CK	13.88	2.22	0.78	14.80	31.68
T1	15.33	2.98	0.60	16.52	35.43
T2	18.45	2.36	0.72	14.30	35.83
T3	17.70	2.94	0.98	12.53	34.16

2）不同起垄高度对苯丙氨酸类降解产物的影响：烤烟中的苯丙氨酸类香气物质主要是芳香族氨基酸的降解产物，包括苯甲醛、苯甲醇（醇香）、苯乙醛（含有玫瑰花香）和苯乙醇，这些都是烟草中含量丰富的香味成分。从表 4-52 中可以看出，T1 处理的苯丙氨酸类降解产物要稍微高于对照，总量表现为 T3＞T2＞T1＞CK，但 T2 和 T3 非常接近。这说明，在一定范围内随着垄高的增加，增加了苯丙氨酸类降解产物含量，但达到一定程度后则增加不再明显。

表 4-52　不同起垄高度对苯丙氨酸类降解产物的影响

处理	芳香族氨基酸降解产物/(μg/g)				
	苯甲醛	苯甲醇	苯乙醛	苯乙醇	总量
CK	1.35	25.44	0.74	6.10	33.64
T1	1.74	27.49	0.62	4.76	34.61
T2	1.70	27.72	0.32	5.32	35.06
T3	1.38	27.61	1.26	4.85	35.10

3）不同起垄高度对类胡萝卜素降解产物的影响：类胡萝卜降解产物占烟草香味物质的相当大一部分，烤烟调制和醇化后 95% 的类胡萝卜素将会分解形成不同的香味物质，同时还包括很多降解产物，其中不少化合物是烤烟中关键的致香成分。由表 4-53 可以看出，T2、T3 处理的类胡萝卜素降解产物总量都高于 T1 和对照，各处理类胡萝卜素降解产物总量大小关系为 T3＞T2＞CK，说明一定起垄高度可以增加烤后烟叶中的类胡萝卜素降解产物总量。

表 4-53　不同起垄高度对类胡萝卜素降解产物的影响

处理	类胡萝卜素降解产物/(μg/g)													
	6-甲基-5-庚烯-2-酮	6-甲基-5-庚烯-2-醇	芳樟醇	β-大马酮	香叶基丙酮	二氢猕猴桃内酯	巨豆三烯酮1	巨豆三烯酮2	巨豆三烯酮3	3-羟基-β-二氢大马酮	巨豆三烯酮4	螺岩兰草酮	法尼基丙酮	总量
CK	1.67	0.28	0.60	15.43	1.00	2.03	1.80	6.58	3.16	2.55	6.86	1.18	4.31	47.47
T1	2.22	0.28	0.60	16.36	0.79	1.45	1.77	7.93	1.92	2.10	6.03	0.71	4.62	46.77
T2	2.04	0.30	0.54	17.78	0.73	1.59	1.60	6.07	3.61	1.75	7.28	0.95	4.73	48.95
T3	2.02	0.34	0.61	16.28	0.89	2.11	1.65	7.21	3.32	2.38	7.50	0.92	4.71	49.95

（5）不同起垄高度对烤烟经济产量的影响　　由表 4-54 可以看出，T3 处理的产量最高，达 3244.56kg/hm²，其次是处理 T2、T1 和 CK。可见在相同情况下，在高海拔地区，不同垄高处理对于烤烟的产量影响较大。其中，T2 和 T3 处理烤烟的上等烟比例、产值、均价也表现最高，分别为 27.73%、29 326.92 元、9.37 元和 26.68%、30 417.82 元、9.46 元，与处理 CK、T1 差异较大。

表 4-54　不同起垄高度烤烟产量比较

处理	产量/(kg/hm²)	产值/元	上等烟比例/%	中等烟比例/%	下等烟比例/%	均价/元
CK	2 933.43	24 013.63	21.35	55.41	21.34	8.21
T1	2 941.85	25 317.97	23.45	56.32	19.33	8.63

续表

处理	产量/(kg/hm²)	产值/元	上等烟比例/%	中等烟比例/%	下等烟比例/%	均价/元
T2	3 164.92	29 326.92	27.73	61.06	10.31	9.37
T3	3 244.56	30 417.82	26.68	56.22	27.20	9.46

3. 结论与讨论

不同起垄高度对烤烟生长和垄体土壤有影响。土层土壤温度随时期变化而增加，垄体土壤温度随起垄高度增加而降低，垄体土壤含水率随时间的推移而增加，这符合烤烟在大田生长的规律，垄体越高表层土壤含水率越低，而垄体土层越深土壤含水率也越低，对烟株的生长发育影响越大。

研究结果表明，适当增加起垄高度能够增加烟株根系体积和干鲜比。本试验还比较了旺长期和成熟期两个时期的主要农艺性状，其中以起垄高度 30cm 效果最佳，旺长期叶长、叶宽、茎围和叶片数均以起垄高度 30cm 处理最高，成熟期各处理中叶长、叶宽、株高和叶片数均以 30cm 处理最高，但和 40cm 处理差异不大。

对烤后样的化学成分和致香物质分析表明，钾含量在中部叶中，T2、T3 均高于 CK 和 T1，且均大于 2%，其中中部叶 T2 钾含量达 2.88%；但 T2 处理的总糖含量较上中部和下部均大于 24%，其中中部叶 T2 处理总氮含量也较高。对致香物质的结果表明，随着起垄高度的增高对苯丙氨酸类降解产物和类胡萝卜素降解产物有增加的趋势但没有明显的差异。

对产量分析表明，增加起垄高度可以提高烤烟产量和收入。其中以垄高 40cm 处理收入最高，但与 30cm 处理相差不大。

虽然 40cm 的处理在某些性状方面优于 30cm 处理，但差异不大，由于起垄费时费力，因此综合所有结果分析，起垄高度 30cm 最适宜湘西地区烤烟种植，对烤烟的品质影响最好，可以取得最大效益。

第十节　生物质炭对植烟土壤微生物群落结构的影响

一、研究目的

土壤生物学特性是土壤质量评价的重要因素，敏感地反映土壤微生态环境的变化。其中土壤微生物在物质循环和能量流动中发挥着重要作用，与土壤的很多生态过程相关。土壤是优质烟叶生产的基础，土壤健康尤其是土壤微生态的平衡是生产优质烟叶的重要保障，研究者也越来越注重对土壤微生物生态特征的研究。近年来由于烟田连作，过量施用化肥农药等严重损害了土壤微生态系统，进而导致土壤质量变劣，微生物多样性减少，土传病害加重，土壤养分比例失调，肥力下降，严重制约着烟叶的可持续生产。

生物质炭由于其特殊的理化特性在调控土壤微生物群落结构和多样性方面发挥着重要作用。在田间条件下，土壤微生物和生物质炭均会受到很多因素如气温变化、干湿交替等的影响。此研究中，在传统施肥的基础上，通过添加不同数量的生物质炭，讨论了其对土壤微生物群落结构的影响，以期为生物质炭在改善土壤微生态系统和质量方面提供参考。

二、试验设计与方法

1. 试验设计

试验设置 5 个处理：OEE（原生态土壤未被人类利用过的地块）、CK（生物质炭用量为 0t/hm^2）、T1（生物质炭用量为 1t/hm^2）、T2（生物质炭用量为 10t/hm^2）和 T3（生物质炭用量为 15t/hm^2）。

2. 样品采集

供试土样于 2016 年 8 月采自湖南永顺县，取根际土过 40 目筛后置于超低温冰箱 −80℃保存。

3. 序列数据处理

使用软件 Trimmomatic（质控）和 FLASH（拼接），对于得到的 fq1 和 fq2 序列，首先根据 PE 序列之间的 overlap（覆盖，重叠）关系，将成对的 reads 用软件 Flash 拼接（merge）成一条序列，同时对序列的质量和 merge（混合，相融）的效果进行质控过滤：①过滤 reads 尾部质量值 20 以下的碱基，设置 50bp 的窗口，如果窗口内的平均质量值低于 20，从窗口开始截去后端碱基，过滤质控后 50bp 以下的 reads；②根据 paired-end reads（双末端读长）之间的 overlap 关系，将成对 reads 拼接（merge）成一条序列，最小 overlap 长度为 10bp；③拼接序列的 overlap 区允许的最大错配比例为 0.2，筛选不符合序列；④根据序列首尾两端的 barcode 和引物区分样品，并调整序列方向，barcode 允许的错配数为 0，最大引物错配数为 2。

4. 数据分析

运用美吉生物云平台、Mircosoft Office 2007 等进行数据分析。

三、结果与分析

1. 测序数据 OUT 聚类

稀释曲线（图 4-27）是从样本中随机抽取一定数量的个体，统计这些个体所代表的物种数目，并以个体数与物种数来构建曲线。此曲线反映了测序的深度及测序量是否足以覆盖样品所有种群。图中稀释曲线均基本趋于平缓，但仍未达到饱和，说明所得序列可基本反映真实环境中细菌群落结构，但仍有部分微生物种类尚未被检测发现。

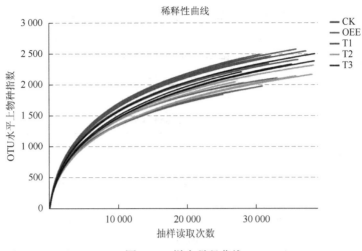

图 4-27 样本稀释曲线

共有 OTUs 为 1483 个。不同生物质炭用量土样中，有 1483 个 OTUs 均出现在 5 个样品，占总 OTUs 的 8.69%，证明辐射污染程度对这 1483 个 OTUs 代表的微生物种群影响不大。生物质炭用量 1t/hm²、12t/hm²、15t/hm² 样品与对照样品 CK 中各相关 OTUs 分别为 2774 个、2558 个和 2735 个，分别占两两相关 OTUs 的 38.39%、36.97% 和 37.73%，即表示随着生物质炭施用量的增加，与对照样品中微生物相关性呈现先降低后升高的趋势，这可能是因为生物质炭抑制了真菌的生长而促进了细菌和放线菌生长发育。原生态样品与对照样品 CK 中相关 OTUs 为 31.98%，这说明长期施用化肥会对农田微生物群落造成很大的影响（图 4-28）。

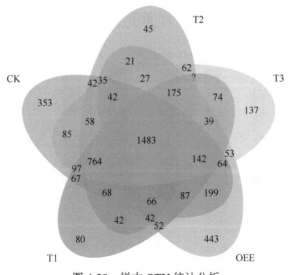

图 4-28 样本 OTU 统计分析

2. Alpha 多样性分析

采用 Alpha 多样性指标中的 Coverage 指数、香农指数（Shannon index）和 Chao1 指

数对样品序列文库的覆盖率、群落的异质性及群落中物种总数进行预估。由表 4-55 可以看出，辐射污染区土样中细菌香农指数均显著提高，表明辐射污染能提高土样中微生物群落种群差异性；而 OTUs 数、Chao1 指数均明显高于对照样品，进一步证明辐射污染提高了土壤样品中微生物群落的种群多样性和总体丰度。

表 4-55　样本多样性分析

样本/变量	OTUs	Chao1	Coverage	Shannon
X_OEE	2 970	2 540.706 6	0.980 280	6.254 599
X_CK	3 652	3 124.109 0	0.977 063	6.503 166
X_T1	3 573	3 046.768 0	0.979 125	6.426 096
X_T2	3 267	2 812.143 0	0.980 324	6.017 052
X_T3	3 597	3 031.556 0	0.978 716	6.129 596

3. 群落组成分析

利用 RDPclassifier 对各样品中 OTU 依次进行门（phylum）、纲（class）、目（order）、科（family）、属（genus）分类信息分析，进一步挖掘样品中种群性群落组成，发现样本中优势细菌为变形菌门（Proteobacteria）、酸杆菌门（Acidobacteria）、放线菌门（Actinobacteria）、绿弯菌门（Chloroflexi）、拟杆菌门（Bacteroidetes）。

对样品信息中主要组成的 10 个门分析表明，其均占各样品群落的 96.0% 以上，进行门水平菌群比例分布绘图，结果如图 4-29 所示。由图可知，不同生物质炭施用量间微生物群落组成存在着明显的差异，但也存在着一定的规律性，变形杆菌门、酸杆菌门、放线菌门、绿弯菌门、拟杆菌门、芽单胞菌门和糖菌（Saccharibacteria）为最主要菌群，总计占

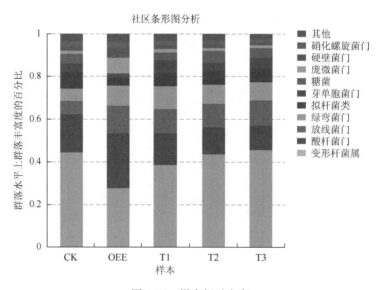

图 4-29　样本相对丰度

样品 OEE、CK、T1、T2、和 T3 的 81.87%、87.84%、91.94%、92.57%和 94.02%。进一步分析表明，在施用生物质炭的样品中酸杆菌门分布比例下降；随着生物质炭施用量的提高，变形菌门、拟杆菌门和 Saccharibacteria 所占比例显著提高；而放线菌门和芽单孢菌门的分布出现先略微下降后提高的趋势。

利用 Unifracmetric（单向测量的）计算不同环境样本间 Uniquebranch（独特分支）长度总和，其中 Unifracmetric 值为 0～1，值越小说明样本间相似度越高（图 4-30）。

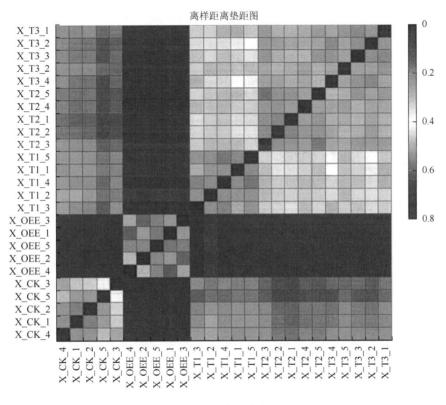

图 4-30　样本聚类热图

对 PCA 主成分分析表明，主成分 1（PC1）和主成分 2（PC2）分别在样品差异性贡献率上达到 62.16%和 14.41%，合计达到 76.57%，是差异的主要来源。对样品在各主成分的影响进行绘图可以看出，样品 OEE 和 CK 均位于 PC1 的负值区域，分别位于 PC2 坐标轴正负两侧，说明两样品间的主成分变异显著；样品 T1、T2 和 T3 均位于 PC2 坐标轴附近，对 PC2 的贡献大小为 T1＜T2＜T3；对 PC2 的贡献 T2 和 T3 无明显差异，但均大于T1，这也进一步说明了生物质炭对样品的影响情况（图 4-31）。

四、小结

本研究表明，施用生物质炭显著地提高了植烟土壤的微生物多样性，并且随着生物质

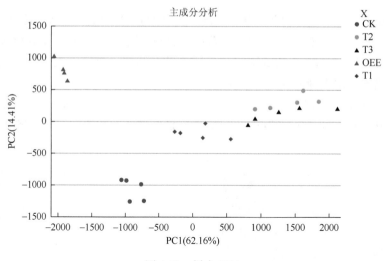

图 4-31　样本 PCA

炭施用量的提高，土壤细菌变形菌门、拟杆菌门和 Saccharibacteria 所占比例显著提高，说明生物质炭对植烟土壤微生物的群落和多样性均有积极的影响。

第五章　湘西烟叶烘烤技术研究

第一节　湘西山地烟烘烤工艺试验研究

'K326'具有烘烤特性好、内在质量好、工业可用性高等特点。为进一步研究'K326'的烘烤工艺特点，更好地彰显品种特色，2014年湘西基地开展了该品种的烘烤试验。

一、基本情况

试验种植地点安排在湘西花垣县道二乡杠杠村，植烟地为2013年冬季地方政府国土整治土地，土壤为马肝土，前作为玉米。种植面积40亩，移栽密度为行距120cm，株距45cm，每亩栽烟1234株；烟苗由龙山外调漂浮苗，于5月7日移栽。施肥及大田管理按《湘西自治州烤烟栽培技术规程》实施，每亩施氮量为7.5kg，叶面喷施一次磷酸二氢钾。烘烤试验地点安排在道二乡道二村湘密1号烤房群，试验房于7月26日开始采收下部叶，8月6日采收中部叶，8月27日采收上部叶，9月3日完成烘烤，共烘烤试验及对照工艺烟叶6房。由于土壤和天气原因，上部烟叶赤星病较重。

二、材料与方法

1. 试验设计

试验设2个处理：T1为'K326'特色工艺；T2为地方常规烘烤（CK），以第2、4、6房烟进行烘烤试验。

'K326'特色工艺要求执行以"干球42℃和54℃时延长时间，变黄后期和定色期慢升温"为核心的延时慢烤工艺。

供试设备：气流上升式密集烤房2座，土建满足国家局418号文件要求。

2. 供试烟叶

要求营养、部位和成熟度均衡一致，成熟采收。

三、结果分析

1. 试验工艺执行情况

试验工艺与常规工艺比较有4个不同的地方：一是点火后强调升温速度，以较快速度达到正常变黄需要的温、湿度；二是凋萎期对湿球温度要求提高 0.5～1.0℃；三是 42℃凋萎达到烘烤要求后延长 12h；四是 54℃烟叶干燥后延时 12h。两个延时是工艺重点和核心。

从记录的烘烤温、湿度进程来看，下、中、上部烟烘烤试验工艺均未实现延时（烘烤人员按通常烘烤标准判断转入下一阶段烘烤）要求。

下、中部烟烘烤时试验工艺在叶片变黄期和凋萎期执行比较到位，因而烟叶变黄的温度、湿度和时间均有保障，变黄和凋萎充分，定色和干筋时间较短，烘烤效果明显提高。常规烘烤由于正常变黄的温、湿度条件不够，烟叶转化不充分，进入凋萎期后，烟叶脱水偏快，变黄转化速度受到抑制，定色期黄烟等青烟时间过长且效果不好，烤后烟叶质量较差。

上部烟叶烘烤工艺与常规温、湿度进程差别不大，质量差异主要来自鲜烟素质和装烟量。

2. 烟叶质量分析

通过对烤后烟叶分级测定，整房烟叶质量比较（表 5-1）：下部烟试验工艺烤后上等烟比例为 5.86%，比常规烘烤的 5.31%提高 0.55%，上中等烟比例为 80.93%，比常规烘烤的 74.65%提高 6.28%，均价为 17.27 元/kg（正价），比常规烘烤的 15.72 元/kg 提高 1.55 元/kg；中部烟试验工艺烤后上等烟比例为 38.06%，比常规烘烤的 36.65%提高 1.41%，上中等烟比例为 86.76%，比常规烘烤的 83.87%提高 2.89%，均价为 23.39 元/kg（正价），比常规烘烤的 22.73 元/kg 提高 0.66 元/kg；上部烟试验工艺烤后上等烟比例为 34.27%，比常规烘烤的 24.03%提高 10.24%，上中等烟比例为 67.69%，比常规烘烤的 49.27%提高 18.42%，均价为 14.95 元/kg（正价），比常规烘烤的 10.74 元/kg 提高 4.21 元/kg；下、中、上三个部位综合结果，烟试验工艺烤后上等烟比例为 27.89%，比常规烘烤的 23.58%提高 4.31%，上中等烟比例为 78.08%，比常规烘烤的 66.78%提高 11.30%，均价为 18.59 元/kg（正价），比常规烘烤的 15.87 元/kg 提高 2.72 元/kg。

表 5-1　'K326'烘烤工艺试验整房烟叶质量测定表

部位	处理	干烟重/kg	上等烟/kg	上等烟比例/%	中等烟/%	中等烟比例/%	产值/元	均价/(元/kg)
下部烟	延时工艺	435.20	25.50	5.86	326.70	75.07	7 514.31	17.27
	对照工艺	424.00	22.50	5.31	294.00	69.34	6 663.60	15.72
中部烟	延时工艺	578.00	220.00	38.06	281.50	48.70	13 521.50	23.39
	对照工艺	567.50	208.00	36.65	268.00	47.22	12 899.00	22.73
上部烟	延时工艺	604.00	207.00	34.27	203.50	33.69	9 030.00	14.95
	对照工艺	744.80	179.00	24.03	188.00	25.24	7 999.00	10.74
综合	延时工艺	1 617.20	452.50	27.98	811.70	50.19	30 065.81	18.59
	对照工艺	1 736.30	409.50	23.58	750.00	43.20	27 561.60	15.87

表 5-2 标识杆测定结果试验工艺与常规烘烤在上等烟比例、上中等烟比例和均价几个指标比较差距均较小，试验工艺略优于常规烘烤。

表 5-2 'K326' 烘烤工艺试验标识杆烟叶质量测定表

部位	处理	总重量/kg	上等烟/kg	上等烟比例/%	中等烟/%	中等烟比例/%	产值/元	均价/(元/kg)
下部烟	延时工艺	21.10	00.00	0.00	17.50	82.94	320.70	15.20
	对照工艺	19.40	00.00	0.00	15.50	79.90	280.35	14.45
中部烟	延时工艺	24.15	11.00	45.55	13.15	54.45	673.95	27.91
	对照工艺	23.10	10.00	43.29	13.10	56.71	644.70	27.91
上部烟	延时工艺	30.00	10.00	33.33	10.50	35.00	446.50	14.88
	对照工艺	28.95	7.50	25.91	14.00	48.36	437.00	15.09
综合	延时工艺	75.25	21.00	27.91	41.15	54.68	1 441.15	19.15
	对照工艺	71.45	17.50	24.49	42.60	59.62	1 362.05	19.06

通过烘烤人员现场对各部位烟叶粗略比较，试验工艺烤后烟叶后熟较充分，外观质量有明显改善。

3. 烟叶鲜干比

从烘烤鲜干比角度看，试验工艺下、中、上部烟分别为 8.0（优化结构后）、6.73 和 6.42，平均值为 7.05，比常规烘烤下、中、上部烟分别高出 0.04、0.01 和 0.50，平均高出 0.18，意味着试验工艺烘烤比常规烘烤烟叶转化更好，并多消耗干物质 3.87%（表 5-3）。

从烘烤时间上来看，试验工艺（未实现两个延时）下、中、上部烟烘烤时间分别为 132.67h、141.00h 和 139.67h，平均 137.78h，分别比常规烘烤少 29.33h、23.50h 和 5.33h，平均少 19.39h；常规烘烤时间较长的时段在定色前中期黄烟等青烟阶段，其原因是变黄期转化不充分，进入凋萎期过早、烟叶脱水过早、过多，抑制烟叶，特别是叶脉进一步变黄转化；转化未充分的主筋，干筋后期脱水困难，干筋时间加长。在烘烤上部烟时，常规烘烤房由于装烟量较大，烘烤时有意降低了定色期烘烤湿度，烟叶烘烤必要消耗进一步减少。

表 5-3 'K326' 烘烤工艺试验鲜干比对照表

处理	部位	鲜烟重量/kg	干烟重量/kg	鲜干比	烘烤时间/h
延时工艺	下部叶	3 481.61	435.20	8.00	132.67
	中部叶	3 887.10	578.00	6.73	141.00
	上部叶	3 875.90	604.00	6.42	139.67
	合计	11 244.61	1 617.20	21.15	413.34
	平均	3 748.20	539.07	7.05	137.78
对照烘烤	下部叶	3 374.37	424.00	7.96	162.00

续表

处理	部位	鲜烟重量/kg	干烟重量/kg	鲜干比	烘烤时间/h
对照烘烤	中部叶	3 813.16	567.50	6.72	164.50
	上部叶	4 406.64	744.80	5.92	145.00
	合计	11 594.17	1 736.30	20.60	471.50
	平均	3 864.72	578.77	6.87	157.17

4. 烘烤成本

从表 5-4 可以看出，两种烘烤方法对能耗影响不明显，并受到多重因素影响，其中装烟量是一个重要原因。

表 5-4 'K326' 烘烤工艺试验能耗比较表

处理	部位	干烟重量/(g/炉)	耗煤量				耗电量			烘烤成本	
			型煤块数	金额/元	折合纯煤/(kg/炉)	平均煤耗/(kW·h/炉)	单房用电/(kW·h/炉)	平均电耗/(kW·h/kg烟)	金额/元	总成本/元	平均成本/元
延时工艺	下部	435.20	380.00	741.00	584.82	1.34	199.00	0.46	119.40	860.40	1.98
	中部	578.00	432.00	842.40	664.85	1.15	211.00	0.37	126.60	969.00	1.68
	上部	604.00	405.00	789.75	623.30	1.03	209.00	0.35	125.40	915.15	1.52
	平均	539.07	405.67	791.05	624.32	1.17	206.30	0.39	122.80	914.85	1.73
对照工艺	下部	424.00	400.00	780.00	615.60	1.45	243.00	0.57	145.80	925.80	2.18
	中部	567.50	410.00	799.50	630.99	1.11	246.00	0.43	147.60	947.10	1.67
	上部	744.80	440.00	858.00	677.16	0.91	217.00	0.29	130.20	988.20	1.33
	平均	578.77	416.67	812.50	641.25	1.16	235.30	0.43	141.20	953.70	1.73

注：煤含加工成本每块 1.95 元，电价每度 0.6 元

四、讨论

1）烟叶不同品种和烤房都有一定的烘烤特点，本试验在密集烤房烘烤条件下，试验工艺尽管在延时上做得不够，但仍然明显优于常规烘烤。主要在于试验工艺能满足烟叶变黄需要的温度、湿度和时间条件，保证烟叶充分变黄转化。常规烘烤过早转入凋萎期导致烟叶脱水过早、过多，影响烘烤进程，低效率烘烤时间长。

2）关于密集烤房烘烤工艺，由于密集烤房采取强制通风，其烘烤脱水速度比自然通风烘烤快，烟叶出现强制脱水状态的温度较低（41～42℃，自然通风烘烤在 44～45℃），并与风机功率、风速、风量密切相关，在烘烤过程中湿度对烤房温度、湿度差有决定性作用，湿度低则温度、湿度差大；湿度高则温度、湿度差小，因此密集烘烤应延长烟叶变黄时间，降低凋萎温度，提高变黄、凋萎湿度。

第二节　不同烘烤工艺对烟叶品质的影响

密集烤房不同的烘烤工艺,烤后烟叶的外观质量存在一定的差异,中温中湿处理的下、中、上部烟叶外观品质均能达到较好的表现,低温中湿处理的烟叶表现最差。不同的烘烤工艺对烘烤能耗有明显影响,低湿烘烤能耗较高。从对烤后烟叶经济性状的影响角度来讲,以中温中湿工艺烘烤烟叶均价最高,中温高湿和对照(本地工艺)烤出的烟叶次之,但三种处理烤出的烟叶均价差别不大,低温中湿工艺的烟叶均价最低,对均价有较明显影响。

一、试验设计

1. 烘烤工艺处理

以控湿烘烤促进烟叶物质转化、降低烟叶淀粉含量、提高烟叶香气质量为目标,调整烘烤工艺参数和烟叶烘烤诊断指标。各部位烟叶均设低温中湿烘烤工艺、中温中湿烘烤工艺和中温高湿烘烤工艺3个处理,以当地烟叶烘烤工艺为对照,每个处理1座烤房,下、中、上部烟叶各烤1房烟,共烘烤12房烟。分别如表5-5~表5-7所示。

表5-5　下部叶烘烤工艺处理(分别在42℃和54℃温度点延时12h)

处理	干球/℃	湿球/℃	湿度/%	升温速度/(℃/h)	烟叶变黄程度	烟叶干燥程度
低温中湿工艺	36	34	85	1/1	叶片变黄7~8成	叶片发软—凋萎
	42	37	80	1/2	叶片和一级支脉变黄,主脉和侧脉含青,黄片青筋	叶片充分塌架、主脉变软
	46	38	57	1/2	侧脉和主脉变黄,黄片黄筋	软卷筒
	54	39	34	1/2	黄片黄筋	大卷筒,叶片干燥
	68	42	15	1/1	黄片黄筋	大卷筒,主脉干燥
中温中湿工艺	38	36	86	1/1	叶片变黄7~8成	叶片发软—凋萎
	42	37	80	1/2	叶片和一级支脉变黄,主脉和侧脉含青,黄片青筋	叶片充分塌架、主脉变软
	46	39	60	1/2	侧脉和主脉变黄,黄片黄筋	软卷筒
	54	40	37	1/2	黄片黄筋	大卷筒,叶片干燥
	68	42	15	1/1	黄片黄筋	大卷筒,主脉干燥
中温高湿工艺	38	37	93	1/1	叶片变黄7~8成	叶片发软—凋萎
	42	38	81	1/2	叶片和一级支脉变黄,主脉和侧脉含青,黄片青筋	叶片充分塌架、主脉变软
	45	39	65	1/2	侧脉和主脉变黄,黄片黄筋	软卷筒
	54	40	37	1/2	黄片黄筋	大卷筒,叶片干燥
	68	42	15	1/1	黄片黄筋	大卷筒,主脉干燥
对照						当地烟叶烘烤工艺

表 5-6　中部叶烘烤工艺处理（分别在 42℃和 54℃温度点延时 12h）

处理	干球/℃	湿球/℃	湿度/%	升温速度/(℃/h)	烟叶变黄程度	烟叶干燥程度
低温中湿工艺	36	34	85	1/1	叶片变黄 8～9 成	叶片发软
	42	37	80	1/2	叶片和支、侧脉变黄，主脉含青，黄片青筋	叶片塌架，主脉变软
	46	38	57	1/2	主脉变黄，黄片黄筋	软卷筒
	54	39	34	1/2	黄片黄筋	大卷筒，叶片干燥
	68	42	15	1/1	黄片黄筋	大卷筒，主脉干燥
中温中湿工艺	38	36	86	1/1	叶片变黄 8～9 成	叶片发软
	42	37	80	1/2	叶片和支、侧脉变黄，主脉含青，黄片青筋	叶片塌架，主脉变软
	46	39	60	1/2	主脉变黄，黄片黄筋	软卷筒
	54	40	37	1/2	黄片黄筋	大卷筒，叶片干燥
	68	42	15	1/1	黄片黄筋	大卷筒，主脉干燥
中温高湿工艺	38	37	93	1/1	叶片变黄 8～9 成	叶片发软
	42	38	81	1/2	叶片和支、侧脉变黄，主脉含青，黄片青筋	叶片塌架，主脉变软
	45	39	65	1/2	主脉变黄，黄片黄筋	软卷筒
	54	40	37	1/2	黄片黄筋	大卷筒，叶片干燥
	68	42	15	1/1	黄片黄筋	大卷筒，主脉干燥
对照					当地烟叶烘烤工艺	

表 5-7　上部叶烘烤工艺处理（分别在 42℃和 54℃温度点延时 12h）

处理	干球/℃	湿球/℃	湿度/%	升温速度/(℃/h)	烟叶变黄程度	烟叶干燥程度
低温中湿工艺	36	34	85	1/1	变黄 9～10 成	叶片发软
	42	37	80	1/2	叶片和侧脉、支脉变黄，主脉部分含青，黄片青筋	叶片塌架、主脉变软
	46	38	57	1/2	主脉变黄，黄片黄筋	软卷筒
	54	39	34	1/2	黄片黄筋	大卷筒，叶片干燥
	68	42	15	1/1	黄片黄筋	大卷筒，主脉干燥
中温中湿工艺	38	36	86	1/1	变黄 9～10 成	叶片发软
	42	37	80	1/2	叶片和侧脉、支脉变黄，主脉部分含青，黄片青筋	叶片塌架、主脉变软
	46	39	60	1/2	主脉变黄，黄片黄筋	软卷筒
	54	40	37	1/2	黄片黄筋	大卷筒，叶片干燥
	68	42	15	1/1	黄片黄筋	大卷筒，主脉干燥
中温高湿工艺	38	37	93	1/1	变黄 9～10 成	叶片发软
	42	38	81	1/2	叶片和侧脉、支脉变黄，主脉部分含青，黄片青筋	叶片塌架、主脉变软
	45	39	65	1/2	主脉变黄，黄片黄筋	软卷筒
	54	40	37	1/2	黄片黄筋	大卷筒，叶片干燥
	68	42	15	1/1	黄片黄筋	大卷筒，主脉干燥
对照					当地烟叶烘烤工艺	

2. 试验分析

烘烤效果记载：烟叶烘烤结束，统计各处理耗煤量，耗电量，上等烟、中等烟和下低次烟比例，各类烤坏烟比例。

烟叶化学成分测定：烟叶出炕后，分别从各处理样竿选取 X2F、C3F 和 B2F 烟叶各 1kg，测定烟叶常规化学成分。

评吸鉴定：分别从各处理样竿选取 X2F、C3F 和 B2F 烟叶各 8kg 进行评吸。

二、结果分析

1. 不同烘烤工艺对原烟外观品质的影响

从表 5-8 可以看出，烘烤的下二棚烟叶中，中温中湿处理的烟叶外观品质优于其他三个处理，主要表现在烤后颜色多橘黄、弹性较其他三个处理较好，低温中湿处理的弹性较差。中部叶的外观品质差别表现为低温中湿处理的油分、颜色、弹性较其他三个处理差，其他处理表现都比较好，无明显差异。上二棚的外观品质表现中、低温中湿处理的外观质量表现最好，中温中湿和对照次之，颜色多橘黄，弹性较好，低温中湿处理表现最差。

采用不同的烘烤工艺方式烘烤，烤后烟叶的外观质量存在一定的差异。在不同烘烤工艺的烟叶中，中温中湿处理的烟叶外观品质表现均能达到较好的表现，低温中湿处理的烟叶表现最差。

表 5-8　不同烘烤工艺方法对原烟外观品质的影响

部位	处理	成熟度	组织结构	身份	油分	颜色	弹性
下二棚	低温中湿	成熟	疏松	稍薄	少	多柠檬黄	差
	中温中湿	成熟	疏松	稍薄	稍有	多橘黄	一般
	中温高湿	成熟	疏松	稍薄	稍有	多柠檬黄	较差
	对照（本地工艺）	成熟	疏松	稍薄	稍有	多柠檬黄	较差
中部叶	低温中湿	成熟	疏松	中等	稍有	多柠檬黄	较好
	中温中湿	成熟	疏松	中等	有	橘黄	好
	中温高湿	成熟	疏松	中等	有	橘黄	好
	对照（本地工艺）	成熟	疏松	中等	有	橘黄	较好
上二棚	低温中湿	成熟	尚疏松	稍厚	有	橘黄	一般
	中温中湿	成熟	尚疏松	稍厚	有	橘黄	好
	中温高湿	成熟	尚疏松	稍厚	有	橘黄	较好
	对照（本地工艺）	成熟	尚疏松	稍厚	有	橘黄	较好

2. 不同烘烤工艺烘烤能耗比较

按照收购等级价格计算原烟产值,每房烟耗煤耗电等能耗成本进行统计计算原烟的烘烤效益分析。

从表 5-9 可见,下二棚烘烤成本以中温中湿最低,为 2.65 元/kg,其次为中温高湿,为 2.79 元/kg,低温中湿处理成本最高,为 2.93 元/kg,烘烤成本处理中温中湿<中温高湿<对照<低温中湿,2015 年煤价相对往年略高,所有各处理烘烤成本均较高。

中部叶烘烤成本以中温高湿最低,为 1.94 元/kg,其次为对照,为 1.98 元/kg,中温中湿成本为 2.18 元/kg,低温中湿最高,为 2.40 元/kg,烘烤成本处理中温高湿<对照<中温中湿<低温中湿。

上二棚烘烤成本以对照最低,为 1.68 元/kg,其次为中温中湿处理,为 1.76 元/kg,中温高湿为 1.78 元/kg,低温中湿最高,为 1.87 元/kg,烘烤成本处理对照<中温中湿<中温高湿<低温中湿。

总体上来说,处理中温中湿和对照的烘烤平均成本相对较低,低温中湿的烘烤平均成本均为最高。

表 5-9 不同烘烤工艺烟叶烘烤能耗成本

部位	处理	干烟总重量/kg	电耗成本			煤耗成本(原煤)			成本/(元/kg)
			数量/kW·h	金额/元	耗电量/(元/kg)	数量/块	金额/元	耗煤量/(元/kg)	
下二棚	低温中湿	225.9	115	92.0	0.41	285	570.0	2.52	2.93
	中温中湿	254.4	119	95.2	0.37	290	580.0	2.28	2.65
	中温高湿	242.3	130	104.0	0.43	286	572.0	2.36	2.79
	对照	233.0	127	101.6	0.44	287	574.0	2.46	2.90
中部叶	低温中湿	273.6	117	93.6	0.34	281	562.0	2.05	2.39
	中温中湿	298.8	125	100.0	0.33	275	550.0	1.84	2.17
	中温高湿	337.6	118	94.4	0.28	280	560.0	1.66	1.94
	对照	326.8	113	90.4	0.28	278	556.0	1.70	1.98
上二棚	低温中湿	354.0	118	94.4	0.27	283	566.0	1.60	1.87
	中温中湿	372.8	116	92.8	0.25	281	562.0	1.51	1.76
	中温高湿	363.1	106	84.8	0.23	280	560.0	1.54	1.77
	对照	396.0	125	100.0	0.25	283	566.0	1.43	1.68

3. 不同烘烤工艺对烟叶经济性状的影响

由表 5-10 可知,下二棚叶上等烟比例和均价均以处理中温中湿最高,上等烟比例为 16.8%,均价为 13.32 元/kg;其次为对照,再次为中温高湿,低温中湿的上中等烟比例和均价最低,中等烟比例为 67.3%,均价为 11.83 元/kg。

中部叶烤后烟叶均价以中温高湿处理最高，平均为 19.15 元/kg，其次是中温中湿，再次为对照，平均为 18.98 元/kg，但三个处理之间均价相差很小，低温中湿处理均价最低，为 17.42 元/kg，可能是由于其青烟较多。

上二棚 4 个处理的上等烟比例以处理中温中湿最高，中温高湿次之，均价以低温中湿最低，为 15.16 元/kg。

总体上来说，以中温中湿工艺烤出的烟叶均价最高，中温高湿和对照（本地工艺）烤出的烟叶次之，但三种处理烤出的烟叶均价差别不大，低温中湿工艺的烟叶均价最低，对均价有较明显的影响。

表 5-10　不同烘烤工艺烟叶经济性状比较

部位	处理	上等烟比例/%	中等烟比例/%	均价/(元/kg)
下二棚	低温中湿		67.3	11.83
	中温中湿	16.8	56.2	13.32
	中温高湿		74.3	12.31
	对照（本地工艺）	3.2	73.1	13.15
中部叶	低温中湿	36	64	17.42
	中温中湿	63.6	36.4	19.08
	中温高湿	70.4	26.9	19.15
	对照（本地工艺）	58.8	32.8	18.98
上二棚	低温中湿	22.7	77.3	15.16
	中温中湿	72.6	27.3	16.83
	中温高湿	54.2	45.8	16.52
	对照（本地工艺）	46.3	53.7	16.18

4. 不同烘烤工艺对烟叶化学成分的影响

由表 5-11 可知，中部叶各处理化学成分协调，还原糖含量稍高，烟碱、氯含量适宜，低温中湿和对照处理钾含量偏高。上部叶中，中温中湿处理烤后烟叶化学成分最协调，低温中湿处理还原糖含量偏低，烟碱、钾、氯含量各处理都处于适宜范围内。

表 5-11　不同烘烤工艺对烟叶化学成分的影响

部位	处理	还原糖/%	烟碱/%	总氮/%	氯/%	钾/%
中部叶	低温中湿	30.10	2.21	1.82	0.17	3.17
	中温中湿	28.40	2.71	2.55	0.34	1.74
	中温高湿	31.80	2.23	1.71	0.31	1.27
	对照	22.40	3.27	2.42	0.39	2.37
上二棚	低温中湿	12.30	3.77	3.27	0.18	1.33

续表

部位	处理	还原糖/%	烟碱/%	总氮/%	氯/%	钾/%
上二棚	中温中湿	18.80	3.58	2.71	0.29	2.46
	中温高湿	19.50	3.54	2.43	0.20	2.33
	对照	18.70	3.40	2.59	0.16	1.46

5. 烘烤过程中烟叶颜色和状态变化的诊断指标

根据各试点研究结果，初步对不同部位烟叶烘烤诊断指标总结如表5-12所示。

表 5-12 不同部位烟叶烘烤诊断指标

部位	干球温度/℃	湿球温度/℃	烟叶变黄程度	烟叶干燥程度
下部叶	38	35~36	叶片变黄8成	叶片发软、主脉变软
	40~42	36~37	叶片变黄，主脉、侧脉和一级支脉含青，黄片青筋	凋萎塌架—勾尖卷边
	44~46	37~38	侧脉和主脉变黄，黄片黄筋	软卷筒
	54~55	38~39	黄片黄筋	大卷筒，叶片干燥
	65~68	41~42	黄片黄筋	大卷筒，主脉干燥
中部叶	36~38	34~36	叶片变黄9成	叶片发软、凋萎
	40~42	36~37	叶片和支脉变黄，主脉和侧脉部分含青，黄片青筋	叶片塌架，主脉变软
	46~48	38~39	侧脉和主脉变黄，黄片黄筋	勾尖卷边—软卷筒
	54~55	39~40	黄片黄筋	大卷筒，叶片干燥
	65~68	42~43	黄片黄筋	大卷筒，主脉干燥
上部叶	36~38	35~37	变黄9~10成	叶片发软、凋萎
	40~42	37~38	叶片和侧脉、支脉变黄，主脉部分含青，黄片青筋	叶片塌架、主脉变软
	48~50	39~40	主脉变黄，黄片黄筋	软卷筒
	54~55	39~40	黄片黄筋	大卷筒，叶片干燥
	65~68	42~43	黄片黄筋	大卷筒，主脉干燥

三、主要结论

1）不同的烘烤工艺烤后烟叶的外观质量存在一定的差异，中温中湿处理的下、中、上部烟叶外观品质表现均能达到较好的表现，低温中湿处理的烟叶表现最差。不同的烘烤工艺对烘烤能耗有明显影响，低湿烘烤能耗相对略高。

2）从对烤后烟叶经济性状的影响角度来讲，以中温中湿工艺烤烘烤烟叶均价最高，中温高湿和对照（本地工艺）烤出的烟叶次之，但三种处理烤出的烟叶均价差别不大，低温中湿工艺的烟叶均价最低。

第三节 清洁能源精准控制对湘西烤烟效果的影响研究

一、材料与方法

1. 试验材料

供试烤烟品种为'K326'，3座2.7m×8.0m生物质燃料密集烤房，3座当地燃煤密集烤房。

2. 试验设备和地点

试验采用自动高效生物质成型燃料烤烟炉，试验于2015年6月在湘西基地单元进行烤房改造后进行对比烘烤试验研究。

3. 试验方法

空载试验：在密集烤房空载的情况下，采用生物质装置供热，检验烤房内的升温速度。

烟叶烘烤试验：供试的烟叶要求品种、营养条件、部位、成熟度均衡一致，以第5～6叶位、第10～11叶位、第15～16叶位分别代表下部、中部和上部叶。烟叶成熟采收，对烤后烟叶进行外观质量评价、内在化学成分测定、经济性状调查等来验证生物质气化供热对烟叶烘烤的影响。

二、结果与分析

1. 生物质成型燃料理化特性分析

在烟叶烘烤过程中，燃料的理化特性是技术经济评价的基础，首先对烤烟使用的燃料进行分析研究，结果如表5-13所示。不同燃料的主要物理性能参数见表5-14。

表5-13 生物质成型燃料的工业分析

序号	项目	符号	单位	检测结果	
				花生壳基成型燃料	烟杆基成型燃料
1	全水分	Mt	%	10.15	11.26
2	空气干燥基水分	Mad	%	2.04	2.93
3	收到基灰分	Aar	%	12.75	11.21
4	收到基挥发分	Var	%	56.83	64.02
5	收到基固定碳	FCar	%	19.37	17.46
6	焦渣特性	CRC	—	1	1
7	空气干燥基全含硫量	St, ad	%	0.04	0.03
8	发热量	Qb, ad	kcal/kg	3 856.7	3 926.5

注：该表引自原农业部农村可再生能源开发利用重点实验室检验报告

表 5-14　不同燃料的主要物理性能参数

名称	燃料直径/mm	厚度/mm	密度/(kg/m³)	热值/(J/g)
花生壳基成型燃料	30	30	1.12	16 078.3
烟杆基成型燃料	60	45	1.06	16 257.5
煤炭	—	—	—	16 592.1

2. 烤烟炉烟气排放物检测分析

废气排放监测：废气监测点位于生物质烤烟炉烟囱出口的垂直烟道，并按照 GB/T16157—1996《固定污染源排气中颗粒物测定与气态污染物采样方法》、HJ/T398—2007《固体污染源排放烟气黑度的测定林格曼烟气黑度图法》和 JB/T6672.2—2001《燃煤热风炉试验方法》等相关标准进行采样与分析，监测频次为 6 次/烤烟周期，主要监测因子为烟气出口处烟尘、SO_2、NO_x、林格曼黑度及热风炉正平衡效率等关键指标（表 5-15）。

表 5-15　生物质成型燃料烤烟炉与煤炉烟气排放监测比较

序号	参数名称	单位	烟气排放口		国家废气排放标准限值
			燃煤	成型燃料	
1	烟气温度	℃	215	188	
2	过量空气系数（α）	—	2.1	1.8	
3	烟气含湿量	%	4.2	5.0	
4	烟道工况烟气流量	m³/h	2231	2050	
5	烟道标态烟气流量	m³/h	1512	1473	
6	烟尘平均排放浓度*	mg/m³	138.4	16.2	200
7	SO_2平均排放浓度*	mg/m³	752.5	13.6	900
8	NO_x平均排放浓度*	mg/m³	137	2.3	
9	林格曼黑度	级	1	<1	

注：以上各项污染物排放浓度均指标准状态下干烟气中的数值；*表示实测值换算到过量空气系数 α=1.80 时的浓度值

监测结果表明：使用新型生物质成型燃料烤烟炉时，烤烟炉外排废气中烟尘平均排放浓度 16.2mg/m³，SO_2 平均排放浓度 13.6mg/m³，NO_x 平均排放浓度 2.3mg/m³，林格曼黑度<1，与燃煤相比各排放物浓度显著较低，具有多方面的环保优势，均符合 GB/T3271—2001《锅炉大气污染物排放标准》，二类区 II 时段的标准。

3. 烤烟过程中温湿度变化规律分析

按照烤烟三段式烘烤工艺模式提供所需的温、湿度条件进行设置，生物质烤烟炉中的干球温度通过加燃料或关闭一次进风口控制，湿球温度则通过调节新风阀的开度进行控制。燃煤烤房中的干球温度通过加煤和鼓风机的启停进行控制，湿球温度则通过调节新风阀的开度进行控制。烤房内上下棚的中部和风机进出口布置有温湿度传感器（JWSK-6 宽温型温湿度变送器，±0.5℃，±3%RH），顺舟 zigbee 无线通信采集模块采集温湿度数据，4s 采集一次。装烟后利用风速计 [testo405-V1，0～10m/s，0～99 990m³/h，±（0.3m/s + 5% 测量值）] 测定烤房内风机开启时的风速和风量。

4. 经济效益与社会、环境效益对比分析

经济效益分析是项目可行性研究的一个重要环节，也是评判项目是否具有产业化发展的基础。采用成本比较分析方法，生物质成型燃料烤房和燃煤烤烟的烘烤成本如表 5-16 所示。

基于生物质燃料和煤炭燃料的理化特性，表 5-16 对烘烤过程中进行两种烘烤方式向环境排放的大气污染物进行了综合比较分析。从表 5-16 数据可知，采用生物成型燃料，烘烤 1kg 干烟所需能源成本为 1.43 元，与燃煤相比成本降低 0.34 元/kg。从表 5-16 中可以看出，生物质成型燃料燃烧与煤炭相比具有显著的节能减排优势。众所周知，植物通过自身的光合作用合成化合物，燃烧释放出来的 CO_2 接近零排放，SO_2、NO_x 和烟尘排放量显著降低。

表 5-16 生物质成型燃料烤烟和煤炭烤烟的经济比较

项目	燃煤烤房	生物质成型燃料烤房
烘烤时间/h	121.0	118.5
装烟杆数	425.0	427
每杆鲜烟平均质量/kg	8.13	8.12
总装烟质量/kg	3 455.0	3 467.3
烘烤后干烟平均质量/kg	0.97	0.97
烘烤后干烟总质量/kg	412.5	414.2
脱水量/kg	3 042.7	3 053.1
用煤量/kg	820.3	0
生物质成型燃料用量/kg	0	733.5
当地煤成本/元	650	650
当地成型燃料成本/元	580	580
用电量/kW·h	265.4	228.6
每 kW·h 电价/元	0.75	0.75
每炕用电成本/元	198.8	171.5
1kg 干烟的烘烤成本/元	1.77	1.43

注：此表不含人工费用，燃煤烤房与生物质烤房用工量基本相当

由表 5-17 可以看出，在相同的标准炕房烘烤过程的燃料燃烧过程中，二者烟气中排放的大气污染物差异显著，烟气排放物基本减少 85%～90%。依此推算，对于 1000 亩的种植规模，采用生物质成型燃料烘烤，每年可以替代约 560t 煤，二氧化碳排放、二氧化硫和烟尘可以分别减少约 1350t，12.8t 和 110t。因此，采用生物质成型燃料烤烟具有明

显的生态环保优势。另外，按每吨烟杆 200 元左右的价格收购，每亩可以新增 50～60 元的经济收入。

表 5-17　生物质成型燃料烤烟炉与煤炉烟气排放大气污染物估算

烘烤方式	CO_2/kg	SO_2/kg	NO_x/kg	烟尘排放量/kg
燃煤烤烟 [a]	2 522	23.28	5.82	230.80
生物质燃料烤烟	45.79[b]	0.25	0.76	16.17[c]

注：仅比较两种燃料燃烧时大气污染物排放。a. 来源于《能源基础数据汇编 2009》（原国家计委能源所）；b. 表示生物质加工过程中消耗电力折算；c. 参考《第一次全国污染源普查工业污染源产污系数手册》

5. 烘烤烟叶的质量比较

表 5-18 分析对比了燃煤烤房与生物质成型燃料烤房上二棚烟叶化学成分含量，试验结果表明，生物质燃料烤房虽然总糖和还原糖含量低于燃煤烤房，但是双糖比燃煤烤房高，说明烘烤过程中糖类物质转化更加充分。蛋白质、烟碱和总氮含量略高于燃煤烤房，从施木克值来看，生物质成型燃料密集烤房烟叶化学成分协调性更好。

表 5-18　两种燃料烤房烟叶化学成分含量比较

烤房类型	蛋白质/%	还原糖/%	钾/%	烟碱/%	总氮/%	总糖/%	双糖比	施木克值
燃煤烤房	8.77	23.90	1.56	2.98	1.86	30.12	0.80	3.41
生物质燃料烤房	9.62	21.87	1.62	2.86	1.92	28.65	0.87	2.65

对于两种烤房所烤烟叶外观质量比较，由表 5-19 可知，生物质燃料烤房所烤烟叶上、中等烟比例、均价都略高于燃煤烤房所烤烟叶。分析原因主要是生物质燃料烤房能对温度进行精确而有效的控制，温度场分布均匀；另外，通过余热共享技术的应用，减少烟叶中的化学物质逸出，使烟叶在一个适宜的环境中进行调制，进而表现出较好的质量。

表 5-19　两种烤房烟叶外观质量比较

烤房	上等烟比例/%	中等烟比例/%	其他烟比例/%
燃煤烤房	25.3	64.5	10.2
生物质燃料烤房	28.6	65.4	6.0
差值	3.3	0.9	4.2

三、结论

1）烤烟经济性方面，1kg 干烟需用 1.2kg 生物质成型燃料（热值不低于 3550kcal/kg），烘烤能源成本 1.43 元，与燃煤相比降低了 17.7%。

2）在生态环境保护方面，烤烟炉外排废气中烟尘平均排放浓度为 16.2mg/m³，SO_2

平均排放浓度为 13.6mg/m^3，NO$_x$平均排放浓度为 2.3mg/m^3，林格曼黑度＜1，与燃煤相比各排放物浓度极低，具有显著的节能减排优势，烤后烟叶质量与燃煤相比明显提升。

3）在烟叶烘烤质量方面生物质密燃料烤房所烤烟叶上、中等烟比例、均价都略高于燃煤烤房所烤烟叶。双糖比燃煤烤房高，说明烘烤过程中糖类物质转化更加充分。蛋白质、烟碱和总氮含量略高于燃煤烤房，从施木克值来看，生物质成型燃料密集烤房烟叶化学成分协调性更好。

第六章 湘西山地特色优质烟叶技术集成及规模开发

第一节 生产技术指标构建

一、目的意义

为进一步发挥工业主导、商业主体和科研主力的作用，整合资源，集中力量推进各基地单元现代烟草农业建设，不断夯实烟叶发展基础，提升生产管理水平，进一步挖掘和彰显生态天香烟叶风格，提高原料保障能力，促进品牌与原料协同发展，特制定各生产技术标准，以期为优质烟叶开发提供科学依据。

二、优质烟叶生产及质量指标

依照项目和广东中烟工业有限责任公司对优质原料的要求，确定优质烟叶生产及质量目标。

1. 生长指标

目前普遍认为优质烟叶烟株长势健壮，株型似八角形。上部叶发育完全，顶叶充分开片，不能太肥厚，叶片不下垂，成熟度充分，组织疏松。烟株茎高 $100\sim120cm$，单株叶数 $18\sim22$ 片；圆顶采收，圆顶时行间叶尖距离约 $15cm$；烟株个体和群体表现为下部叶阳光充足、上部叶叶片开展，整株叶片厚薄适中；下、中、上各部位叶片单叶面积分别为 $850\sim1000cm^2$、$1000\sim1200cm^2$ 和 $1000\sim1100cm^2$，单叶重分别为 $5\sim6g$、$8\sim10g$ 和 $12\sim15g$。全田烟株高度、单株叶数、开片程度一致，上、中、下叶片落黄一致。

2. 外观质量

成熟度好，叶片柔软弹性好，身份适中，色度强至浓，油分有。"叶尖与叶基的色泽一致，叶背与叶面的色泽一致"。

3. 内在质量

烟叶化学成分协调。优质烟叶的总糖含量为 $18\%\sim22\%$，还原糖为 $16\%\sim18\%$，两糖比（还原糖/总糖）$\geqslant0.9$。总氮含量为 $1.5\%\sim3.5\%$，烟碱为 $1.5\%\sim3.5\%$，钾在 2% 以上，氯在 1% 以下，糖碱比在 $8\sim10$，钾氯比通常大于 4 为宜，氮碱比一般是 1 或者略小于 1。

4. 评吸质量

香气质好，香气量足，吸味舒适，杂气少，刺激性小，劲头适中，燃烧性好，浓香型风格突出。

5. 安全性

农药残留量符合国家标准，无公害，无非烟物质。

第二节　湘西山地特色烟叶理想株型培育

一、研究目的

湘西烟区是湖南省主要烟区之一，其烟叶化学成分协调，油分充裕，香气丰富，具有山地特色烟叶的特性，烟叶配伍性强，在工业企业中深受欢迎。但是湘西地区烟草种植多是小面积、零星分散，烟株长势参差不齐、烟叶质量差异大，难以满足工业要求。根据现代农业发展目标，开发适合湘西地区规模种植的配套施肥措施，使地貌复杂的烟株都达到理想株型，提高烟叶生产整体水平，是达到烟叶生产可持续发展的关键。本研究通过不同施肥处理，探索湘西山地烟规模化种植的施肥方式，对提升湘西烟叶品质具有重要意义。

二、试验设计与方法

1. 试验设计

不同试验处理的施肥量如表 6-1 所示。

表 6-1　不同试验处理的施肥量

处理	施氮量/(kg/亩)
T1	常规施肥（减氮 20%）+ 100kg 高碳基土壤修复肥
T2	常规施肥 + 100kg 高碳基土壤修复肥
T3	常规施肥（增氮 20%）+ 100kg 高碳基土壤修复肥

2. 湖南湘西自治州永顺县施肥量及方法

2015 年烤烟肥料配方如表 6-2 所示。

表 6-2　湘西自治州 2015 年烤烟肥料配方表

县分公司	肥料品种（养分含量）	每亩用量/kg
永顺	发酵型专用基肥（8-15-7）	50
	专用追肥（10-5-29）	20
	生物有机肥（发酵型）（6-1-1）	15
	提苗肥（20-9-0）	5
	硫酸钾（0-0-50）	25

注：总氮 7.9kg，磷 9.1kg，钾 21.95kg，氮磷钾比例为 1：1.15：2.78；8-15-7 为总氮含量≥15%，有效碳含量≥7%，有效钾含量≥8%，其余类似数值含义相当

3. 施肥方法

按照行距 1.2m 拉线，开一条深 5～10cm、宽 20cm 左右的施肥沟，将全部专用基肥、生物有机肥和 40%～50% 的专用追肥混匀，撒施于施肥沟内及其两侧，成宽 20～30cm 的肥料带；或按照 1.2m 行距拉线，将全部专用基肥、生物有机肥和 40%～50% 的专用追肥混匀，直接撒施成宽 20～30cm 的肥料带。然后覆土、起垄。

三、结果与分析

1. 不同处理对烟株生长发育的影响

从图 6-1 中可看出，移栽后 30d T1、T2、T3 地下部分生物量没有显著差异（$P>0.05$），这是因为团棵期烟株整体生长缓慢，处理之间的差异没有反映出来。移栽后 45d，T2、T3 之间没有显著差异（$P>0.05$），但是与 T1 都有显著差异（$P<0.05$），T2、T3 均显著高于 T1（$P<0.05$）。移栽后 60d，三个处理之间的下部分生物量积累表现为 T3>T2>T1，各处理间达到显著差异的水平（$P<0.05$）；移栽后 75d，T2 与 T3 之间没有显著差异（$P>0.05$），但是它们与 T1 都有显著差异，且均显著高于 T1（$P<0.05$）。烟株整个生育期的地下部分生物量变化说明了，T3 在生育期的前中期地下部分生物量积累迅速，后期稍微减慢，T2 整个生育期地下部分生物量积累都较快，而 T1 地下部分生物量积累明显低于 T2、T3。所以增施氮肥能够较明显地促进烟株地下部分生物量的积累，减施氮肥则是显著降低了烟株地下部分生物量的积累。

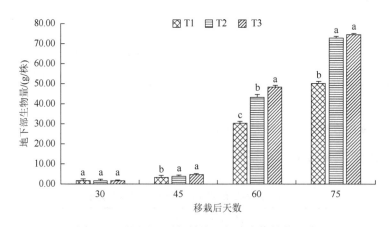

图 6-1　不同处理对烟株地下部分生物量的影响

从图 6-2 中明显看出，移栽后 30d 和 45d，T1、T2、T3 的根体积基本没有差异；移栽后 60d，T2、T3 处理之间根体积没有明显差异，但是与 T1 之间有很大差异，都明显高于 T1；移栽后 75d，三个处理之间有了明显差异，具体表现为 T3>T2>T1。这说明减施氮肥明显影响了烟株根体积的增长，增施氮肥在生育后期依然能够有效地促进烟株根体积的生长。

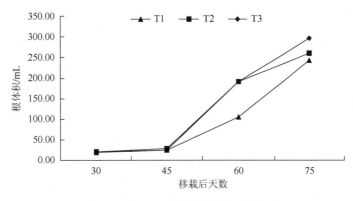

图 6-2　不同处理对烟株根体积的影响

由图 6-3 可知，移栽后 30d，T1、T2、T3 根冠比基本一致；T1 在移栽后 45d 根冠比降低，T2、T3 稍微增大，这可能是 T1 减施氮肥造成烟株根部发育缓慢，因此根冠比有所降低；移栽后 60d，T1、T2、T3 根冠比都有大幅度上升，根冠比大小基本相同，T3 略小，移栽后 75d，T1 根冠比开始下降，T2 根冠比增幅减小，T3 根冠比依然上升迅速，这说明在生育后期，T1 的肥效已经开始减弱，减施氮肥的影响已经表现出来，而 T2 根冠比增幅放缓也说明正常施肥策略也不能保证整个生育期的肥料供应，T3 的增肥处理依旧保持根冠比的增速，说明了增施肥料保证了整个大田生育期烟株根系发育所需的肥料，肥料的保证有利于烟叶成熟期内含物质的合成，因此增施肥料处理烟株根系发育有着明显的优良效果。

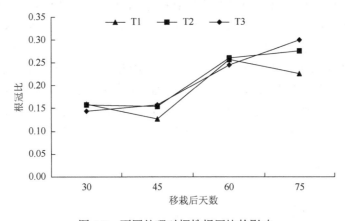

图 6-3　不同处理对烟株根冠比的影响

由图 6-4 可知，移栽后 30d，三个处理之间株高基本相等，没有显著差异（$P>0.05$），这说明增施或者减施氮肥对于烟株还苗的快慢基本没有影响。移栽后 30～45d，烟株处在旺长期，这个阶段烟株株高增长速率最快，从图中可以看出，在这个时期，T1、T2 之间差异不显著（$P>0.05$），T2 稍微高于 T1，T3 与 T1、T2 之间差异显著（$P<0.05$），此时期 T3 株高最高，这可能是因为氮肥的作用开始显示出来，增施氮肥的处理作用效果更明显，烟株株高增长较快，减施氮肥的影响效果较小，烟株株高增速比起 T2 的常规施肥处理没有减少太多。移栽后 60d，T2 与 T3 之间没有显著差异（$P>0.05$），但是 T2 略小于 T3，T1 与 T2、T3 之间都有显著差异（P＜0.05），且小于 T2、T3，这可能是因为氮肥的效果已经减小，T3 增施氮肥的处理株高增速降低，T2 处理株高基本与 T3 相同，而 T1 减施氮肥的处理增速依旧较小，显示出来减施氮肥的负面影响。移栽后 75d，三个处理之间有了显著差异（P＜0.05），T2 株高最高，T3 次之，T1 最小，这可能是因为增施氮肥抑制了烟株株高的增长，常规施肥能够协调各方面的稳定增长，株高能够达到最大值。

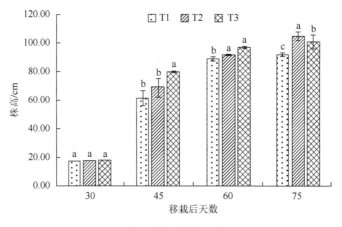

图 6-4　不同处理对株高的影响

根据图 6-5 可以看出，移栽后 30d，T1 的茎围明显低于 T2、T3，T2 和 T3 茎围基本相同，这说明减施氮肥不利于烟株还苗期茎围的增长，增施氮肥也没有促进烟株还苗期茎围的生长。移栽后 45d，T1、T2、T3 的茎围都有较高的增长，具体表现为 T3＞T2＞T1，这说明增施氮肥在旺长期能够明显地促进烟株茎围的增长，减施氮肥减缓了烟株茎围增长速率。移栽后 60d，三个处理烟株茎围基本相同，这可能是因为到了旺长后期，肥料对烟株茎围的影响开始变小。移栽后 75d，T2、T3 茎围又有很大的增加，而 T1 增加较少，这说明了成熟期烟株茎围能够继续变大，肥料的作用在成熟期也能体现，但是增施氮肥并没有有效促进烟株茎围的增长，而减施氮肥影响了烟株茎围的增长，因此 T1 在移栽后 75d 茎围最小。

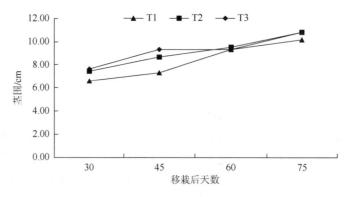

图 6-5　不同处理对烟株茎围的影响

由图 6-6 可以看出移栽后 30d，最大叶面积表现为 T1＜T2＜T3，T1 与 T2 之间没有显著差异（$P>0.05$），T2 与 T3 之间没有显著差异（$P>0.05$），但是 T1 与 T3 之间有显著差异（$P<0.05$）；移栽后 45d，三个处理最大叶面积均表现出上升的趋势，T3 处理仍然最大，但是 T3 与 T2 之间没有显著差异（$P>0.05$），二者与 T1 均有显著差异；移栽后 60d，T1 的最大叶面积升高较大，大小与 T2 基本一致，均小于 T3，T1 与 T2 之间没有显著差异（$P>0.05$），与 T3 都有较显著的差异（$P<0.05$）；移栽后 75d，T1、T2、T3 的最大叶面积基本没有变化，仍然是 T3 最大。整个生育期最大叶面积的变化说明了减施氮肥的处理在生育前期最大叶面积增长较为缓慢，在后期最大叶面积的大小仍然能与常规施肥的相近，说明了减施氮肥并没有减小烟株的最大叶面积；增施氮肥在整个生育期的最大叶面积都是三个处理中最大的，说明了增施氮肥能够有效地增加烟株最大叶面积。

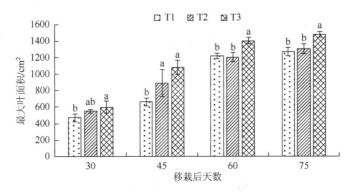

图 6-6　不同处理对烟株最大叶面积的影响

由图 6-7 可以看出，移栽后 30d，T1 地上部分生物量积累小于 T2、T3，且有显著差异（$P<0.05$），T2 和 T3 基本相等，没有显著差异（$P>0.05$），这说明在烟株还苗期减施氮肥的影响首先体现出来，减施氮肥影响了烟株地上部分的生物量积累。移栽后 45d，T1 与 T2、T3 仍然有显著差异（$P<0.05$），但是差异减小了，T2、T3 之间没有差异。移栽后 60d，烟株地上部分生物量积累速度达到最大，T1、T2、T3 均快速增长，三个处理之间

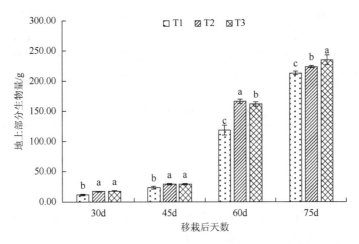

图 6-7　不同处理对烟株地上部分生物量的影响

出现了显著差异（$P<0.05$），T1 最小，T3 次之，T2 最大，这说明在旺长期，减施氮肥显著影响了烟株地上部分生物量的积累，增施氮肥并没有显著增加烟株地上部分生物量。移栽后 75d，烟株达到成熟期，地上部分生物量基本达到最大值，依次表现为 T1<T2<T3，此时增施氮肥的效果才显示出来，T3 处理显著高于 T2、T1（$P<0.05$）。因此，增施氮肥在烟株生育后期能够明显促进烟株的生长发育，而减施氮肥的主要作用在烟株生长发育前期。综合来说，增施氮肥增加了地上部分生物量的积累，对烟株生长发育有积极效果。

2. 不同处理对烤烟生长过程中生理特性的影响

三个处理还原糖含量在烟株生长过程中都表现出增加的趋势，从表 6-3 可以看出，还原糖含量与烟株生长过程中的农艺指标呈极显著正相关关系（$P<0.01$）。在移栽后 60d，三个处理还原糖含量都有所下降，这可能是因为移栽后 45～60d 处于烟株旺长期，烟叶合成的还原糖有一部分要为烟株提供能量，所以还原糖表现为降低的趋势。移栽后 30d，T3 与 T1 有显著差异（$P<0.05$），说明在还原糖积累上，增施氮肥从烟株生育前期都有明显的提高效果，T1、T2 移栽后在 45d、60d 差异都不是太大，所以减施氮肥在生育前中期对于还原糖的影响还没有完全体现出来，到了移栽后 75d，烟株生长进入碳代谢阶段，大量合成碳水化合物，三个处理的差异表现了出来，T3 处理的还原糖含量显著高于另外两个处理（$P<0.05$），说明了增施氮肥能够显著促进烟叶还原糖的合成，有效提高还原糖的含量。

表 6-3　烟叶还原糖与烟株农艺性状的相关性

	地上部分生物量	地下部分生物量	株高	茎围
还原糖	0.62**	0.65**	0.67**	0.74**

**表示 $P<0.01$，样本数（n）= 36

三个处理的总糖含量在整个生长发育期也是呈上升趋势，这与还原糖的趋势比较相似，从表 6-4 可知，总糖含量与烟株生长过程中的各个农艺性状之间呈极显著正相关（$P<0.01$）。但是移栽后 45～60d 这个阶段，总糖含量上升得并不明显，在移栽后 75d，总糖含量有了明显上升。移栽后 30d，三个处理之间没有显著差异（$P>0.05$），移栽后 45d、60d、75d，T3 处理均与 T1、T2 有显著差异（$P<0.05$），且 T3 处理都高于 T1、T2，所以总的来说，减施氮肥处理总糖含量低于 T2、T3，而增施氮肥处理总是高于另外两个处理，所以可以明确看出，增施氮肥有利于烟株总糖的积累，减施氮肥不利于烟株总糖的积累。

表 6-4　烟叶总糖与烟株物农艺性状的相关性

	地上部分生物量	地下部分生物量	株高	茎围
总糖	0.82**	0.82**	0.83**	0.85**

**表示 $P<0.01$，样本数（n）= 36

从图 6-8 中可以看出，三个处理烟碱含量整体是上升趋势，在移栽后 75d 增长速度最快，而通过表 6-5 能够看出烟碱在烟株生长过程中与各农艺性状呈极显著正相关（$P<0.01$）。移栽后 30d，三个处理没有显著差异（$P>0.05$），这是因为烟碱在烟株根系合成，烟株根系发育缓慢，影响烟碱含量，不同处理之间没有体现出来显著差异。移栽后 45d，三个处理之间有了显著差异（P＜0.05），T3＞T2＞T1，移栽后 60d 和移栽后 75d，三个处理烟碱含量继续增加，但是三个处理之间的大小仍然是 T3＞T2＞T1，移栽后 75d，差异最为显著（P＜0.05），所以增施氮肥能够显著地促进烟碱合成，减施氮肥也能够显著地减少烟碱的合成。

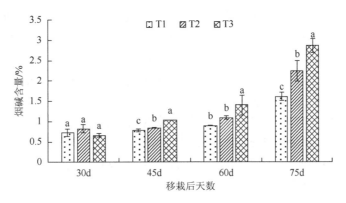

图 6-8　不同处理对烤烟生长过程中烟碱含量的影响

表 6-5　烟叶烟碱与烟株农艺性状的相关性

	地上部分生物量	地下部分生物量	株高	茎围
烟碱	0.84**	0.87**	0.69**	0.8**

**表示 P＜0.01，样本数（n）＝36

　　从图 6-9、表 6-6 中可以看出，移栽后 30d，各处理之间没有显著差异，T1 略小于 T2、T3，移栽后 45d，T2、T3 之间没有显著差异（P＞0.05），但是与 T1 之间都有显著差异（P＜0.05），且 T2、T3 都大于 T1，移栽后 60d，三个处理总氮含量都有了明显的上升，这可能是烟株打顶促使总氮含量积累，到了移栽后 75d，三个处理总氮含量又有明显的下降，这是因为烟叶达到成熟期，氮代谢向碳代谢转移，总氮含量骤降。移栽后 75d，三个处理之间有显著差异（P＜0.05），T3＞T2＞T1，这说明增施氮肥的处理显著增加了烟叶总氮含量。

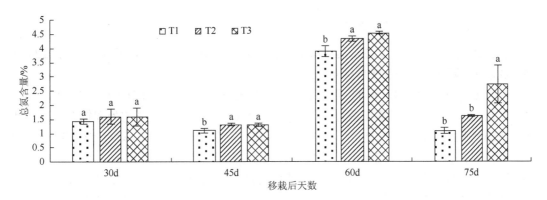

图 6-9　不同处理对烤烟生长过程中总氮的影响

表 6-6　烟叶总氮与烟株农艺性状的相关性

	地上部分生物量	地下部分生物量	株高	茎围
总氮	0.43*	0.44*	0.42*	0.34*

*表示 $P<0.05$，样本数（n）= 36

　　钾含量与烟叶品质关系密切，钾含量的提高主要提高了烟叶的燃烧性、吸湿性及烟叶颜色等方面的质量。通过图 6-10 可以看出，移栽后 30d，三个处理的钾含量没有显著差异（$P>0.05$），移栽后 45d，三个处理之间出现显著差异（$P<0.05$），T3＞T2＞T1，这个时期钾含量整体明显比上个时期下降，这可能是烟株生长迅速，钾元素大量转移到新生组织，在烟叶中的钾含量降低，根据表 6-7 也能看出烟叶钾含量与烟株生长过程中各农艺性状呈极显著负相关（$P<0.01$）。移栽后 60d，钾元素含量稍微有所下降，三个处理之间没有显著差异（$P>0.05$），移栽后 75d，三个处理之间钾含量没有显著差异（$P>0.05$），所以增施氮肥或者减施氮肥对于烟株生长过程中的钾含量并没有较大影响。

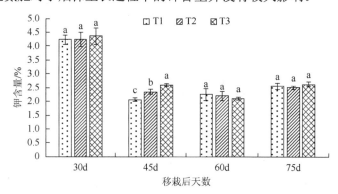

图 6-10　不同处理对烤烟生长过程中钾含量的影响

表 6-7　烟叶钾与烟株农艺性状的相关性

	地上部分生物量	地下部分生物量	株高	茎围
钾	−0.50**	−0.47**	−0.85**	−0.53**

**表示 $P<0.01$，样本数（n）= 36

3. 不同处理对烤后烟部分矿质元素的影响

　　我国优质烟叶铁含量临界值为 57.69～295.10μg/g。优质烟叶锰含量临界值为 22.96～550.03μg/g，硼含量一般在 10～40μg/g。

　　从表 6-8 可以看出 T1 和 T3 只有下部叶铁含量在优质烟叶适宜范围内，T2 上、中、下三个部位的烟叶铁含量都在适宜范围，所以三个处理只有常规施肥的处理铁含量比较适宜，增施氮肥或减施氮肥均能够影响烟叶铁含量。三个处理的锰含量只有 T1 不在优质烟叶的范围内，锰能够提高烟叶中上等烟比例，对中部叶来说 T2 优于 T3，就上部叶来说 T3 优于 T2。硼影响烤烟的产量产值，也能促进烟叶钾的吸收，从而影响烟叶品质。三个处理硼含量均在最适宜范围内，但是中下部叶来看，T2 的硼含量最高，就上部叶来说，T3 的最高，增施氮肥能够促进上部叶硼含量，但是不能促进中下部叶的硼含量。

表 6-8　不同处理对烤后烟部分矿质元素的影响

部位	处理	Fe/(μg/g)	Mn/(μg/g)	B/(μg/g)
下部叶	T1	76.31	25.40	10.81
	T2	72.97	232.55	21.53
	T3	91.05	145.72	17.19
中部叶	T1	54.31	21.46	16.82
	T2	89.32	188.62	23.06
	T3	36.65	163.93	18.30
上部叶	T1	31.60	12.13	13.15
	T2	121.14	167.93	16.13
	T3	51.30	187.37	17.26

4. 不同处理对烤后烟常规化学成分的影响

从表 6-9 中能够看出，从下部叶来看，还原糖 T3 含量最多，T2 最少，T1 和 T3 没有显著差异（$P>0.05$），T2 与其他处理有显著差异（$P<0.05$），而总糖含量 T2 最多，T1、T2、T3 之间均有显著差异（$P<0.05$）；从中部叶来看，还原糖和总糖含量在各处理之间均有显著差异（$P<0.05$），中部叶两糖含量均是 T3 处理最高，T2 最少；从上部叶来看，各处理之间两糖含量有显著差异（$P<0.05$），但是无明显变化规律。整体来看，湘西地区的还原糖与总糖都是高出优质烟叶最佳值，这可能与湘西地区的气候条件及生态因素有关。三个处理的烟碱与总氮含量在中下部叶均是 T3 最低，T1 与 T2 相差不多，T3 上部叶总氮含量明显较高，上、中、下三个部位的烤后样烟碱与总氮含量都在优质烟叶范围内，说明在高碳基土壤修复肥的存在条件下，增施氮肥的处理在烟株前期不会提高烟碱与总氮含量，后期显著提高烟叶总氮含量。从各处理钾的含量来看，中上部叶均未达到 2% 以上，这与湘西地区的生态地域特点有关，三个处理中上部叶的钾含量均无明显差异（$P>0.05$），所以在混施高碳基土壤修复肥后，增加施氮量与减少施氮量对于烟叶钾的吸收并没有明显影响。各处理的氯含量都在优质烟叶范围内，而且氯含量均是 T3 处理最少，说明在高碳基土壤修复肥的条件下，增施氮肥能够降低烟叶氯含量。两糖比所有处理上、中、下三个部位的烟叶除了 T2 上部叶，其他都小于 0.9。糖碱比下部叶偏大，T1、T2 处理中上部叶均在优质烟叶的范围内，T3 处理糖碱比均不在优质烟叶范围，说明在混施高碳基土壤修复肥的条件下，增施氮肥不利于烟叶糖碱比，影响烟叶质量。通过中上部叶的钾氯比来看，只有 T3 处理达到优质烟叶的标准，说明在高碳基土壤修复肥的条件下增施氮肥能够促进钾的吸收。三个处理的钾氯比都是下部叶表现较好，中上部叶比值较低，说明中上部叶烟碱含量高，各处理之间无显著差异，说明在高碳基土壤修复肥的条件下增施氮肥或者减施氮肥对于氮碱比的影响变小了。

整体来看，T1、T2、T3 在各个指标表现有好有坏，但是综合分析烟叶质量影响较大的两糖比、钾氯比、糖碱比、氮碱比，T1 处理烟叶质量最差，T2、T3 各有优势。

表 6-9　不同处理对烤后烟常规化学成分的影响

部位	处理	还原糖/%	总糖/%	烟碱/%	总氮/%	钾/%	氯/%	两糖比	糖碱比	钾氯比	氮碱比
下部叶	T1	28.98a	34.95c	1.49a	1.25a	2.31a	0.76a	0.82a	19.45c	3.01c	0.84b
	T2	27.60b	38.27a	1.47b	1.24b	1.51b	0.23b	0.72b	18.77b	6.34b	0.84b
	T3	31.56a	37.21b	1.33b	1.18b	2.29a	0.27b	0.84a	23.72a	8.35a	0.88a
中部叶	T1	24.73b	33.74b	2.54a	1.40a	1.79a	0.63b	0.73a	9.73b	2.84b	0.55a
	T2	22.07c	31.88c	2.28b	1.32b	1.66a	0.79a	0.69b	9.67c	2.09b	0.58a
	T3	26.56a	36.61a	2.25b	1.28b	1.65a	0.26c	0.72a	11.80a	6.16a	0.56a
上部叶	T1	25.70a	31.39a	2.66a	1.45b	1.78a	0.47b	0.81b	8.98b	3.79b	0.52b
	T2	25.51b	27.82b	2.67a	1.44c	1.59b	0.65a	0.92a	9.55a	2.42c	0.54a
	T3	19.02c	26.52c	2.84a	1.66a	1.55a	0.21c	0.71c	6.69c	7.22a	0.58a

5. 不同处理对烤烟感官质量的影响

从表 6-10 能够看出，下部叶中 T2 总分最高，T3 总分最低，但是 T3 的香气质、香气量表现较好，刺激性和劲头表现不佳。从中部叶来看，T2 的评分仍旧最高，T3 最低，但是 T3 的香气质和杂气的表现是最好的。从上部叶来看，T3 的总分最高，T1、T2 基本相等，T1 在香气质和香气量的表现最差，得分最低，T2 的香气质和余味得分最高，T3 刺激性得分最低，表现为刺激性强。

表 6-10　不同处理对烤烟感官质量的影响

叶位	处理	香气质 20	香气量 20	浓度 10	杂气 10	刺激性 10	余味 15	劲头 5	燃烧性 5	灰色 5	总分 100
下部叶	T1	12.0	12.0	6.0	6.0	8.0	9.0	5.0	5.0	4.0	67.0
	T2	12.3	12.8	6.5	6.0	7.8	9.2	4.7	5.0	4.0	68.3
	T3	12.3	12.3	5.6	6.3	7.1	9.5	4.1	5.0	4.0	66.2
中部叶	T1	14.3	15.2	8.3	7.7	8.0	12.1	4.5	5.0	4.0	79.1
	T2	14.7	15.3	8.5	7.5	8.0	11.8	4.6	5.0	4.0	79.4
	T3	14.9	14.7	8.1	7.0	7.0	11.9	4.7	5.0	4.0	77.3
上部叶	T1	15.2	16.1	7.5	6.9	7.6	11.3	4.6	5.0	4.0	78.2
	T2	16.4	16.3	6.2	6.5	7.6	11.7	4.4	5.0	4.0	78.1
	T3	15.8	16.4	6.8	7.0	7.5	11.1	5.0	5.0	4.0	78.6

6. 不同处理对烤烟经济性状的影响

从表 6-11 中可以看出，就产量来说，T3＞T2＞T1，产值也是 T3 最大，T1 最小，不过对于均价来说，T2 最大，因为 T2 的上等烟比例稍微高于 T3，T3 中等烟比例较大，T1 变现最差，所有性状均是最小的。这说明，增施氮肥明显促进了烤烟产量产值，但是没有提高中上等烟比例，因为增施氮肥只是提高了中等烟的比例，并没有提高上等烟比例，但是减施氮肥明显降低了烤烟的产量、产值。

表 6-11　不同处理对烤烟经济性状的影响

处理	产量/(kg/hm²)	产值/(元/hm²)	均价/(元/kg)	上等烟比例/%	中上等烟比例/%
T1	1 815.00b	32 540.25b	17.93c	29.49c	67.62b
T2	2 030.25a	41 086.31a	20.24a	34.29a	70.94a
T3	2 148.75a	41 670.53a	19.39b	32.13b	72.31a

第三节　湘西山地特色优质烟叶规模开发及生产技术体系保障

一、生产技术集成措施

1. 育苗移栽

植烟土壤冬翻是保证烟叶增产提质的重要基础和农业措施,改善植烟土壤物理结构,提高土壤的持续供肥能力,更重要的是通过干湿交替,改变土壤环境条件,减轻来年烤烟病虫害的初侵染来源。调研结果表明,湘西自治州技术中心和生产科加强了对基地单元备耕工作的督查和技术指导。大多在 2 月上旬基本完成冬翻工作。

2 月初开始育苗,严格按照烟草公司制定的操作标准和技术要求对育苗大棚设施进行深度消毒处理,保障育苗过程空间环境良好。随着漂浮育苗技术的广泛应用和机械化程度的提升,基地单元统一采取漂浮加托盘假植育苗方式,少量烟农采用手工育苗,主要用于补苗,基本上于 2 月 15 日前进行了播种,采用"播种器(机)和人工补播"结合的形式。

在育苗管理过程中,严格按照技术要求,遵循"前促、中稳、后控"的原则。当烟苗长到 6 叶 1 芯和 7 叶 1 芯时,各剪叶一次。第一次剪去单叶面积的 1/2,第二次剪去单叶面积的 1/3,至开始移栽为止,基地单元内烟苗基本表现为 6 叶 1 芯,株高基本在 5～6.5cm,根系发育良好,基质根和螺旋根丰富,基本达到健苗壮苗的要求,烟苗生长整齐一致,无病株、无杂草,叶色绿至浓绿,病虫害几乎没有发生。

基地单元严格按照生产技术要求,3 月中旬开始,4 月初基本全面完成,白天最高气温达到 20℃,最低气温为 9℃。移栽前 15 天以上进行起垄操作,烟田株行距 1.2m×0.5m(旱土及高岸田为 1.1m×0.5m),垄体高度不低于 30cm,垄体高大饱满,表面平整,土壤细碎。

于 4 月 20 日至 5 月 5 日将基地单元内所有烟田的烟苗全部移栽完毕,烟苗移栽深度适宜,缓苗期为 5～7d,还苗均匀,田间苗齐、苗整,大小基本一致,行间距基本一致,株距均匀,未发现成活率较低的烟田。

根据基地施肥的调研情况,按照"控氮、适磷、增钾和有机肥"的原则,同时适当补充调配微量肥。肥料种类及用量:每亩烟草专用提苗肥 7.5kg、烟草专用基肥 50kg、专用追肥 20kg,硫酸钾 25kg、饼肥 15kg,具体如表 6-12 所示。具体如下:基肥移栽前 10～15 天深施基肥,采用双层施肥法。穴施基肥时,施用时肥料散开并与泥土拌匀,防止局部浓度过高而伤根烧苗。

表 6-12 基地单元按照州公司统一要求施肥表

县分公司	肥料品种（养分含量）	发酵型专用基肥(8-15-7)	高磷Ⅱ型(7.5-18.5-6)	专用追肥(10-5-29)	生物有机肥（发酵型）(6-1-1)	生物有机肥（三合一型）(6-1-1)	提苗肥(20-9-0)	磷酸钾(0-0-50)	其他肥料（苗肥）
龙山县	每亩用量/kg	0	60	15	15		5	20	2.5
	总氮 7.9kg，磷 12.45，钾 18.1，氮磷钾比例 1：1.58：2.49								
永顺县凤凰县	每亩用量/kg	50	0	20	15	0	5	25	
	总氮 7.9kg，磷 9.1，钾 21.95，氮磷钾比例 1：1.15：2.78								
花垣县	每亩用量/kg	0	60	15	15	0	5	20	
	总氮 7.9kg，磷 12.45，钾 18.1，氮磷钾比例 1：1.58：2.29								

严抓种植密度，优化空间结构。基地单元要按照"优质适产"的要求，实行宽行窄株栽培，水田栽培为 1.2m×（0.45～0.5)m，苗栽 1100 株；旱土及高岸田栽培密度为 1.1m×0.5m，亩栽 1200 株左右。

移栽操作时为防止"烧苗"和"僵苗"，严格按照生产技术要求，浇足"定根水"，保持垄体湿润，持水量不低于 70%，使烟株快还苗。为了预防病虫害发生，在定根水中加入 72%的甲霜灵锰锌可湿性粉剂预防黑胫病。

2. 大田管理

基地单元的移栽时间为 4 月 20 日至 5 月初，移栽时气温适宜且光照充足，栽前降雨充沛，土壤墒情较好。移栽过程中，引导烟农开展精细移栽，早施、深施基肥，土肥融合，大穴深栽，合理密植。6 月上中旬进入现蕾期，6 月下旬进入烟叶打顶时期。按照国家烟草专卖局优化结构的具体要求，打顶操作时，按要求留足叶片，科学打顶，合理留叶；主要采用中心花开放后打顶，并视植株生长情况，保证上部烟叶能茂盛生长、正常翻顶；针对生产实际，因地制宜，将不适用烟叶处理在大田生产阶段打顶后留叶 18～22 片，同时，将不适用烟叶及其他处理中的病株残体置于废弃池内集中销毁。

严格做到及时中耕，铲除杂草的同时及时清除烟田周边杂草。在烟田墒情适宜时，及时进行揭膜高培土，针对长势较弱、病害较重的烟田，优先培土上高厢，厢高 25～30cm，上口宽 30～35cm，待烟株叶片数达 12～14 叶时，再进行二次中耕除草培土。生产具体操作上，主要采取机械和人工培土的方式，保证培土上厢的质量要求，显著提高了工作效率。

按照湘西州局"预防为主，综合防治，加强病虫害统防统治"的工作理念，积极采用物理防治、化学和生物防治相结合的工作措施，对烟田病虫害进行综合防治，如按每亩 20～30 片为标准的黄板防芽措施，每 15～20 亩烟田设置太阳能杀虫灯的措施。具体如下：①及时防治烟蚜。在移栽后 15d、30d、45d 及打顶抹杈阶段结合防治花叶病时防治有翅蚜，无翅蚜在百株蚜量达 10 000 头左右时进行防治。用 3%啶虫脒乳剂 1200 倍液或啶虫脒喷雾防治。②重点加强烟青虫防治。根据发病规律和天气特点，5 月下旬至 6 月上旬为烟青虫多发期。烟青虫幼虫在三龄以前，食量较小、危害较轻，耐药性差，容易杀灭，因此一定要治早、治小，务必于幼虫三龄以前进行防治。可用 2.5%敌杀死 1000 倍或 2.5%高效氯氟氰菊酯 1000～1500 倍喷雾防治。③气候斑、角斑病防治。随着气温的上升和植物蒸腾作用的增强，在一定的条件下，烟株旺长阶段是气候斑、角斑病等的感病阶段，因此要密切注意该病的发生发展动态，一旦出现发病点，要立即用 72%农用硫酸链霉素可湿性粉剂 14g/亩，兑水 45～50kg，进行喷雾防治。对于角斑病可以普喷一遍具有广谱性杀菌特点的波尔多液，既经济又有效。喷施时注意两点：一是必须严格按要求配制；二是波尔多液必须单独使用，不能与其他农药混用。

3. 成熟采收与烘烤

优化结构，因地制宜，并将废弃的烟叶整理出烟田。对基地烟农进行现场培训，教烟农根据叶色、主脉、茸毛、叶尖、成熟斑等变化特征来判断烟叶成熟与否。基地单元内烟叶采烤次数 5～7 次、每次采收叶片数 2～3 片。

在烤房设施方面：随着密集烘烤设备与技术的推广应用，目的基地单元主要采用密集烤房和普改密烤房，主要有气流上升和下降两种类型，装烟方式主要采用传统的编烟方式，部分烤中心采用烟夹方式。

在烘烤工艺方面：烟叶烘烤环节是整个烤烟种植产业链中最重要的环节之一，更是保障和提升烟叶质量重要的技术措施。采用三段式烘烤工艺，具体工艺流程如下。

（1）变黄期　　技术要领：稳住温度，调整湿度，控制烧火，延长时间，确保烟叶变黄、变软。基本操作：干球温度升到 35～36℃，干湿差 1～2℃，使底棚叶尖变黄 10～22cm。干球温度升至 37～38℃，湿球温度 35～36℃，使底棚叶片变黄，二棚叶片变黄 2/3，顶棚叶片变黄 1/3，干球升至 42～43℃，全房叶片变黄，叶片变软，支脉变白，达到手卷叶脉不断，手擦叶片不脆，无痕迹，展开后全片仍然鲜亮，此时湿球不超过 37～38℃，进入定色阶段。

（2）定色期　　技术要领：加大烧火，加强排湿，稳住湿球温度，逐渐升高干球温度。基本操作：干球温度每小时升温 0.5～1℃，升至 48～49℃稳温，湿球温度不超过 38℃，此期采用烧大火，开大进出风门，做到干湿球温度与当前烟叶变化所需要求相符。底棚叶片全干，二棚叶片干燥 2/3，顶棚叶片干燥 1/3 时，干球以每小时 1℃升至 50～53℃，湿球温度不超过 39℃，把全房叶片烤干，在全房叶片不完全干燥时（包括叶片的基部），千万不可进入干筋期，否则极易造成烫伤、热挂灰、蒸片等现象，致使烟叶品质严重下降。

（3）干筋期　　技术要领：控制干球温度，限定湿球温度，不断减小通风，适时停止烧火。基本操作：干球温度每小时 1℃，升至 58℃，湿球温度不超过 39℃，此时逐步缩小进出风门，同时进行控火，逐步减少加煤，使支脉全干，主脉干燥 1/3。干球温度每小时 1℃升至 63℃，湿球温度 41℃，使主脉只剩 15～20cm 未全干，干球每小时 1℃，升至 68℃，湿球温度 42～43℃，把全房烟叶主脉烤干，注意湿球温度不可超过 43℃。

停火后要根据环境条件把握好回潮时间，回潮时可以打开进出风门适当开启风机，注意不要回潮过度。使烟叶在烤房内回潮变软才能出炕，防止烟叶破碎。

二、生产技术培训要求

为了提高技术人员和烟农的烟叶生产技术水平，采取田间现场培训、技术专题讲座、印发技术资料等多种形式对示范区广大烟农、基层干部进行漂浮育苗、整地、配方施肥、移栽及中耕管理，病虫、草害综合防治，打顶抹杈和化学抑芽，成熟采收和科学烘烤，分级扎把技术等各个环节的培训，把烟叶标准化生产技术要领传授给烟农，在具体实施中进行技术人员的巡回指导，做好技术培训的详细记录，并适时进行考核。

第七章 湘西烟叶原料工业验证及评价

第一节 目的与意义

近年来，国内烟叶生产紧紧围绕"市场引导，计划种植，主攻质量，调整布局"的指导方针和"控制总量、提高质量、优化结构"的工作重点，把提高烟叶质量、适应市场需求作为工作重心来抓，烟叶质量得到明显提高，基本上满足了卷烟工业的需求。随着"大企业、大市场、大品牌"战略和烟叶资源配置方式改革的加速推进，卷烟市场的需求决定了烟叶品质风格特色的多样性，要求原料基地提供规模稳定、特色优质原料。但目前各烟区不仅在生产技术上趋同化，而且在生态优势条件利用方面不够，致使在烟叶质量风格特色定位上目标多变且不明确，使得部分产区的生态优势得不到充分发挥，不能有效保障中式卷烟特色优质原料的供应，不利于烟叶的持续、稳定发展。

烟叶风格特征与特定的生态环境因素、品种、栽培、烘烤、病虫害综合控制等密切相关。深入研究生态因子及品种、栽培、烘烤、病虫害综合控制等技术措施对烟叶生长与产量、质量的影响，能够为生产浓香型优质烟叶提供科学依据，从而能够选择适宜的生产区域、合理安排生产季节、结合适宜的农业生产技术措施，能够充分利用具有当地优势的光、温、水、热等生态资源生产出浓香型优质烟叶。

湘西地处武陵、雪峰山地，属亚热带山地季风湿润气候，具有冬暖夏凉、秋寒偏早的特点。植烟土壤主要为黄壤、红壤和紫色土，土壤有机质含量较高，pH适宜，是湖南烤烟的主要产区之一。常年种烟面积约30万亩，年产烟叶约100万担。烟叶颜色金黄—深黄，外观质量和物理特性较好，化学成分较为协调，但上部叶烟碱含量偏高。烟叶香气质量较好，烟气较细，吃味较好，配伍性和耐加工性好，适于做高档卷烟的主料烟叶使用，是中式卷烟的重要原料基地之一。但目前烟叶生产中存在布局不尽合理，片面追求产量，氮肥用量偏多、营养不够协调、肥料利用率较低，常年连作、土壤供肥性能不良、土壤改良措施不力，品种单一，烟苗素质差，种植密度偏小、烟株群体结构不合理、个体发育过于旺盛，烟田管理粗放，烟叶耐熟性差，烘烤技术落实不到位等技术问题，导致烤后烟叶成熟度不够，油分不足，上部烟叶结构紧密，烟碱和淀粉含量偏高，香气量不足，山地烟叶风格特色不突出，上部叶可用性差等问题，这制约了卷烟工业对湘西烟叶的进一步使用。因此，深入开展湘西山地特色优质烟叶的区域定位和风格差异特征研究，优化湘西山地特色优质烟叶主产区原料的区域布局；阐明湘西山地特色优质烟叶质量风格特色形成生态基础、物质基础及生态、品种、栽培、调制对风格特色的影响。研究解决制约湘西山地特色优质烟叶质量水平提高的关键技术问题；建立湘西山地特色优质烟区促进烟叶风格特色彰显的技术体系，实施湘西山地特色优质烟叶的规模性开发，增强湘西山地特色优质烟叶原料的供应能力和安全保障能力；促进中式卷烟持续、健康发展，实现卷烟上水平和"532""461"

（"532"是指品牌规模，即争取在未来 5 年或更长一段时间内，着力培育两个年产量在 500 万箱、3 个 300 万箱、5 个 200 万箱以上，定位清晰、风格特色突出，并且在国际市场有所突破的知名品牌。"461"是指品牌结构，既对一些规模型品牌需要提升结构提出了要求，又充分考虑到一些高档卷烟无法在短期上量的现实，着力培育 12 个销售收入超过 400 亿元的品牌，其中 6 个超过 600 亿元、1 个超过 1000 亿元）的战略提供原料保障。

通过湘西山地特色优质烟叶的风格定位、形成机理、彰显技术研究，形成规模开发，构建湘西山地特色优质烟叶核心技术，推进湖南烟叶品质特色化。其研究思路是通过湘西山地特色优质烟叶风格特性定位和形成的生态和物质机理研究，明确特色和机理，力求理论上有突破；通过品种挖掘与筛选、栽培技术、调制技术研究，明确彰显湘西山地特色优质烟叶风格特性的核心技术，寻求技术上创新；通过规模开发与利用研究，形成一定规模的特色优质烟叶开发示范基地，力求开发效益。

第二节　湘西山地特色烟质量特征和风格特色研究

一、湘西山地烟区烤烟质量特征与品质综合评价

烟叶质量是指烟叶的优劣，包括外观质量、物理特性、化学成分、感官质量、安全性等，是对烟叶各项法定或约定的质量指标检测结果的判别。优质烟叶和烟制品要求具有完美的外观特征、优良的内在品质、完善的物理特性、协调的化学成分、无毒无害的相对安全性。烟叶质量评价一直是烟草行业研究的热点和重点。烟叶质量综合评价是指对以多属性体系结构描述的对象系统做出全局性、整体性的评价。围绕烟叶质量评价方法和体系构建，科技工作者做了大量的研究工作。目前主要从烟叶的外观质量、物理特性、化学成分和感官质量 4 个方面进行评价。这 4 个方面各有一系列的评价指标，各方面质量评价指标的平衡协调程度决定烟叶的工业可用性。本研究主要对湘西山地烤烟外观质量、物理特性、化学成分、感官质量的区域特征进行分析，并对其进行综合评价，以明确湘西山地烤烟外观质量区域特征，为湘西山地特色优质烟叶开发及卷烟工业企业采购原料提供技术支撑。

（一）材料与方法

1. 样品收集

1）湘西山地烟区烤烟质量特征与品质综合评价的样品收集：依据烤烟生态适宜性、烟叶感官质量和综合品质等，选取湘西山地烟区烟叶风格特色鲜明、市场前景较好、生产优势明显或发展潜力较大的烟叶产区样品。一是重点考虑传统烟叶产地；二是重点考虑当前行业公认的典型产区；三是重点考虑选点的农业生态代表性；四是综合考虑取样点农业气候区划和土壤类型的代表性。

为保证研究项目的准确性和具有代表性，在烤烟移栽后定点选取 5 户可代表当地海拔和栽培模式的农户，由湖南省烟草公司湘西自治州公司负责质检的专家按照烤烟分级国家标准，每户分别抽取在上、中、下部位具有代表性的 B2F、C3F、X2F 三个等级的初烤烟

叶样品各 5kg。品种为各县种植面积最大的主栽品种,主要为'K326''云烟 87'。GPS
定位,记录取样点的海拔、地理坐标(经度、纬度)。每个样品需填写样品取样档案。

在湘西山地特色烟区永顺、龙山、凤凰、古丈、花垣、保靖、泸溪 7 县共取烟叶
样品 144 个。

2)不同海拔纬度湘西山地烟叶的感官特性分析的样品收集:根据张家界烟区海拔分
布状况,选择海拔为 1000m、600m、400m 的烟田作为取样点,每个取样点选择 3 个农户
的烟叶作为试验材料,供试品种为'K326'。

根据湘西自治州烟区海拔分布状况,选择海拔为 800m、600m、400m 的烟田作为取
样点,每个取样点选择 3 个农户的烟叶作为试验材料,供试品种为'云烟 87'。

根据湘西烟区纬度分布状况,分别在湘西自治州花垣(纬度 28°)、怀化芷江(纬度
27°)及靖州(纬度 26°)三个烟区,选择海拔在 400m 以下的烟田作为取样点,每个取样
点选择 3 个农户的烟叶作为试验材料,供试品种为'云烟 87'。

在以上各取样点选取初烤 C3F 烟叶 3kg。

2. 烟叶质量评价和测定方法

(1)外观质量量化评价方法

1)量化评价:以 GB2635—1992《烤烟国家标准》为基础,参照《中国烟叶质量白
皮书》,选择颜色、成熟度、叶片结构、身份、油分、色度等指标制定烟叶外观质量鉴定
打分标准(表 7-1)。各项外观质量指标统一最大标度分值为 10。对外观质量指标各档次
赋以不同分值,质量越好,分值越高。由中国烟草中南农业试验站聘请郑州烟草研究院、
湖南中烟工业有限责任公司、湖南省烟草专卖局等部门有关专家按照表 7-1 的评价标准,
对烤烟样品进行鉴评,并对上部烟叶和中部烟叶的外观主要特征进行定性描述。样品外观
质量鉴定前,平衡到含水率 16%~18%。烟叶分级专家,根据视觉和触角感受及相应的标
度分值对样品各单项外观质量指标逐项进行判断评分,以 0.5 分为计分单位。然后计算出
几何平均值作为该样品该项目的鉴定分值。

表 7-1　烤烟烟叶外观质量评价指标及评分标准

颜色	分数	成熟度	分数	叶片结构	分数	身份	分数	油分	分数	色度	分数
橘黄	7~10	完熟	8~10	疏松	7~10	中等	7~10	多	8~10	浓	8~10
柠檬黄	6~9	成熟	7~10	尚疏松	4~7	稍薄	4~7	有	5~8	强	6~8
红棕	5~8	尚熟	4~7	稍密	2~4	稍厚	4~7	稍有	3~5	中	4~6
微带青	3~8	欠熟	0~4	紧密	0~2	薄	0~4	少	0~3	弱	2~4
杂色	0~6	假熟	5~8			厚	0~4			淡	0~2

2)外观质量指数的计算:为更好地进行烟叶外观质量综合评价和对不同区域外观质
量比较研究,提出了外观质量指数作为综合评价指标。烟叶外观质量指数越高,其外观质
量越好。外观质量指数的计算方法如下。

采用专家咨询法和借鉴其他专家的建议,确定外观质量各评价指标的权重,颜色、成

熟度、叶片结构、身份、油分、色度等指标的权重分别为 0.20、0.30、0.16、0.12、0.12、0.10。依据下式计算烟叶样本的外观质量指数 AQI_i（appearance quality indexes）：

$$AQI_i = \sum_{j=1}^{6} \beta_j \times Y_{ij} \times 10 \quad (i = 1, 2, \cdots, 144)$$

式中，β_j 为外观质量评价指标的权重，Y_{ij} 为外观质量评价指标分值。

（2）物理性状检测及综合评价方法　　物理特性测定指标主要有长度、宽度、开片度、厚度、单叶重、叶质重、平衡含水率（吸湿性）、含梗率。在测定之前，首先平衡水分，在常温下，采用不同的相对湿度，调整送检烤烟样品含水量为 16%～18%。然后采用随机抽样法制备鉴定样品。当送检烤烟样品不足 50 片时，全部取为鉴定样品；当送检烤烟样品超过 50 片时，随机抽取 50 片作为鉴定样品。

1）叶片长度、厚度、开片度：叶片长度逐片测量，不足 1cm 按 1cm 计算，叶片长度的平均数为该样品的长度；叶片宽度逐片测量，不足 0.5cm 按 0.5cm 计算，叶片宽度的平均数为该样品的宽度。

$$开片度 = 叶宽/叶长$$

2）平衡含水率的测定：随机抽取 10 片烤烟，每叶沿主脉剪开成两个半叶，每片烤烟任取一个半叶，切成宽度不超过 5mm 的小片，在标准空气条件下（温度 22℃±1℃，相对湿度 60%±3%）平衡 7d。混匀后用已知干燥重量的样品盒称取试样 5～10g，计下称得的试样重量。去盖后放入 100℃±2℃ 的烘箱内，自温度回升至 100℃ 时算起，烘 2h，加盖，取出，放入干燥器内，冷却至室温，再称重。按下列公式计算烤烟含水率。

$$烤烟含水率(\%) = \frac{试样重量 - 烘后重量}{试样重量} \times 100$$

3）叶片厚度的测定：随机抽取 20 片含水率为 16.5%±0.5% 的烤烟，用电动厚度仪分别测量每片烤烟叶尖、叶中及叶基的厚度，以 30 个点的厚度平均值作为该样品的厚度。

4）单叶重、叶质重的测定：单叶重是指一片叶的重量。随机抽取 20 片平衡含水率后的烤烟，称取重量后，求得每片烤烟的重量（g/片）。

单位叶面积的重量（叶质重）：随机抽取 20 片平衡含水率后的烤烟，每片烤烟任取一个半叶，沿着半叶的叶尖、叶中及叶基部等距离取 5 个点，用圆形打孔器打 5 片直径为 15～20mm 的圆形小片，将 100 片圆形小片放入水分盒中，在 85℃ 条件下烘干致恒重后，冷却 30min 后称重，根据下式计算单位叶面积的重量。

$$叶质重(g/m^2) = \frac{烘后重量 - 水分盒重量}{50 \times \pi \times (D/2)^2}$$

5）含梗率的测定：随机抽取 20 片含水率为 16.5%±0.5% 的烤烟，抽梗，将烟片和烟梗放在标准空气条件下平衡水分 3～4d，然后用 1/100 天平分别称烟片和烟梗的重量，计算其含梗率。

$$含梗率(\%) = \frac{烟梗重量}{烟叶重量} \times 100$$

6）物理性状指数：烤烟物理性状测定指标的意义、量纲不同，且在数值上悬殊较大，直接分析与实际结果差异大，因而对物理性状的数据采用灰色局势决策中的效果测度方法进行无量纲处理。对开片度采用上限效果测度（模型为 $r_{ij} = u_{ij} / \max u_{ij}$，$u_{ij}$ 为局势的实际效果，$\max u_{ij}$ 为所有局势效果的最大值），含梗率采用下限效果测度（模型为 $r_{ij} = u_{ij} / \min u_{ij}$，$\min u_{ij}$ 为所有局势效果的最小值），单叶重、叶片厚度、叶质重和平衡含水率采用适中效果测度 [模型为 $r_{ij} = u_{i_0 j_0} / (u_{i_0 j_0} + |u_{ij} - u_{i_0 j_0}|)$，$u_{i_0 j_0}$ 为局势效果指定的适中值，本研究中为均值]。采用专家咨询法和借鉴其他专家的建议，确定物理性状各评价指标的权重，开片度、单叶重、叶片厚度、叶质重、含梗率、平衡含水率等指标的权重分别为 0.10、0.15、0.15、0.20、0.20、0.20。

依据下式计算烟叶样本的物理性状指数 PPI_i（physical properties index）。

$$PPI_i = \sum_{j=1}^{12} \beta_j \times r_{ij} \times 100 \quad (i = 1, 2, \cdots, 41)$$

式中，β_j 为物理性状评价指标的权重，r_{ij} 为物理性状评价指标标准化后的数值。

（3）化学成分检测及综合评价方法

1）化学成分检测：测定指标主要有烟碱、总氮、总糖、还原糖、淀粉、钾、氯等。烟叶中总糖、还原糖、烟碱、总氮、氯和淀粉的含量采用 SKALAR 间隔流动分析仪测定。钾含量采用火焰光度法测定。糖碱比为总糖与烟碱的比值，氮碱比为总氮与烟碱的比值，钾氯比为钾和氯的比值。

2）化学成分可用性指数：将总糖、还原糖、烟碱、总氮、氯、钾、糖碱比、氮碱比、钾氯比等主要化学成分指标作为评价湘西山地特色烟区烤烟化学成分可用性的因子，采用烟叶化学成分可用性指数（chemical components usability index，CCUI）进行评价。运用隶属函数模型与指数和法，按公式 $CCUI = \sum_{j=1}^{m} N_{ij} \times W_{ij}$ 计算烟叶化学成分可用性指数；式中 N_{ij} 和 W_{ij} 分别表示第 i 个样本、第 j 个指标的隶属度值和权重系数，其中 $0 < N_{ij} \leqslant 1$，$0 < W_{ij} \leqslant 1$，且满足 $\sum_{j=1}^{m} W_{ij} = 1$，$m$ 为化学成分指标的个数。

由于各参评指标的最适值范围不一致，运用模糊数学理论计算各质量指标的隶属度，使各参评指标的原始数据转换为 0.1～1 的数值，以消除量纲影响。常用于综合评价的隶属函数类型主要有 3 种：反 S 形、S 形和抛物线形。烤烟总糖、还原糖、总氮、烟碱、氯含量和氮碱比、糖碱比的隶属函数为抛物线形，函数表达式为

$$f(x) = \begin{cases} 0.1 & x < x_1; x > x_2 \\ 0.9(x - x_1) / (x_3 - x_1) + 0.1 & x_1 \leqslant x < x_3 \\ 1.0 & x_3 \leqslant x \leqslant x_4 \\ 1.0 - 0.9(x - x_4) / (x_2 - x_4) & x_4 < x \leqslant x_2 \end{cases}$$

烤烟钾含量和钾氯比的隶属函数为 S 形，函数表达式为

$$f(x) = \begin{cases} 1.0 & x \geqslant x_2 \\ 0.9(x-x_1)/(x_2-x_1)+0.1 & x_1 < x < x_2 \\ 0.1 & x \leqslant x_1 \end{cases}$$

式中，x 为各化学成分指标的实际值，x_1、x_2、x_3、x_4 分别代表各化学成分指标的下临界值、上临界值、最优值下限、最优值上限。

根据以往研究，结合湖南湘西山地烟区实际，确定各化学成分指标的隶属函数类型及转折点（表 7-2）。运用主成分分析法，提取累积贡献率≥90%的 3 个主成分，计算得到各化学成分指标的权重值（表 7-2）。

表 7-2 湘西山地烤烟化学成分指标的隶属函数类型、拐点和权重值

化学成分指标	总糖/%	还原糖/%	烟碱/%	总氮/%	氯/%	糖碱比	氮碱比	钾氯比	钾/%
函数类型	抛物线	抛物线	抛物线	抛物线	抛物线	抛物线	抛物线	抛物线	S
下临界值 x_1	10	10	1.0	1.1	0.1	3	0.2	2	1
最优值下限 x_3	20	19	2.0	1.8	0.3	8	0.7	4	
最优值上限 x_4	28	25	2.5	2.0	0.5	12	1.0	10	
上临界值 x_2	35	30	3.5	3.0	1.0	18	1.5	15	2.5
权重/%	12.86	12.19	13.74	8.82	8.74	13.83	11.06	12.56	6.17

（4）感官品质评价方法

1）感官品质评价组织：由中国烟草中南农业试验站和湖南农业大学邀请郑州烟草研究院、湖南省中烟工业有限责任公司技术研发中心 7 名评吸专家按照《烟叶质量风格特色感官评价方法（试用稿）》进行感官评吸。

2）感官品质评价指标及评分标度：感官品质评价，采用 0～5 等距标度评分法。感官品质特征指标包括香气特性、烟气特性和口感特性三部分。香气特性包括香气质、香气量、透发性和杂气。其中，杂气包括青杂气、生杂气、枯焦气、木质气、土腥气、松脂气、花粉气、药草气、金属气。烟气特性包括细腻程度、柔和程度和圆润感。口感特性包括刺激性、干燥感和余味。感官品质特征指标及评分标度见表 7-3。

表 7-3 品质特征指标及评分标度

指标		标度值		
		0～1	2～3	4～5
香气特性	香气质	差至较差	稍好至尚好	较好至好
	香气量	少至微有	稍有至尚足	较充足至充足
	透发性	沉闷至较沉闷	稍透发至尚透发	较透发至透发
	杂气	无至微有	稍有至有	较重至重

续表

指标		标度值		
		0～1	2～3	4～5
烟气特性	细腻程度	粗糙至较粗糙	稍细腻至尚细腻	较细腻至细腻
	柔和程度	生硬至较生硬	稍柔和至尚柔和	较柔和至柔和
	圆润感	毛糙至较毛糙	稍圆润至尚圆润	较圆润至圆润
口感特性	刺激性	无至微有	稍有至有	较大至大
	干燥感	无至弱	稍有至有	较强至强
	余味	不净不舒适至欠净欠舒适	稍净稍舒适至尚净尚舒适	较净较舒适至纯净舒适

3）感官质量指数计算：感官质量指数主要统计 5 个部分指标的分值，即香气特性、烟气特性、口感特性、烟气浓度、劲头。共计 12 个指标：香气质、香气量、透发性、杂气、细腻程度、柔和程度、圆润感、刺激性、干燥感、余味、烟气浓度、劲头。各指标采用专家评吸打分值作为量化分值，但杂气分值是经过处理的分值。杂气评价指标较多，共有 9 个，但在对湘西山地特色烟叶实际评价中各样品最多只有 4 个杂气指标，但大部分样品为 3 个杂气指标打分值。国内外主要烟区的杂气也是 3～4 种。由于采用效果测度模型对分值进行了标准化处理，因此将所有杂气指标分值相加，再利用下限效果测度模型进行标准化处理。

数据标准化。感官质量测定指标的意义不同，有些指标分值越大越好，有些指标分值越小越好，有些指标分值以适中值为好，直接将各指标分值相加进行分析与实际结果差异大，因而对感官质量评价指标的数据采用灰色局势决策中的效果测度方法进行标准化。对香气质、香气量、透发性、细腻程度、柔和程度、圆润感、余味、烟气浓度等指标采用上限效果测度（模型为 $r_{ij} = u_{ij} / \max u_{ij}$，$u_{ij}$ 为局势的实际效果，$\max u_{ij}$ 为所有局势效果的最大值），杂气、刺激性、干燥感等指标采用下限效果测度（模型为 $r_{ij} = \min u_{ij} / u_{ij}$，$\min u_{ij}$ 为所有局势效果的最小值），劲头指标采用适中效果测度（模型为 $r_{ij} = u_{i_0 j_0} / (u_{i_0 j_0} + |u_{ij} - u_{i_0 j_0}|)$，$u_{i_0 j_0}$ 为局势效果指定的适中值）。

权重确定。采用专家咨询法和借鉴其他专家的建议，确定感官质量各评价指标的权重，香气质、香气量、透发性、杂气、细腻程度、柔和程度、圆润感、刺激性、干燥感、余味、烟气浓度、劲头等指标的权重分别为 0.15、0.15、0.10、0.10、0.05、0.05、0.05、0.05、0.05、0.10、0.05、0.10。

依据下式计算烟叶样本的感观质量指数 SQI_i（smoking quality index）：

$$SQI_i = \sum_{j=1}^{12} \beta_j \times r_{ij} \times 100 \quad (i = 1, 2, \cdots, 41)$$

式中，β_j 为感观质量评价指标的权重，r_{ij} 为感观质量评价指标标准化后的数值。

（5）烟叶品质综合评价方法　　烤烟品质是由外观质量、化学成分、物理特性和内在质量 4 个部分组成。烟叶品质值应该也由以上 4 个方面所组成。在初步建立的烤烟外观质量、化学成分、物理特性和感官质量的评价体系的基础上，对于每一项评价指标，由于不同的品质因素对品质的贡献大小不同，应对其品质因素确定权重，计算出每一项品质的品质值。然后，将 4 项品质指标进行综合，就可得出烟叶品质指数（tobacco leaf quality index，TLQI）。参照《中国烟草种植区划》中的权重确定方法，四部分权重依次为 0.06、0.06、0.22、0.66，以指数和法评价烤烟综合品质（TLQI）。

3. 统计分析方法

以上各种数据处理借助于 Excel 2003、SPSS 12.0（Statistics Package for Social Science）统计分析软件和 DPS8.01 统计分析软件进行。采用 ArcGIS9 软件的地统计学分析模块（geostatistical analyst），以反距离加权法（inverse distance weighting，IDW）插值为基本工具，绘制烟叶质量指标空间分布图。

（二）结果与分析

1. 外观质量区域特征与综合评价

（1）主要外观质量指标的基本统计特征及变异分析　　144 个烤烟样品的主要外观质量指标的基本统计结果见表 7-4。变异系数、偏度系数和峰度系数可用来反映样本的变异幅度的大小、稳定度和集中趋势，并可用来进行指标间的比较。变异系数越大，变异幅度就大，稳定性就越差。从表 7-4 可看到，B2F 等级外观质量指标变异系数按大小排序是：身份＞色度＞叶片结构＞油分＞成熟度＞外观质量指数＞颜色。各指标的变异系数相对较小，属弱变异；其中，颜色的变异系数在 5% 以下。C3F 等级变异系数按大小排序是：叶片结构＞油分＞色度＞身份＞成熟度＞外观质量指数＞颜色。指标的变异系数相对较小，属弱变异；其中，颜色和外观质量指数的变异系数在 5% 以下。X2F 等级变异系数按大小排序是：油分＞色度＞身份＞外观质量指数＞成熟度＞颜色＞叶片结构。各指标的变异系数相对较小，属弱变异；其中，颜色、成熟度、外观质量指数的变异系数在 5% 以下。

偏度系数可用来比较样本值偏离中心状况。负偏度系数是一种左偏态分布，正偏度系数是一种右偏态分布，偏度系数的绝对值越大，样本值偏离中心越远。从表 7-4 看，B2F 等级，所有指标都是左偏态分布，且所有指标偏离中心不远（偏度系数的绝对值小于 2）。C3F 等级，除颜色指标是右偏态分布外，其余指标都是左偏态分布；所有指标偏离中心不远（偏度系数的绝对值小于 2）。X2F 等级，所有指标均是左偏态分布；除外观质量指数偏离中心较远（偏度系数的绝对值小于 2）外，其余指标都是偏离中心不远（偏度系数的绝对值小于 2）。

峰度系数可用来描述样本值是较均匀地分布，还是侧重出现在中心附近。一般峰度系数大于 3 者为高狭峰，数据分布比较集中；峰度系数小于 1 者为低阔峰，数据分布比较分散；峰度系数在 1～3 者为常态峰，数据分布较适中。从表 7-4 可看到，B2F 等级，身份是常态峰，数据分布较适中；其余指标都为低阔峰，样本数据分布比较分散。C3F 等级，油分是高狭峰，数据分布比较集中；成熟度是常态峰，数据分布较适中；其余指标都为低阔峰，样本数据分布比较分散。X2F 等级，外观质量指数是高狭峰，数据分布比较集中；

成熟度、叶片结构和色度是常态峰，数据分布较适中；其余指标都为低阔峰，样本数据分布比较分散。

表 7-4 湘西山地特色烤烟外观质量的基本统计特征

等级	统计量	颜色	成熟度	叶片结构	身份	油分	色度	外观质量指数
B2F	平均值	8.04	7.81	7.38	7.63	7.70	7.43	77.13
	最小值	7.33	6.50	6.00	6.50	6.33	6.33	67.70
	最大值	8.50	8.50	8.33	9.00	8.33	8.50	84.60
	全距	1.17	2.00	2.33	2.50	2.00	2.17	16.90
	偏度系数	−0.47	−0.66	−0.55	−0.10	−1.02	−0.29	−0.62
	峰度系数	−0.59	0.82	−0.23	−1.04	0.51	−0.69	−0.63
	变异系数/%	4.04	5.46	7.39	8.55	6.25	7.44	5.39
C3F	平均值	8.15	8.21	8.30	7.91	7.49	7.23	79.90
	最小值	7.50	7.33	7.00	6.83	5.67	6.17	70.80
	最大值	9.00	9.00	9.17	8.67	8.00	7.83	85.27
	全距	1.50	1.67	2.17	1.84	2.33	1.66	14.47
	偏度系数	0.16	−0.17	−0.57	−0.22	−1.58	−0.62	−0.57
	峰度系数	0.47	−1.00	−0.59	−0.44	3.83	0.07	−0.14
	变异系数/%	3.88	5.14	6.96	5.59	6.22	5.66	4.25
X2F	平均值	7.93	8.06	8.50	5.88	5.61	5.68	72.63
	最小值	7.17	7.00	7.50	4.83	4.50	4.00	50.77
	最大值	8.33	8.50	8.83	6.67	6.50	6.50	77.97
	全距	1.16	1.50	1.33	1.84	2.00	2.50	27.20
	偏度系数	−0.69	−1.45	−1.47	−0.09	−0.24	−1.11	−2.86
	峰度系数	0.06	2.39	2.33	−0.60	−0.59	1.96	12.30
	变异系数/%	3.92	4.35	3.67	7.24	9.11	8.70	6.07

（2）不同县烟叶外观质量比较 湘西山地烟区各县不同部位烤烟外观质量的平均值见表 7-5。

由表 7-5 可知，7 个主产烟县上部（B2F 等级）烟叶颜色分值平均在 7.75～8.29，按从高到低依次为：保靖县＞龙山县＞凤凰县＞古丈县＞永顺县＞花垣县＞泸溪县。方差分析结果表明，不同县之间差异达极显著水平（$F = 5.524$；sig. $= 0.000$），主要是保靖县和龙山县烟叶颜色分值极显著高于泸溪县。中部（C3F 等级）烟叶颜色分值平均在 7.84～8.50，按从高到低依次为：凤凰县＞龙山县＞保靖县＞古丈县＞花垣县＞永顺县＞泸溪县。方差分析结果表明，不同县之间差异达极显著水平（$F = 4.692$；sig. $= 0.001$），主要是凤凰县烟叶颜色分值极显著高于泸溪县。下部（X2F 等级）烟叶颜色分值平均在 7.50～8.29，按从高到低依次为：保靖县＞永顺县＞龙山县＞花垣县＞凤凰县＞古丈县＞泸溪县。方差分析结果表明，不同县之间差异达极显著水平（$F = 3.298$；sig. $= 0.010$），主要是保靖县和永顺县烟叶颜色分值高于古丈县、泸溪县。

由表 7-5 可知，7 个主产烟县上部（B2F 等级）烟叶成熟度分值平均在 7.31～8.13，按从高到低依次为：保靖县＞龙山县＞凤凰县＞永顺县＞古丈县＞泸溪县＞花垣县。方差分析结果表明，不同县之间差异达极显著水平（$F = 4.199$；sig. = 0.002），主要是保靖县和龙山县烟叶成熟度分值极显著高于花垣县。中部（C3F 等级）烟叶成熟度分值平均在 7.58～8.63，按从高到低依次为：凤凰县＞龙山县＞保靖县＞古丈县＞永顺县＞花垣县＞泸溪县。方差分析结果表明，不同县之间差异达极显著水平（$F = 11.157$；sig. = 0.000），主要是凤凰县烟叶成熟度分值极显著高于古丈县、永顺县、花垣县、泸溪县。下部（X2F 等级）烟叶成熟度分值平均在 7.34～8.38，按从高到低依次为：保靖县＞龙山县＞古丈县＞永顺县＞凤凰县＞花垣县＞泸溪县。方差分析结果表明，不同县之间差异达极显著水平（$F = 4.174$；sig. = 0.002），主要是泸溪县烟叶成熟度分值极显著低于其他各县。

由表 7-5 可知，7 个主产烟县上部（B2F 等级）烟叶叶片结构分值平均在 6.86～7.75，按从高到低依次为：保靖县 = 古丈县＞凤凰县＞龙山县＞泸溪县＞永顺县＞花垣县。方差分析结果表明，不同县之间差异达极显著水平（$F = 6.143$；sig. = 0.000），主要是保靖县、凤凰县和古丈县烟叶叶片结构分值极显著高于永顺县、花垣县。中部（C3F 等级）烟叶叶片结构分值平均在 7.39～8.88，按从高到低依次为：凤凰县＞龙山县＞古丈县＞永顺县＞保靖县＞泸溪县＞花垣县。方差分析结果表明，不同县之间差异达极显著水平（$F = 19.991$；sig. = 0.000），主要是凤凰县烟叶叶片结构分值极显著高于永顺县、保靖县、花垣县、泸溪县。下部（X2F 等级）烟叶叶片结构分值平均在 8.09～8.72，按从高到低依次为：龙山县＞保靖县＞古丈县＞凤凰县＞永顺县＞花垣县＞泸溪县。方差分析结果表明，不同县之间差异达极显著水平（$F = 5.912$；sig. = 0.000），主要是龙山县、保靖县和古丈县烟叶叶片结构分值极显著高于泸溪县。

由表 7-5 可知，7 个主产烟县上部（B2F 等级）烟叶身份分值平均在 6.93～8.25，按从高到低依次为：古丈县＞龙山县＞泸溪县＞保靖县＞凤凰县＞花垣县＞永顺县。方差分析结果表明，不同县之间差异达极显著水平（$F = 12.383$；sig. = 0.000），主要是古丈县、龙山县、泸溪县和保靖县烟叶身份分值极显著高于永顺县、花垣县。中部（C3F 等级）烟叶身份分值平均在 7.67～8.38，按从高到低依次为：保靖县＞花垣县＞龙山县＞凤凰县＞古丈县＞永顺县＞泸溪县。方差分析结果表明，不同县之间差异不显著（$F = 1.118$；sig. = 0.369）。下部（X2F 等级）烟叶身份分值平均在 5.59～6.29，按从高到低依次为：保靖县＞永顺县＞凤凰县＞花垣县＞龙山县＞古丈县＞泸溪县。方差分析结果表明，不同县之间差异达极显著水平（$F = 4.245$；sig. = 0.002），主要是保靖县烟叶身份分值极显著高于古丈县、泸溪县。

由表 7-5 可知，7 个主产烟县上部（B2F 等级）烟叶油分分值平均在 7.00～8.09，按从高到低依次为：保靖县＞古丈县＞凤凰县＞龙山县＞花垣县＞永顺县＞泸溪县。方差分析结果表明，不同县之间差异达极显著水平（$F = 7.112$；sig. = 0.000），主要是保靖县烟叶油分分值极显著高于永顺县、泸溪县。中部（C3F 等级）烟叶油分分值平均在 6.42～7.96，按从高到低依次为：凤凰县＞龙山县＞古丈县＞永顺县＞保靖县＞泸溪县＞花垣县。方差分析结果表明，不同县之间差异达极显著水平（$F = 8.765$；sig. = 0.000），主要是凤凰县烟叶油分分值极显著高于永顺县、保靖县、花垣县、泸溪县。下部（X2F 等级）

烟叶油分分值平均在 8.09～8.72，按从高到低依次为：保靖县＞凤凰县＞龙山县＞永顺县＞花垣县＞古丈县＞泸溪县。方差分析结果表明，不同县之间差异达极显著水平（$F = 4.149$；sig. $= 0.002$），主要是保靖县和凤凰县烟叶油分分值极显著高于花垣县、古丈县、泸溪县。

由表 7-5 可知，7 个主产烟县上部（B2F 等级）烟叶色度分值平均在 6.99～7.98，按从高到低依次为：龙山县＞保靖县＞古丈县＞凤凰县＞泸溪县＞花垣县＞永顺县。方差分析结果表明，不同县之间差异达极显著水平（$F = 9.337$；sig. $= 0.000$），主要是龙山县烟叶色度分值极显著高于泸溪县、花垣县、永顺县。中部（C3F 等级）烟叶色度分值平均在 6.75～7.59，按从高到低依次为：保靖县＞凤凰县＞龙山县＞花垣县＞永顺县＞古丈县＞泸溪县。方差分析结果表明，不同县之间差异达极显著水平（$F = 4.989$；sig. $= 0.001$），主要是保靖县和凤凰县烟叶色度分值极显著高于古丈县、泸溪县。下部（X2F 等级）烟叶色度分值平均在 4.75～5.96，按从高到低依次为：永顺县＞花垣县＞龙山县＞保靖县＞凤凰县＞古丈县＞泸溪县。方差分析结果表明，不同县之间差异不显著（$F = 2.269$；sig. $= 0.055$）。

表 7-5　湘西山地烟区各县烤烟外观质量

部位	烟区	颜色	成熟度	叶片结构	身份	油分	色度	外观质量指数
上部（B2F）	保靖县	8.29A	8.13A	7.75A	7.96A	8.09A	7.75AB	80.36A
	凤凰县	8.15AB	7.96AB	7.73A	7.96A	7.96AB	7.65ABC	79.28AB
	古丈县	7.96AB	7.63AB	7.75A	8.25A	8.00AB	7.42ABC	78.11ABC
	花垣县	7.81AB	7.31B	6.86B	7.03B	7.36BC	6.97C	72.74C
	龙山县	8.29A	8.06A	7.58AB	8.01A	7.96AB	7.96A	80.01A
	泸溪县	7.75B	7.50AB	7.42AB	8.00A	7.00C	7.08BC	74.95ABC
	永顺县	7.82AB	7.72AB	6.93B	6.93B	7.33BC	6.96C	73.97BC
中部（C3F）	保靖县	8.21AB	8.17ABC	7.88CD	8.38a	7.96A	7.59A	80.70ABC
	凤凰县	8.50A	8.63A	8.88A	7.86a	7.83A	7.58A	83.48A
	古丈县	8.04AB	8.09BCD	8.42ABC	7.84a	7.04B	6.79B	78.44BC
	花垣县	8.03AB	7.78CD	7.39D	8.06a	7.20B	7.14AB	76.65CD
	龙山县	8.24AB	8.53AB	8.69AB	7.90a	7.64AB	7.33AB	81.95B
	泸溪县	7.84B	7.58D	7.50D	7.67a	6.42C	6.75B	74.07D
	永顺县	7.95B	7.99CD	8.19BC	7.81a	7.43AB	7.04AB	78.28BC
下部（X2F）	保靖县	8.29A	8.38A	8.71A	6.29A	6.29A	5.63a	70.60a
	凤凰县	7.79ABC	7.98A	8.52AB	5.86AB	5.54ABC	5.60a	72.43a
	古丈县	7.75BC	8.13A	8.71A	5.59B	5.34BC	5.50a	72.41a
	花垣县	7.81ABC	7.86A	8.25AB	5.78AB	5.47BC	5.72a	71.62a
	龙山县	7.97ABC	8.25A	8.72A	5.64AB	5.46BC	5.65a	73.62a
	泸溪县	7.50C	7.34B	8.09B	5.59B	4.84C	4.75a	67.18a
	永顺县	8.06AB	8.03A	8.31SB	6.21AB	5.88AB	5.96a	73.94a

（3）烤烟外观质量综合评价　　外观质量综合评价采用外观质量指数。

由表 7-5 可知，7 个主产烟县上部（B2F 等级）烟叶外观质量指数平均在 72.74～80.36，按从高到低依次为：保靖县＞龙山县＞凤凰县＞古丈县＞泸溪县＞永顺县＞花垣县。方差分析结果表明，不同县之间差异达极显著水平（$F = 7.583$；sig. = 0.000），主要是保靖县和龙山县烟叶外观质量指数极显著高于花垣县、永顺县。

中部（C3F 等级）烟叶外观质量指数平均在 74.07～83.48，按从高到低依次为：凤凰县＞龙山县＞保靖县＞古丈县＞永顺县＞花垣县＞泸溪县。方差分析结果表明，不同县之间差异达极显著水平（$F = 10.457$；sig. = 0.000），主要是凤凰县、保靖县烟叶外观质量指数较高，泸溪县、花垣县烟叶外观质量指数相对较低。

下部（X2F 等级）烟叶外观质量指数平均在 67.18～73.94，按从高到低依次为：永顺县＞龙山县＞凤凰县＞古丈县＞花垣县＞保靖县＞泸溪县。方差分析结果表明，不同县之间差异不显著（$F = 0.985$；sig. = 0.448）。

（4）外观质量指数空间分布　　湘西山地烟区上部烤烟外观质量指数的空间分布有从西部向东部方向递减的分布趋势。在永顺县、泸溪县、花垣县各有一个低值区，在龙山县有一个高值区。以小于 80.0 分为主要分布区域，大于 80.0 分的分布区域面积很少。

湘西山地烟区中部烤烟外观质量指数的空间分布有从西部向东部方向递减的分布趋势。在龙山县、凤凰县、保靖县各有一个高值区，在永顺县、古丈县、泸溪县的各有一个低值区。以 78.0～79.0 为主要分布区域，其次是 77.0～78.0 的分布区域。

湘西山地烟区下部烤烟外观质量指数的空间分布有从西北部向东南部方向递减的分布趋势。在保靖县和龙山县是一大片高值区，在古丈县、泸溪县的交界处有一个低值区。以 73.0～74.0 为主要分布区域，其次是 72.0～73.0 的分布区域。

2. 湘西山地特色烟叶物理性状特性分析

（1）不同产地物理性状特征分析　　由表 7-6 可知，不同产地烟叶样本中烟叶厚度的标准差最大，其次为叶长，单位叶面积质量和去梗干物质重的标准差较小；含水率的变异系数最大，叶长和含梗率的变异系数最小；所有指标偏度值都较小，基本上符合正态分布。由此可见，不同产地反映烟叶形态的物理指标变化较大，而反映烟叶重量的物理指标变化较小。

表 7-6　不同产地烟叶物理指标分析结果

产地	叶长/cm	叶宽/cm	单叶重/g	含梗率/%	含水率/%	去梗干物质重/g	叶片厚度/μm	叶面积质量/(μg/cm²)
桑植县	71.70±2.22	26.52±1.10aA	12.34±0.94	34.51±0.94	18.98±0.72Aa	7.96±0.72	79.44±3.28Bb	7.07±0.43
凤凰县	69.23±1.10	22.67±0.38bB	9.92±0.39	36.11±0.70	14.01±0.81Bb	6.32±0.30	93.00±4.44Aa	6.79±0.23
靖州县	67.41±1.94	21.34±0.97bB	10.76±0.89	36.07±0.84	11.28±0.35Cc	6.91±0.63	96.67±1.86Aa	7.88±0.29
标准差	5.53	3.38	2.47	2.95	3.89	1.81	14.42	1.06

续表

产地	叶长/cm	叶宽/cm	单叶重/g	含梗率/%	含水率/%	去梗干物质重/g	叶片厚度/μm	叶面积质量/((μg/cm²)
偏度系数	0.195	0.742	0.628	0.568	0.273	0.809	0.328	0.546
变异系数/%	7.96	14.36	22.43	8.20	26.04	25.61	15.88	14.66
F 值	1.41	9.40**	2.49	1.20	35.37**	2.03	7.28**	1.06

注: F 表示联合假设检验或方差齐性检验; **表示显著性

　　不同产地烟叶的叶宽、叶厚和含水率存在极显著差异。其中桑植烟叶的叶宽和含水率显著大于凤凰和靖州烟叶，但凤凰和靖州烟叶的叶片厚度显著高于桑植烟叶。这说明湘西不同地理位置产地生态小气候差异可引起这3个烤烟产地烟叶的叶宽、叶厚及含水率发生敏感变化。

　　（2）不同海拔烟叶物理指标比较分析　　不同海拔高度烟叶物理指标中叶长的变异系数最小，去梗干物质重变异系数最大；单位面积质量标准差最小，叶片厚度标准差最大，其次是叶长，说明不同海拔使烟叶形态和重量的物理指标变化都较大（表7-7）。

　　不同海拔烟叶物理指标中的叶宽存在极显著差异，其余物理指标均差异不显著。海拔为1000～1100m烟叶宽度极显著高于海拔600～700m和800～900m烟叶宽度，这可能与1000m以上高海拔地区光照时数及昼夜温差较大有关。

表 7-7　不同海拔高度烤烟物理指标分析

海拔	叶长/cm	叶宽/cm	单叶重/g	含梗率/%	含水率/%	去梗干物质重/g	叶片厚度/μm	叶面积质量/((μg/cm²)
600～700m	71.70±0.78	22.27±1.55bB	12.34±1.02	35.62±1.55	18.98±0.72	7.96±0.78	79.44±0.36	7.07±0.47
800～900m	74.74±0.35	24.68±0.50aAB	12.43±0.87	35.55±0.76	17.87±0.50	8.03±0.59	85.00±0.35	7.16±0.32
1000～1100m	75.94±0.16	26.52±1.20aA	12.56±0.72	37.17±1.20	20.33±1.07	7.90±0.5	80.56±0.16	7.78±0.28
标准差	5.53	3.38	2.47	2.95	3.89	1.81	14.42	1.06
偏度系数	−0.544	0.938	−0.018	0.456	1.637	0.187	0.913	−0.286
变异系数/%	7.28	12.53	20.41	9.25	13.58	23.06	11.12	15.51
F 值	1.72	7.86**	0.02	0.63	2.28	0.01	1.34	1.31

注: F 表示联合假设检验或方差齐性检验; **表示显著性

　　（3）物理特性区域特征与综合评价

　　1）主要物理性状的基本统计特征及变异分析：144个烤烟样品的主要物理性状的基本统计结果见表7-8。变异系数、偏度系数和峰度系数可用来反映样本的变异幅度的大小、稳定度和集中趋势，并可用来进行指标间的比较。变异系数越大，变异幅度就越大，稳定性就越差。从表7-8可看到，B2F等级变异系数按大小排序是：单叶重＞叶质重＞叶片厚度＞平衡含水率＞叶宽＞开片度＞含梗率＞叶长。其中，含梗率和叶长的变异系数较小，在10%以下，属弱变异；其他指标的变异系数相对较大，属中等强度变异。C3F等级变异系数按大小排序是：叶片厚度＞叶质重＞单叶重＞开片度＞叶宽＞含梗率＞平衡含水率＞叶长。其中，含梗率、平衡含水率和叶长的变异系数较小，在 10%以下，属弱变异；其他指标的变异系数相对较大，属中等强度变异。X2F 等级变异系数按大小排序是：单叶重＞叶质重＞叶片厚度＞开片度＞叶宽＞含梗率＞叶长＞平衡含水率。其中，含梗率、叶长和平衡含水率的变异系数较小，在 10%以下，属弱变异；其他指标的变异系数相对较大，属中等强度变异。

表 7-8　湘西山地烟区烤烟物理性状的基本统计特征

等级	统计量	叶长/cm	叶宽/cm	开片度	单叶重/g	含梗率/%	叶片厚度/μm	叶质重/(g/m²)	平衡含水率/%	物理性状指数
B2F	平均值	65.32	20.11	0.31	12.89	31.07	126.05	90.41	15.81	77.80
	最小值	52.98	16.80	0.26	5.70	25.10	75.50	47.02	10.50	67.84
	最大值	72.00	30.23	0.42	24.70	38.07	165.50	181.80	20.30	83.34
	全距	19.02	13.43	0.16	19.00	12.97	90.00	134.78	9.80	15.50
	偏度系数	−0.62	1.99	1.70	0.77	0.08	−0.67	1.36	−0.23	−1.27
	峰度系数	0.20	7.16	3.84	3.83	0.64	0.07	7.51	1.23	1.50
	变异系数/%	6.45	11.36	10.41	24.71	8.64	17.29	22.92	11.86	4.64
C3F	平均值	66.41	22.53	0.34	10.14	33.54	92.36	67.12	16.26	87.00
	最小值	52.59	17.80	0.28	6.20	27.70	62.50	39.40	11.30	76.89
	最大值	73.76	29.48	0.45	14.50	40.80	140.50	106.60	19.40	92.15
	全距	21.17	11.68	0.17	8.30	13.10	78.00	67.20	8.10	15.26
	偏度系数	−0.69	0.53	0.87	0.46	0.20	0.46	0.62	−0.84	−0.73
	峰度系数	0.93	0.28	0.40	0.66	−0.55	−0.57	0.49	5.10	1.02
	变异系数/%	6.51	11.17	11.95	16.43	9.75	20.20	19.62	7.61	3.60
X2F	平均值	60.12	22.02	0.37	7.86	33.15	82.35	59.80	16.68	72.91
	最小值	51.55	14.94	0.24	5.30	27.90	61.50	39.83	14.30	58.64
	最大值	71.60	26.93	0.44	14.80	39.50	144.50	121.10	20.55	81.18
	全距	20.05	11.99	0.20	9.50	11.60	83.00	81.27	6.25	22.53
	偏度系数	0.44	−0.74	−0.81	1.69	0.12	1.81	1.94	1.00	−1.29
	峰度系数	0.06	0.83	−0.11	2.91	−0.38	3.14	4.36	2.75	1.89
	变异系数/%	7.55	11.86	12.93	28.04	8.14	22.17	27.42	6.35	6.91

偏度系数可用来比较样本值偏离中心状况。负偏度系数是一种左偏态分布，正偏度系数是一种右偏态分布，偏度系数的绝对值越大，样本值偏离中心越远。从表 7-8 可看到，B2F 等级，除叶长、叶片厚度和平衡含水率是左偏态分布外，其余指标都是右偏态分布。所有指标偏离中心不远（偏度系数的绝对值小于 2）。C3F 等级，除叶长和平衡含水率是

左偏态分布外，其余指标都是右偏态分布。所有指标偏离中心不远（偏度系数的绝对值小于 2）。X2F 等级，除叶宽和开片度是左偏态分布外，其余指标都是右偏态分布。所有指标偏离中心不远（偏度系数的绝对值小于 2）。

峰度系数可用来描述样本值是较均匀地分布，还是侧重出现在中心附近。一般峰度系数大于 3 者为高狭峰，数据分布比较集中；峰度系数小于 1 者为低阔峰，数据分布比较分散；峰度系数在 1～3 者为常态峰，数据分布较适中。从表 7-8 可看到，B2F 等级，叶宽、开片度、单叶重和叶质重是高狭峰，数据分布比较集中；平衡含水率是常态峰，数据分布较适中；其余指标都为低阔峰，样本数据分布比较分散。C3F 等级，平衡含水率是高狭峰，数据分布比较集中；其余指标都为低阔峰，样本数据分布比较分散。X2F 等级，叶片厚度和叶质重是高狭峰，数据分布比较集中；单叶重和平衡含水率是常态峰，数据分布较适中；其余指标都为低阔峰，样本数据分布比较分散。

2）不同县烟叶物理性状比较：湘西山地烟区各县不同部位烤烟物理性状的平均值见表 7-9。

由表 7-9 可知，7 个主产烟县上部（B2F 等级）烟叶长度平均在 64.40～66.71cm，按从高到低依次为：保靖县＞凤凰县＞永顺县＞龙山县＞古丈县＞泸溪县＞花垣县。方差分析结果表明，不同县之间差异不显著（$F = 0.269$；sig. = 0.948）。中部（C3F 等级）烟叶长度平均在 60.14～69.42cm，按从高到低依次为：凤凰县＞古丈县＞永顺县＞龙山县＞花垣县＞泸溪县＞保靖县。方差分析结果表明，不同县之间差异达极显著水平（$F = 4.150$；sig. = 0.002），主要是凤凰县烟叶相对较长，泸溪县和保靖县烟叶相对较短。下部（X2F 等级）烟叶长度平均在 56.81～66.17cm，按从高到低依次为：保靖县＞泸溪县＞古丈县＞龙山县＞凤凰县＞永顺县＞花垣县。方差分析结果表明，不同县之间差异达显著水平（$F = 2.593$；sig. = 0.032），主要是保靖县烟叶相对较长，凤凰县烟叶相对较短。

由表 7-9 可知，7 个主产烟县上部（B2F 等级）烟叶宽度平均在 18.69～23.17cm，按从高到低依次为：保靖县＞龙山县＞凤凰县＞古丈县＞花垣县＞泸溪县＞永顺县。方差分析结果表明，不同县之间差异达极显著水平（$F = 3.357$；sig. = 0.009），主要保靖县烟叶相对较宽，永顺县、泸溪县和花垣县烟叶相对要窄。中部（C3F 等级）烟叶宽度平均在 19.76～24.90cm，按从高到低依次为：保靖县＞凤凰县＞古丈县＞龙山县＞永顺县＞花垣县＞泸溪县。方差分析结果表明，不同县之间差异达极显著水平（$F = 4.702$；sig. = 0.001），主要是保靖县和凤凰县烟叶相对较宽，泸溪县和花垣县烟叶相对较窄。下部（X2F 等级）烟叶宽度平均在 20.23～24.80cm，按从高到低依次为：古丈县＞花垣县＞泸溪县＞凤凰县＞龙山县＞保靖县＞永顺县。方差分析结果表明，不同县之间差异不显著（$F = 1.549$；sig. = 0.187）。

由表 7-9 可知，7 个主产烟县上部（B2F 等级）烟叶开片度平均在 0.29～0.35，按从高到低依次为：保靖县＞龙山县＞凤凰县＞古丈县 = 花垣县 = 泸溪县＞永顺县。方差分析结果表明，不同县之间差异达极显著水平（$F = 2.621$；sig. = 0.030），保靖县、龙山县和凤凰县烟叶开片度相对要好，永顺县、泸溪县、花垣县和古丈县烟叶开片度相对要差。中部（C3F 等级）烟叶开片度平均在 0.31～0.42，按从高到低依次为：保靖县＞凤凰县＞

古丈县＞龙山县＞永顺县＝泸溪县＞花垣县。方差分析结果表明，不同县之间差异达极显著水平（F = 6.009；sig. = 0.000），主要是保靖县烟叶开片度相对要好，而其他各县差异不显著。下部（X2F 等级）烟叶开片度平均在 0.31～0.41，按从高到低依次为：古丈县＞花垣县＞凤凰县＞龙山县＞永顺县＞泸溪县＞保靖县。方差分析结果表明，不同县之间差异达显著水平（F = 2.902；sig. = 0.019），主要是保靖县烟叶开片度相对要差，而其他各县差异不显著。

由表 7-9 可知，7 个主产烟县上部（B2F 等级）烟叶单叶重平均在 10.23～16.58g，按从高到低依次为：凤凰县＞永顺县＞花垣县＞古丈县＞龙山县＞泸溪县＞保靖县。方差分析结果表明，不同县之间差异达极显著水平（F = 3.902；sig. = 0.004），凤凰县烟叶相对较重，泸溪县和保靖县烟叶厚度相对要轻，比较适宜。中部（C3F 等级）烟叶单叶重平均在 8.78～10.76g，按从高到低依次为：龙山县＞古丈县＞凤凰县＞花垣县＞永顺县＞泸溪县＞保靖县。方差分析结果表明，不同县之间差异不显著（F = 1.137；sig. = 0.359）。下部（X2F 等级）烟叶单叶重平均在 0.31～0.41，按从高到低依次为：保靖县＞泸溪县＞龙山县＞古丈县＞永顺县＞凤凰县＞花垣县。方差分析结果表明，不同县之间差异达极显著水平（F = 8.403；sig. = 0.000），主要是保靖县和泸溪县烟叶单叶重相对要重，而其他各县差异不显著。

由表 7-9 可知，7 个主产烟县上部（B2F 等级）烟叶含梗率平均在 29.85%～34.50%，按从高到低依次为：保靖县＞花垣县＞古丈县＞龙山县＞泸溪县＞凤凰县＞永顺县。方差分析结果表明，不同县之间差异达显著水平（F = 2.554；sig. = 0.034），保靖县烟叶含梗率相对较高，泸溪县、凤凰县和永顺县烟叶含梗率相对要小。中部（C3F 等级）烟叶含梗率平均在 31.03%～36.70%，按从高到低依次为：凤凰县＞古丈县＞永顺县＞泸溪县＞龙山县＞保靖县＞花垣县。方差分析结果表明，不同县之间差异达显著水平（F = 2.911；sig. = 0.019），主要是凤凰县烟叶含梗率相对较高，保靖县和花垣县烟叶含梗率相对较低。下部（X2F 等级）烟叶含梗率平均在 31.30%～36.26%，按从高到低依次为：凤凰县＞古丈县＞泸溪县＞永顺县＞龙山县＞保靖县＞花垣县。方差分析结果表明，不同县之间差异达极显著水平（F = 3.960；sig. = 0.003），主要是凤凰县烟叶含梗率相对要高，而保靖县和花垣县烟叶含梗率相对要低。

由表 7-9 可知，7 个主产烟县上部（B2F 等级）烟叶厚度平均在 95.38～140.13μm，按从高到低依次为：永顺县＞凤凰县＞泸溪县＞古丈县＞花垣县＞龙山县＞保靖县。方差分析结果表明，不同县之间差异达显著水平（F = 4.377；sig. = 0.002），主要保靖县烟叶厚度相对较薄，泸溪县、凤凰县和永顺县烟叶厚度相对要厚。中部（C3F 等级）烟叶厚度平均在 74.75～108.00μm，按从高到低依次为：花垣县＞泸溪县＞龙山县＞永顺县＞古丈县＞凤凰县＞保靖县。方差分析结果表明，不同县之间差异达极显著水平（F = 3.302；sig. = 0.010），主要是花垣县和泸溪县烟叶厚度相对较厚，保靖县烟叶厚度相对较薄。下部（X2F 等级）烟叶厚度平均在 69.81～117.88μm，按从高到低依次为：保靖县＞泸溪县＞永顺县＞龙山县＞花垣县＞古丈县＞凤凰县。方差分析结果表明，不同县之间差异达极显著水平（F = 6.756；sig. = 0.000），主要是保靖县和泸溪县烟叶厚度相对要厚，而凤凰县、古丈县、花垣县和龙山县烟叶厚度相对要薄。

表 7-9 湘西山地烟区各县烤烟物理性状

部位	烟区	叶长/cm	叶宽/cm	开片度	单叶重/g	含梗率/%	叶片厚度/μm	叶质重/(g/m²)	平衡含水率/%	物理性状指数
上部（B2F）	保靖县	66.71a	23.17A	0.35a	10.23B	34.50a	95.38B	66.71a	14.91ab	73.89
	凤凰县	66.66a	20.70AB	0.31ab	16.58A	30.06b	135.56A	96.25a	15.39a	78.68
	古丈县	64.78a	19.68AB	0.30b	12.18AB	32.00ab	128.13AB	88.03a	15.23a	79.11
	花垣县	64.40a	19.22B	0.30b	12.32AB	32.34ab	124.75AB	91.23a	15.00ab	78.81
	龙山县	64.99a	20.91AB	0.32ab	11.68AB	30.65b	114.29AB	87.49a	16.90a	76.82
	泸溪县	64.60a	18.85B	0.30b	10.55B	32.46ab	135.25A	76.65a	12.80b	77.74
	永顺县	65.05a	18.69B	0.29b	13.46AB	29.85b	140.13A	100.01a	16.41a	78.57
中部（C3F）	保靖县	60.14C	24.90A	0.42A	8.78a	31.75b	74.75B	56.05b	16.55a	88.33
	凤凰县	69.42A	24.72A	0.36B	10.55a	36.70a	77.44AB	59.95b	16.26a	86.69
	古丈县	68.60B	23.54AB	0.35B	10.60a	34.25ab	89.13AB	62.73ab	16.03a	87.52
	花垣县	64.98ABC	20.18B	0.31B	10.10a	31.03b	108.00A	79.68a	16.13a	86.44
	龙山县	66.01ABC	22.40AB	0.34B	10.76a	32.51ab	97.33AB	72.61ab	16.63a	87.45
	泸溪县	61.48BC	19.76B	0.32B	9.00a	33.05ab	107.75A	68.60ab	14.45a	86.74
	永顺县	67.69AB	21.71AB	0.32B	9.76a	34.16ab	93.92AB	65.03ab	16.22a	86.46
下部（X2F）	保靖县	66.17a	20.23a	0.31a	12.33A	31.74B	117.88A	93.09A	15.90a	64.07
	凤凰县	59.63bc	22.48a	0.38a	6.97B	36.26A	69.81C	47.36C	16.75a	71.88
	古丈县	60.25bc	24.80a	0.41a	7.53B	34.43AB	74.13C	48.14C	16.00a	73.71
	花垣县	56.81c	22.63a	0.40a	6.63B	31.30B	78.58C	57.02BC	16.55a	76.54
	龙山县	59.82bc	21.96a	0.37a	7.73B	32.48AB	80.21C	57.61BC	16.91a	74.18
	泸溪县	64.96ab	22.57a	0.35ab	11.40A	34.36AB	105.50AB	77.71AB	15.83a	67.13
	永顺县	59.54bc	21.06a	0.36ab	7.22B	32.51AB	81.79BC	61.47BC	17.14a	74.16

由表 7-9 可知，7 个主产烟县上部（B2F 等级）烟叶叶质重平均在 66.71～100.01g/m²，按从高到低依次为：永顺县＞凤凰县＞花垣县＞古丈县＞龙山县＞泸溪县＞保靖县。方差分析结果表明，不同县之间差异不显著（$F = 1.759$；sig. $= 0.132$）。中部（C3F 等级）烟叶叶质重平均在 56.05～79.68g/m²，按从高到低依次为：花垣县＞龙山县＞泸溪县＞永顺县＞古丈县＞凤凰县＞保靖县。方差分析结果表明，不同县之间差异达显著水平（$F = 2.758$；sig. $= 0.024$），主要是花垣县烟叶叶质重相对较大，保靖县和凤凰县烟叶叶质重相对较小。下部（X2F 等级）烟叶叶质重平均在 47.36～93.09g/m²，按从高到低依次为：保靖县＞泸溪县＞永顺县＞龙山县＞花垣县＞古丈县＞凤凰县。方差分析结果表明，不同县之间差异达极显著水平（$F = 8.469$；sig. $= 0.000$），主要是保靖县和泸溪县烟叶叶质重相对要大，而凤凰县和古丈县烟叶叶质重相对要小。

由表 7-9 可知，7 个主产烟县上部（B2F 等级）烟叶平衡含水率平均在 12.80%～16.90%，按从高到低依次为：龙山县＞永顺县＞凤凰县＞古丈县＞花垣县＞保靖县＞泸溪县。方差分析结果表明，不同县之间差异达显著水平（$F=2.682$；sig. $=0.027$），主要是龙山县、永顺县和凤凰县烟叶平衡含水率相对较大，泸溪县烟叶平衡含水率相对较小。中部（C3F等级）烟叶平衡含水率平均在 $14.45\% \sim 16.63\%$，按从高到低依次为：龙山县＞保靖县＞凤凰县＞永顺县＞花垣县＞古丈县＞泸溪县。方差分析结果表明，不同县之间差异不显著（$F=0.965$；sig. $=0.561$）。下部（X2F等级）烟叶平衡含水率平均在 $15.83\% \sim 17.14\%$，按从高到低依次为：永顺县＞龙山县＞凤凰县＞花垣县＞古丈县＞保靖县＞泸溪县。方差分析结果表明，不同县之间差异不显著（$F=1.409$；sig. $=0.235$）。

（4）烤烟物理特性综合评价　　由表 7-9 可知，7 个主产烟县上部（B2F 等级）烟叶物理特性指数平均在 $73.89 \sim 79.11$，按从高到低依次为：古丈县＞花垣县＞凤凰县＞永顺县＞泸溪县＞龙山县＞保靖县。方差分析结果表明，不同县之间差异不显著（$F=1.313$；sig. $=0.273$）。

中部（C3F 等级）烟叶物理特性指数平均在 $86.44 \sim 88.33$，按从高到低依次为：保靖县＞古丈县＞龙山县＞泸溪县＞凤凰县＞永顺县＞花垣县。方差分析结果表明，不同县之间差异不显著（$F=0.259$；sig. $=0.953$）。

下部（X2F 等级）烟叶物理特性指数平均在 $64.07 \sim 76.54$，按从高到低依次为：花垣县＞龙山县＞永顺县＞古丈县＞凤凰县＞泸溪县＞保靖县。方差分析结果表明，不同县之间差异极显著（$F=5.070$；sig. $=0.001$）。

3. 湘西山地特色烟叶化学成分分析

（1）不同产地烟叶常规化学成分比较分析

1）不同产地烟叶常规化学成分比较分析：除钾和氯的偏度系数值偏大外，其他指标的偏度值都较小，基本上符合正态分布。不同产地烟叶常规化学成分和品质指标中，钾含量和两糖差存在极显著差异，总糖、氯离子和钾氯比存在显著差异。其中靖州县的烟叶钾、氯和钾氯比最高，其次为桑植县的烟叶，凤凰县的烟叶钾、氯和钾氯比最低。这说明 3 个不同产地土壤钾和氯含量或所施肥料中钾和氯的用量存在差异（表 7-10）。

表 7-10　不同产地烤后烟叶常规化学成分比较分析

产地	总糖/%	还原糖/%	总氮/%	烟碱/%	钾/%	氯/%	糖碱比	两糖差	氮碱比	钾氯比
桑植县	21.48 ±2.05b	18.38 ±1.52	2.44 ±0.19	2.66 ±0.34	2.13 ±0.05aAB	0.58 ±0.08ab	9.55 ±1.77	3.10 ±0.7bB	0.98 ±0.08	0.58 ±0.08ab
凤凰县	22.79 ±0.74b	20.72 ±0.74	2.64 ±0.07	2.96 ±0.20	1.85 ±0.11bB	0.50 ±0.04b	3.10 ±0.77	2.07 ±0.20bB	0.94 ±0.09	0.50 ±0.04b
靖州县	27.20 ±0.64a	19.72 ±0.54	2.58 ±0.11	2.49 ±0.08	2.33 ±0.05aA	0.83 ±0.13a	10.98 ±0.39	7.48 ±0.40aA	1.04 ±0.06	0.83 ±0.13a
标准差	4.59	3.16	0.39	0.71	0.29	0.30	3.48	2.76	0.23	1.61
偏度系数	0.278	−0.388	0.007	0.555	−1.200	2.897	0.911	0.704	0.775	0.439
变异系数/%	19.35	16.10	15.21	26.25	14.03	47.32	36.47	45.43	23.41	41.34
F 值	5.22*	1.3	0.58	1.03	10.74**	3.81*	1.59	36.17**	0.42	3.81*

注：F 表示联合假设检验或方差齐性检验；*和**表示显著性

2）不同产地烟叶香气前体物比较分析：不同产地烟叶主要香气前体物含量存在明显差异，并且 β-胡萝卜素、叶黄素和芸香苷含量的差异均达到极显著水平，而 3 个不同产地烟叶的绿原酸含量差异不显著。其中桑植和凤凰产地烟叶中 β-胡萝卜素、叶黄素和芸香苷含量均高于靖州烟叶。β-胡萝卜素、叶黄素和芸香苷是与烟叶光合作用密切相关的成分，其含量高低与烟叶种植区域的海拔及光照强度有关。本试验中桑植和凤凰两地海拔略高于靖州，温度及光照强度的差异可能是导致烟叶中 β-胡萝卜素、叶黄素和芸香苷含量变化的主要原因。

（2）不同海拔烟叶化学成分比较分析

1）不同海拔烟叶常规化学成分比较分析（表 7-11）：不同海拔产地烟叶糖碱比变异系数最大，其差异主要是由不同海拔产地烟叶烟碱含量变化大所致。

不同海拔烟叶的烟碱、糖碱比、两糖差和氮碱比指标的差异达到了极显著水平，总氮含量差异达显著水平，不同海拔烟叶总糖、还原糖、钾和氯含量的差异均不显著。受昼夜温差的影响，海拔 1000～1100m 产地烟叶总氮和烟碱含量较海拔 600～700m 和 800～900m 产地烟叶低，这种低碱特征导致海拔 1000～1100m 产地烟叶的糖碱比和氮碱比极显著高于海拔 600～700m 烟叶。海拔 600～700m 产地烟叶的两糖差极显著大于海拔 800～900m 和 1000～1100m 烟叶，但两糖差值小于 5%，这说明烟叶采收成熟度与烘烤均正常。因此，600～700m 产区烟叶两糖差高可能与低海拔烟叶细胞壁基质多糖含量偏高有关。

表 7-11 不同海拔烟叶常规化学成分比较分析

海拔	总糖/%	还原糖/%	总氮/%	烟碱/%	钾/%	氯/%	两糖差	糖碱比	氮碱比	钾氯比
600～700m	19.28 ±0.78	18.38 ±1.74	2.93 ±0.11a	3.78 ±0.23Aa	2.13 ±0.05	0.58 ±0.08	3.10 ±1.82Aa	5.68 ±0.43Bb	0.92 ±0.69Aa	4.24 ±0.08
800～900m	20.79 ±0.58	18.04 ±0.74	2.52 ±0.14ab	3.63 ±0.12Aa	2.13 ±0.08	0.50 ±0.06	1.24 ±0.43Bb	5.31 ±0.17ABb	0.69 ±0.07Bb	4.55 ±0.06
1000～1100m	21.48 ±2.23	19.25 ±0.54	2.44 ±0.18b	2.66 ±0.35Bb	2.00 ±0.09	0.52 ±0.09	1.54 ±0.17Bb	7.82 ±1.82Aa	0.78 ±0.14ABb	4.36 ±0.04
标准差	4.59	3.16	0.39	0.71	0.29	0.30	3.48	2.76	0.23	1.61
偏度系数	2.26	0.93	−0.442	0.555	0.755	2.897	3.081	3.668	1.103	2.365
变异系数/%	18.75	19.12	26.72	26.25	42.79	47.32	57.91	73.06	29.84	51.89
F 值	0.75	0.37	3.19*	6.55**	1.46	0.28	5.93**	5.04**	6.06**	0.04

注：F 表示联合假设检验或方差齐性检验；*和**表示显著性

2）不同海拔烟叶香气前体物比较分析（表 7-12）：不同海拔烟叶的类胡萝卜素和多酚含量均存在极显著差异。其中海拔 600～700m 烟叶的 β 胡萝卜素和绿原酸含量极显著高于海拔 800～900m 和 1000～1100m 烟叶，叶黄素含量极显著高于海拔 800～900m 烟叶，芸香苷含量极显著高于海拔 1000～1100m 烟叶。这一研究结果表明，在地理位置靠近、光照强度差异不大的产地，烟叶中的 β 胡萝卜素和绿原酸含量不一定与海拔呈正比，这一研究结果与前人有所不同。

表7-12　不同海拔烟叶香气前体物比较分析

海拔	β-胡萝卜素/(μg/g)	叶黄素/(μg/g)	绿原酸/(mg/g)	芸香苷/(mg/g)
600~700m	93.01±1.42Aa	105.29±1.38Aa	11.66±0.65Aa	9.47±0.2Aa
800~900m	74.76±0.94Bb	84.79±1.00Bb	10.99±0.18Bb	8.55±0.4Aab
1000~1100m	73.07±1.14Bb	90.71±0.93ABb	9.32±0.26Bb	7.95±0.52Bb
标准差	14.40	13.37	1.50	1.27
偏度系数	0.571	0.609	0.967	−0.228
变异系数/%	17.93	14.28	14.08	14.72
F 值	8.29**	9.10**	9.70**	4.02**

注：F 表示联合假设检验或方差齐性检验；**表示显著性

（3）化学成分区域特征及综合评价

1）主要化学成分的基本统计特征及变异分析：144 个烤烟样品的主要化学成分的基本统计结果见表 7-13。变异系数、偏度系数和峰度系数可用来反映样本的变异幅度的大小、稳定度和集中趋势，并可用来进行指标间的比较。变异系数越大，变异幅度就大，稳定性就越差。从表 7-13 可看到，B2F 等级变异系数按大小排序是：氯＞钾氯比＞糖碱比＞烟碱＞氮碱比＞还原糖＞总糖＞钾＞总氮。其中，总氮的变异系数较小，在 10% 以下，属弱变异；氯的变异系数最大，在 50% 以上，属强变异；其他指标的变异系数相对较大，属中等强度变异。C3F 等级和 X2F 等级变异系数按大小排序是：氯＞钾氯比＞糖碱比＞氮碱比＞烟碱＞钾＞还原糖＞总糖＞总氮。其中，总氮的变异系数较小，氯的变异系数最大，总氮、总糖和还原糖的变异系数在 10% 以下，属弱变异；其他指标的变异系数相对较大，属中等强度变异。

偏度系数可用来比较样本值偏离中心状况。负偏度系数是一种左偏态分布，正偏度系数是一种右偏态分布，偏度系数的绝对值越大，样本值偏离中心越远。从表 7-13 可看到，B2F 等级，除烟碱是左偏态分布外，其余指标都是右偏态分布，所有指标偏离中心不远（偏度系数的绝对值小于 2）。C3F 等级，除总糖和还原糖是左偏态分布外，其余指标都是右偏态分布，所有指标偏离中心不远（偏度系数的绝对值小于 2）。X2F 等级，除总糖、还原糖和烟碱是左偏态分布外，其余指标都是右偏态分布，所有指标偏离中心不远（偏度系数的绝对值小于2）。

峰度系数可用来描述样本值是较均匀地分布，还是侧重出现在中心附近。一般峰度系数大于 3 者为高狭峰，数据分布比较集中；峰度系数小于 1 者为低阔峰，数据分布比较分散；峰度系数在 1~3 为常态峰，数据分布较适中。从表 7-13 可看到，B2F 等级，总糖、钾、淀粉和氮碱比是低阔峰，样本数据分布比较分散，其余指标都为常态峰，样本数据分布比较适中。C3F 等级，还原糖、氯和糖碱比是高狭峰，数据分布比较集中；烟碱是常态峰，数据分布较适中；其余指标都为低阔峰，样本数据分布比较分散。X2F 等级，总氮是高狭峰，数据分布比较集中；总糖和还原糖是常态峰，数据分布较适中；其余指标都为低阔峰，样本数据分布比较分散。

表 7-13 湘西山地烟区烤烟化学成分的基本统计特征

等级	统计量	总糖/%	还原糖/%	总氮/%	烟碱/%	钾/%	氯/%	糖碱比	氮碱比	钾氯比
B2F	平均值	24.54	21.92	2.16	4.17	1.56	0.39	6.38	0.54	5.21
	最小值	16.88	14.52	1.81	2.31	1.10	0.14	2.93	0.36	1.05
	最大值	34.78	29.40	2.57	6.13	2.10	1.14	13.94	0.87	14.46
	全距	17.90	14.88	0.76	3.82	1.00	1.00	11.01	0.51	13.41
	偏度系数	0.39	0.25	0.08	−0.01	0.15	1.85	1.11	0.81	0.69
	峰度系数	−0.66	−1.01	−1.09	−1.11	−0.68	2.64	1.16	−0.22	2.69
	变异系数/%	18.05	18.70	9.40	23.52	15.55	62.43	39.26	22.71	47.92
C3F	平均值	32.28	28.99	1.76	2.66	1.78	0.26	12.72	0.69	8.09
	最小值	25.87	19.63	1.57	1.49	1.25	0.11	7.29	0.41	1.96
	最大值	36.79	32.45	2.05	4.36	2.30	0.70	24.69	1.10	15.58
	全距	10.92	12.82	0.48	2.87	1.05	0.59	17.40	0.69	13.61
	偏度系数	−0.01	−1.57	0.22	0.73	0.11	1.77	1.26	0.64	0.41
	峰度系数	0.56	4.82	0.35	1.33	−0.27	3.34	3.19	0.17	−0.54
	变异系数/%	7.01	7.88	5.64	21.70	13.92	46.65	25.02	21.78	42.49
X2F	平均值	32.41	28.80	1.68	2.02	2.08	0.24	16.70	0.87	10.23
	最小值	22.60	21.27	1.48	1.19	1.48	0.10	11.08	0.62	3.72
	最大值	38.49	33.93	2.19	2.73	2.90	0.52	28.22	1.40	21.04
	全距	15.89	12.66	0.71	1.54	1.43	0.42	17.14	0.78	17.32
	偏度系数	−0.89	−0.84	1.83	−0.21	0.15	1.12	1.07	0.89	0.61
	峰度系数	2.49	1.97	6.55	−0.68	−0.26	0.80	0.91	0.39	−0.17
	变异系数/%	8.75	8.45	6.94	19.11	15.48	45.54	22.68	21.58	41.59

2）不同县烟叶化学成分比较：湘西山地烟区各县不同部位烤烟化学成分的平均值见表 7-14。

由表 7-14 可知，7 个主产烟县上部（B2F 等级）烟叶总糖含量平均在 20.39%～29.17%，按从高到低依次为：古丈县＞龙山县＞泸溪县＞花垣县＞凤凰县＞保靖县＞永顺县。方差分析结果表明，不同县之间差异极显著（$F = 6.172$；sig. = 0.000）；古丈县和泸溪县烤烟总糖含量极显著高于保靖县和永顺县。中部（C3F 等级）烟叶总糖含量平均在 27.20%～33.73%，按从高到低依次为：花垣县＞凤凰县＞古丈县＞永顺县＞龙山县＞保靖县＞泸溪县。方差分析结果表明，不同县之间差异达显著水平（$F = 2.959$；sig. = 0.017）；泸溪县烤烟总糖含量显著低于其他各县。下部（X2F 等级）烟叶总糖含量平均在 28.40%～34.68%，按从高到低依次为：花垣县＞永顺县＞保靖县＞凤凰县＞龙山县＞古丈县＞泸溪县。方差分析结果表明，不同县之间差异达极显著水平（$F = 3.668$；sig. $= 0.005$），花垣县烤烟总糖含量极显著高于古丈县和泸溪县。

表 7-14　湘西山地烟区各县烤烟化学成分

部位	烟区	总糖/%	还原糖/%	总氮/%	烟碱/%	钾/%	氯/%	糖碱比	氮碱比	钾氯比
上部 （B2F）	保靖县	22.13	19.90	2.29	4.27	1.68	0.26	5.20	0.54	6.54
	凤凰县	24.33	21.53	2.23	3.09	1.56	0.28	8.20	0.73	5.69
	古丈县	29.17	24.87	2.01	3.15	1.94	0.30	9.51	0.64	7.78
	花垣县	25.06	22.76	2.23	5.02	1.56	0.24	5.05	0.45	6.71
	龙山县	27.68	25.34	1.96	3.97	1.60	0.29	7.16	0.50	5.60
	泸溪县	25.32	21.10	2.03	2.79	1.86	0.26	9.13	0.73	7.45
	永顺县	20.39	18.17	2.30	5.22	1.31	0.74	3.94	0.44	2.08
中部 （C3F）	保靖县	31.68	27.05	1.76	2.50	1.92	0.24	13.39	0.73	8.86
	凤凰县	33.04	30.50	1.81	2.15	1.93	0.22	15.50	0.85	9.08
	古丈县	32.92	27.95	1.72	2.07	2.10	0.17	16.72	0.86	12.32
	花垣县	33.73	29.59	1.80	3.44	1.62	0.42	10.31	0.54	6.59
	龙山县	32.05	29.40	1.74	2.67	1.69	0.25	12.33	0.67	6.82
	泸溪县	27.20	22.17	1.96	2.47	1.99	0.17	11.06	0.79	12.66
	永顺县	32.13	29.39	1.72	2.90	1.67	0.28	11.20	0.60	7.00
下部 （X2F）	保靖县	33.32	28.99	1.65	1.81	2.13	0.20	18.51	0.92	11.51
	凤凰县	32.01	28.35	1.66	1.57	2.07	0.21	21.47	1.11	11.76
	古丈县	29.22	26.49	1.63	1.84	2.54	0.28	16.09	0.90	11.93
	花垣县	34.68	30.91	1.63	2.07	1.92	0.19	17.26	0.80	11.18
	龙山县	31.73	28.78	1.73	2.03	2.25	0.28	15.88	0.87	9.80
	泸溪县	28.40	24.20	1.95	1.97	2.30	0.40	14.47	0.99	6.03
	永顺县	33.65	29.53	1.64	2.41	1.79	0.22	14.03	0.69	8.88

由表 7-14 可知，7 个主产烟县上部（B2F 等级）烟叶还原糖含量平均在 18.17%～25.34%，按从高到低依次为：龙山县＞古丈县＞花垣县＞凤凰县＞泸溪县＞保靖县＞永顺县。方差分析结果表明，不同县之间差异极显著（$F = 5.958$；sig. $= 0.000$）；古丈县和龙山县烤烟还原糖含量极显著高于永顺县。中部（C3F 等级）烟叶还原糖含量平均在 22.17%～30.50%，按从高到低依次为：凤凰县＞花垣县＞龙山县＞永顺县＞古丈县＞保靖县＞泸溪县。方差分析结果表明，不同县之间差异达极显著水平（$F = 8.649$；sig. $= 0.000$）；凤凰县烤烟还原糖含量极显著高于保靖县和泸溪县。下部（X2F 等级）烟叶还原糖含量平均在 24.20%～30.91%，按从高到低依次为：花垣县＞永顺县＞保靖县＞龙山县＞凤凰县＞古丈县＞泸溪县。方差分析结果表明，不同县之间差异达极显著水平（$F = 3.739$；sig. $= 0.005$），花垣县烤烟还原糖含量极显著高于古丈县和泸溪县。

由表 7-14 可知，7 个主产烟县上部（B2F 等级）烟叶总氮含量平均在 1.96%～2.30%，按从高到低依次为：永顺县＞保靖县＞凤凰县 = 花垣县＞泸溪县＞古丈县＞龙山县。方差分析结果表明，不同县之间差异极显著（$F = 7.020$；sig. $= 0.000$）；永顺县和保靖县烤烟总氮含量极显著高于龙山县。中部（C3F 等级）烟叶总氮含量平均在 1.72%～1.96%，按从高到低依次为：泸溪县＞凤凰县＞花垣县＞保靖县＞龙山县＞永顺县＞古丈县。方差分析结果表明，不同县之间差异达显著水平（$F = 3.144$；sig. $= 0.013$）；泸溪县烤烟总氮含量极显著高于其他各县。下部（X2F 等级）烟叶总氮含量平均在 1.63%～1.95%，按从高到低依次为：泸溪县＞龙山县＞凤凰县＞保靖县＞永顺县＞花垣县 = 古丈县。方差分析结果表明，不同县之间差异达极显著水平（$F = 3.785$；sig. $= 0.004$），泸溪县烤烟总氮含量极显著高于其他各县。

由图表 7-14 可知，7 个主产烟县上部（B2F 等级）烟叶烟碱含量平均在 2.79%～5.22%，按从高到低依次为：永顺县＞花垣县＞保靖县＞龙山县＞古丈县＞凤凰县＞泸溪县。方差分析结果表明，不同县之间差异极显著（$F = 24.529$；sig. $= 0.000$）；永顺县、花垣县和保靖县烤烟烟碱含量相对较高，平均值在 4.00%以上；古丈县、凤凰县和泸溪县烤烟烟碱含量相对较低，平均值在 3.5%以下。中部（C3F 等级）烟叶烟碱含量平均在 2.07%～3.44%，按从高到低依次为：花垣县＞永顺县＞龙山县＞保靖县＞泸溪县＞凤凰县＞古丈县。方差分析结果表明，不同县之间差异达极显著水平（$F = 7.239$；sig. $= 0.000$）；花垣县烤烟烟碱含量极显著高于保靖县、泸溪县、凤凰县、古丈县。下部（X2F 等级）烟叶烟碱含量平均在 1.57%～2.41%，按从高到低依次为：永顺县＞花垣县＞龙山县＞泸溪县＞古丈县＞保靖县＞凤凰县。方差分析结果表明，不同县之间差异达极显著水平（$F = 8.073$；sig. $= 0.000$），永顺县烤烟烟碱含量极显著高于古丈县、保靖县、凤凰县。花垣县 C3F 烤烟的烟碱含量仍高达近 3.5%，特别是永顺县、花垣县和保靖县上部烟的烟碱含量高达 4.00%的以上，这些烟区的烤烟烟碱含量仍处于较高水平，在控制烟碱含量，特别是上部烟的烟碱含量要注意，烟区的烟碱含量居高不下，这对烟区的发展非常不利。

由表 7-14 可知，7 个主产烟县上部（B2F 等级）烟叶钾含量平均在 1.31%～1.94%，按从高到低依次为：古丈县＞泸溪县＞保靖县＞龙山县＞凤凰县 = 花垣县＞永顺县。方差分析结果表明，不同县之间差异极显著（$F = 8.778$；sig. $= 0.000$）；古丈县烤烟钾含量极显著高于花垣县、凤凰县、泸溪县、永顺县。中部（C3F 等级）烟叶钾含量平均在 1.62%～2.10%，按从高到低依次为：古丈县＞泸溪县＞凤凰县＞保靖县＞龙山县＞永顺县＞花垣县。方差分析结果表明，不同县之间差异达极显著水平（$F = 4.395$；sig. $= 0.002$）；古丈县烤烟钾含量极显著高于花垣县、永顺县。下部（X2F 等级）烟叶钾含量平均在 1.79%～2.54%，按从高到低依次为：古丈县＞泸溪县＞龙山县＞保靖县＞凤凰县＞花垣县＞永顺县。方差分析结果表明，不同县之间差异达极显著水平（$F = 6.939$；sig. $= 0.000$），古丈县烤烟钾含量极显著高于凤凰县、花垣县、永顺县。

由表 7-14 可知，7 个主产烟县上部（B2F 等级）烟叶氯含量平均在 0.24%～0.74%，按从高到低依次为：永顺县＞古丈县＞龙山县＞凤凰县＞保靖县 = 泸溪县＞花垣县。方差分析结果表明，不同县之间差异极显著（$F = 15.091$；sig. $= 0.000$）；永顺县烤烟氯含量较高，极显著高于其他各县。中部（C3F 等级）烟叶氯含量平均在 0.17%～0.42%，按从高到低依次为：花垣县＞永顺县＞龙山县＞保靖县＞凤凰县＞古丈县＝泸溪县。方差分析结果表明，不同县之间差异达显著水平（$F = 2.888$；sig. = 0.019）；花垣县烤烟氯含量显著高于其他各县。下部（X2F 等级）烟叶氯含量平均在 0.19%～0.40%，按从高到低依次为：泸溪县＞古丈县＝龙山县＞永顺县＞凤凰县＞保靖县＞花垣县。方差分析结果表明，不同县之间差异不显著水平（$F = 1.528$；sig. = 0.193）。湘西自治州烟区烤烟的含氯量上部烤烟略高一些。从最佳含氯量为 0.4%～0.7%分析，湘西自治州有部分烟区烤烟氯含量略偏低，可考虑有组织的进行隔年适当补氯；但也有少部分烟区氯含量较高，个别烟区氯含量超过 1%，要引起足够重视。

由表 7-14 可知，7 个主产烟县上部（B2F 等级）烟叶糖碱比平均在 3.94～9.51，按从高到低依次为：古丈县＞泸溪县＞凤凰县＞龙山县＞保靖县＞花垣县＞永顺县。方差分析结果表明，不同县之间差异极显著（$F = 10.073$；sig. = 0.000）；泸溪县和古丈县烤烟糖碱比极显著高于保靖县、花垣县、永顺县；永顺县烤烟糖碱比偏低，在 5 以下。中部（C3F 等级）烟叶糖碱比平均在 10.31～16.72，按从高到低依次为：古丈县＞凤凰县＞保靖县＞龙山县＞永顺县＞泸溪县＞花垣县。方差分析结果表明，不同县之间差异达极显著水平（$F = 4.849$；sig. = 0.001）；古丈县烤烟糖碱比极显著高于永顺县、泸溪县、花垣县；永顺县和凤凰县烤烟糖碱比偏高，在 15 以上。下部（X2F 等级）烟叶糖碱比平均在 14.03～21.47，按从高到低依次为：凤凰县＞保靖县＞花垣县＞古丈县＞龙山县＞泸溪县＞永顺县。方差分析结果表明，不同县之间差异达极显著水平（$F = 5.537$；sig. = 0.000）；凤凰县烤烟糖碱比极显著高于泸溪县和花垣县；古丈县、凤凰县、保靖县、花垣县、古丈县、龙山县烤烟糖碱比偏高，在 15 以上。

由表 7-14 可知，7 个主产烟县上部（B2F 等级）烟叶氮碱比平均在 0.44～0.73，按从高到低依次为：泸溪县＝凤凰县＞古丈县＞保靖县＞龙山县＞花垣县＞永顺县。方差分析结果表明，不同县之间差异极显著（$F = 30.850$；sig. = 0.000）；泸溪县、凤凰县和古丈县烤烟氮碱比极显著高于保靖县、龙山县、花垣县、永顺县；各县烤烟氮碱比偏低，在 0.8 以下。中部（C3F 等级）烟叶氮碱比平均在 0.54～0.86，按从高到低依次为：古丈县＞凤凰县＞泸溪县＞保靖县＞龙山县＞永顺县＞花垣县。方差分析结果表明，不同县之间差异达极显著水平（$F = 8.468$；sig. = 0.000）；古丈县和凤凰县烤烟氮碱比极显著高于永顺县、花垣县；除古丈县和凤凰县烤烟氮碱比适宜外，其他各县都偏低。下部（X2F 等级）烟叶氮碱比平均在 0.69～1.11，按从高到低依次为：凤凰县＞泸溪县＞保靖县＞古丈县＞龙山县＞花垣县＞永顺县。方差分析结果表明，不同县之间差异达极显著水平（$F = 8.770$；sig. = 0.000）；凤凰县烤烟氮碱比极显著高于龙山县、永顺县和花垣县；除永顺县烤烟氮碱比略偏低外，其他各县都在适宜范围内。

由表 7-14 可知，7 个主产烟县上部（B2F 等级）烟叶钾氯比平均在 2.08～7.78，按从高到低依次为：古丈县＞泸溪县＞花垣县＞保靖县＞凤凰县＞龙山县＞永顺县。方差分析结果表明，不同县之间差异极显著（$F = 10.627$；sig. = 0.000）；永顺县烤烟钾氯比极显著低于其他各县；永顺县烤烟钾氯比偏低，在 2 以下，要引起足够重视，主要是降低氯离子含量。中部（C3F 等级）烟叶钾氯比平均在 6.59～12.66，按从高到低依次为：泸溪县＞古丈县＞凤凰县＞保靖县＞永顺县＞龙山县＞花垣县。方差分析结果表明，不同县之间差异达显著水平（$F = 3.040$；sig. = 0.015）；古丈县和泸溪县烤烟钾氯比显著高于永顺县、龙山县、花垣县。下部（X2F 等级）烟叶钾氯比平均在 6.03～11.93，按从高到低依次为：古丈县＞凤凰县＞保靖县＞花垣县＞龙山县＞永顺县＞泸溪县。方差分析结果表明，不同县之间差异不显著。

（4）湘西山地烟区烟叶化学成分可用性评价　　按 CCUI≥80、80～60、60～40、<40 将湘西山地烟区烤烟化学成分可用性分为好、较好、中等和稍差 4 个档次。

从图 7-1 可看出，在 B2F 等级，CCUI 值按从高到低依次为：泸溪县＞凤凰县＞古丈县＞龙山县＞保靖县＞花垣县＞永顺县。其中，泸溪县烤烟化学成分可用性指数平均值在 80 分以上，属"好"档次；凤凰县、古丈县、龙山县、花垣县、保靖县烤烟化学成分可用性指数平均值在 60 分以上，属"较好"档次；永顺县烤烟化学成分可用性指数平均值在 40 分以上，属"中等"档次。

在 C3F 等级，CCUI 值按从高到低依次为：泸溪县＞保靖县＞龙山县＞永顺县＞凤凰县＞古丈县＞花垣县。其中，泸溪县烤烟化学成分可用性指数平均值在 80 分以上，属"好"档次；保靖县、龙山县、永顺县、古丈县、凤凰县烤烟化学成分可用性指数平均值在 60 分以上，属"较好"档次；花垣县烤烟化学成分可用性指数平均值在 40 分以上，属"中等"档次。

在 X2F 等级，CCUI 值按从高到低依次为：泸溪县＞古丈县＞龙山县＞永顺县＞保靖县＞花垣县＞凤凰县。其中，泸溪县烤烟化学成分可用性指数平均值在 80 分以上，属"好"档次；古丈县、龙山县、永顺县烤烟化学成分可用性指数平均值在 60 分以上，属"较好"档次；花垣县、保靖县、凤凰县烤烟化学成分可用性指数平均值在 40 分以上，属"中等"档次。

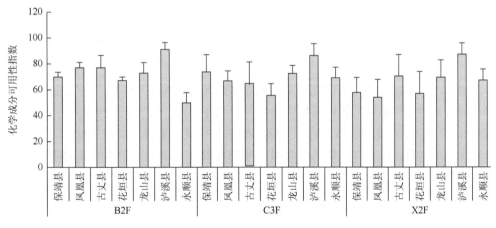

图 7-1　不同县化学成分可用性指数比较

4. 湘西山地特色烟叶感官质量特性分析

（1）不同海拔烟区烟叶感官评吸特征分析

1）张家界不同海拔烟区烟叶感官评吸特征分析：张家界不同海拔烟区'K326'烟叶风格、香气、烟气和口感特性的统计分析结果见表 7-15～表 7-17。由表 7-15 可知，张家界不同海拔烟区烤烟均为中间香型,并且呈现出干草香、正甜香、焦甜香、青香、木香、坚果香、焦香、辛香 8 种香气。其中,烤烟干草香和焦甜香存在显著差异,并且 1000m 和 600m 海拔烟区的烤烟干草香和焦甜香显著高于海拔 400m 烟区的烤烟,其余香韵的差异均不显著。说明张家界 400m 以上海拔烟区光温水环境有利于'K326'烤烟干草香和焦甜香韵的提升。

由表 7-15 可知,张家界不同海拔烟区烤烟的烟气透发性和青杂气存在显著差异,并且以海拔 600m 烟区烤烟的烟气透发性显著好于海拔 1000m 和 400m 烟区,海拔 600m 烟区烤烟的青杂气也显著重于海拔 1000m 和 400m 烟区,这说明烟气的透发性与青杂气之间可能存在一定关联性。

表 7-15 张家界不同海拔烟区烟叶风格特征统计分析结果

海拔	香型	干草香	正甜香	焦甜香	青香	木香	坚果香	焦香	辛香
1000m	中间香	3.28a	2.03	1.39a	1.06	1.22	1.27	1.14	1.03
600m	中间香	3.14ab	2.00	1.50a	1.09	1.14	1.39	1.39	1.03
400m	中间香	2.92b	1.78	1.20b	1.00	1.14	1.47	1.33	1.13
F 值	—	5.88*	1.54	7.88*	1.87	0.50	2.15	1.14	3.57

注:$F_{0.05(2, 6)} = 5.14$;*表示 t 检验在 0.05 水平上差异显著

表 7-16 张家界不同海拔烟区烟叶香气特性统计分析结果

海拔	香气质	香气量	透发性	青杂气	木质气
1000m	3.28	2.97	3.03b	1.03ab	1.35
600m	3.19	3.08	3.22a	1.10a	1.20
400m	3.01	2.94	3.01b	0.90b	1.29
F 值	1.76	2.06	10.41*	7.59*	2.23

注:$F_{0.05(2, 6)} = 5.14$;*表示 t 检验在 0.05 水平上差异显著

由表 7-17 可知,张家界不同海拔烟区烤烟的烟气状态均为悬浮,烟气细腻和柔和程度存在显著差异,其他烟气和口感特性指标差异均不显著。烟气细腻和柔和程度表现为海拔 1000m 和 600m 海拔烟区烤烟的烟气细腻和柔和程度显著好于海拔 400m 烟区的烤烟。这说明张家界 400m 以上海拔烟区的光温水环境对提升'K326'烤烟的烟气细腻和柔和程度十分有利。

表 7-17 张家界不同海拔烟区烟叶烟气及口感特性统计分析结果

海拔	烟气状态	烟气浓度	劲头	细腻程度	柔和程度	圆润感	刺激性	干燥感	余味
1000m	悬浮	2.89	2.83	3.00a	3.19a	2.97	2.33	2.86	2.94
600m	悬浮	3.06	2.83	3.03a	3.11ab	3.03	2.56	2.72	2.97
400m	悬浮	3.03	3.03	2.75b	2.89b	2.81	2.53	2.81	2.81
F 值	—	0.78	0.78	5.65*	5.71*	2.77	3.01	2.95	0.85

注:$F_{0.05(2, 6)} = 5.14$;*表示 t 检验在 0.05 水平上差异显著

2）湘西自治州不同海拔烟区烟叶感官评吸特征：湘西自治州不同海拔烟区'云烟87'烟叶风格、香气、烟气和口感特性的统计分析结果见表7-18～表7-20。由表7-18可知，湘西自治州600m和800m海拔烟区的烤烟均为中间香型，烟气状态均为悬浮，但400m海拔烟区的烤烟为浓香型，烟气状态为沉溢。不同海拔烟区烤烟均呈现出干草香、正甜香、焦甜香、木香、坚果香、焦香、辛香7种香气，但没有青香香韵。不同海拔烤烟的干草香、焦甜香和辛香存在显著差异，其余香韵指标的差异均不显著。其中海拔800m和600m海拔烟区烤烟的干草香和辛香显著好于海拔400m烟区的烤烟，但焦甜香韵则相反，海拔400m烟区烤烟的焦甜香显著好于海拔800m和600m海拔烟区的烤烟。这说明'云烟87'烤烟品种与'K326'对光温水的响应有所不同，在湘西600m以下烟区种植'云烟87'，香气风格将向浓香型方向转变；湘西自治州400m以上海拔烟区的光温水环境有利于烤烟干草香和辛香的形成，但对'云烟87'烤烟的焦甜香形成有不利影响。

由表7-19可知，湘西自治州不同海拔烟区烤烟的香气量存在显著差异，青杂气存在极显著差异，而且以海拔800m和400m烟区烤烟的香气量显著好于海拔600m烟区的烤烟，而青杂气则表现为随海拔升高青杂气加重的变化趋势。由于烤烟的香气量与品种、施肥水平存在一定相关性，因此不同海拔烟区'云烟87'烤烟的香气量差异不一定是不同海拔烟区光温水因素的差异导致的结果，但烤烟青杂气可能与海拔越高，烤烟成熟期气温越低，烟叶成熟度下降有关。

由表7-20可知，湘西自治州不同海拔烟区烤烟的干燥感存在显著差异，而且600m以上海拔烟区烟叶的干燥感显著高于400m烟区的烤烟，说明高海拔种植'云烟87'对烟叶的口感特性有不利影响。

表7-18　湘西自治州不同海拔烟区烟叶风格特征统计分析结果

海拔	香型	干草香	正甜香	焦甜香	木香	坚果香	焦香	辛香
800m	中间香	2.93a	2.19	1.24b	1.55	1.36	1.10	1.08a
600m	中间香	2.88ab	1.86	1.12b	1.76	1.07	1.10	1.03a
400m	浓香型	2.67b	1.61	1.63a	1.50	1.08	1.14	0.84b
F 值	—	5.39*	3.56	5.62*	2.76	3.69	0.17	5.93*

注：$F_{0.05(2,6)} = 5.14$；*表示 t 检验在 0.05 水平上差异显著

表7-19　湘西自治州不同海拔烟区烟叶香气特性统计分析结果

海拔	香气质	香气量	透发性	青杂气	枯焦气	木质气
800m	2.95	2.90a	2.90	1.76aA	1.12	1.33
600m	2.62	2.62b	2.79	1.43bB	1.19	1.67
400m	2.86	2.86ab	2.88	1.03cC	1.20	1.39
F 值	3.91	5.45*	1.28	96.07**	0.46	4.63

注：$F_{0.01(2,6)} = 10.92$；$F_{0.05(2,6)} = 5.14$；*和**分别表示 t 检验在 0.05 和 0.01 水平上差异显著

表 7-20　湘西自治州不同海拔烟区烟叶烟气及口感特性统计分析结果

海拔	烟气状态	烟气浓度	劲头	细腻程度	柔和程度	圆润感	刺激性	干燥感	余味
800m	悬浮	2.93	2.76	2.64	2.64	2.69	2.79	2.81ab	2.79
600m	悬浮	2.81	2.74	2.33	2.52	2.33	2.81	2.90a	2.50
400m	沉溢	2.88	2.90	2.62	2.55	2.57	2.57	2.57b	2.76
F 值	—	—	0.65	1.23	1.71	0.38	4.12	1.99	5.52*	3.47

注：$F_{0.05(2,6)} = 5.14$；*表示 t 检验在 0.05 水平上差异显著

　　综合以上湘西两个不同海拔烟区的试验结果，可以看出，湘西烟区不同海拔高度的光温水因素主要影响烤烟的干草香、正甜香、焦甜香、辛香这 3 种香韵风格的形成，而且在低于 600m 以下海拔种植'云烟 87'，其香型风格将由中间香型向浓香型转变，烟气状态将由悬浮向沉溢转变；同时不同海拔的光温水因素对烤烟的烟气状态和特性有较大影响，特别是烟气的细腻、柔和程度将随海拔下降而降低，青杂气将随海拔升高而加重；'云烟 87'的干燥感也随海拔升高有加重趋势。但除了受不同海拔生态因素的影响之外，不同烤烟品种及烤烟采收成熟度、施肥水平等人为因素对烟叶香气、烟气和口感特性也会产生一定的影响。

　　（2）不同纬度烟区烟叶感官评吸特征分析

　　湘西烟区不同纬度产地烟叶感官评吸质量特征：湘西不同纬度烟区'云烟 87'的烟叶风格、香气、烟气和口感特性的统计分析结果见表 7-21～表 7-23。由表 7-21 可知，除湘西纬度 28°的花垣烤烟为中间香型，烟气状态呈悬浮之外，纬度 27°和 26°的芷江、靖州烤烟的香型均为浓香型，烟气状态为沉溢。烟叶的干草香、焦甜香、焦香、辛香均存在显著差异，正甜香存在极显著差异。其中纬度为 27°的芷江烤烟干草香、焦甜香、辛香显著好于纬度 28°和 26°的花垣和靖州烤烟，但花垣烤烟的正甜香凸显。这说明湘西烟区烤烟的种植纬度越高，中间香型代表性香韵正甜香越强，种植纬度越低，浓香型代表性香韵焦甜香和焦香越强。

表 7-21　湘西不同纬度烟区烟叶风格特征统计分析结果

烟区	纬度	香型	干草香	正甜香	焦甜香	木香	坚果香	焦香	辛香
花垣	北纬 28°	中间香	2.86ab	1.98aA	1.12b	1.67	1.22	1.10b	1.00b
芷江	北纬 27°	浓香型	3.12a	1.49bB	1.98a	1.78	1.26	1.23ab	1.14a
靖州	北纬 26°	浓香型	2.71b	1.32bB	1.55ab	1.94	1.14	1.50a	0.96b
F 值		—	5.48*	21.24**	6.22*	2.23	0.59	5.27*	9.16*

注：$F_{0.05(2,6)} = 5.14$，*和**分别表示 t 检验在 0.05 和 0.01 水平上差异显著

　　由表 7-22 可知，湘西不同纬度烟区烟叶的香气质、青杂气、生青气均存在显著差异。其中纬度为 27°的芷江烤烟的香气质显著好于纬度 28°和 26°的花垣和靖州烤烟，而纬度为 28°的花垣烤烟青杂气和生青气显著重于低纬度的芷江和靖州烤烟。由于香气质、生青气

与烤烟栽培和烘烤水平密切相关,因此芷江老烟区烤烟栽培、烘烤水平较高,是其烤烟香气质好、生青气低的主要原因。但青杂气与烤烟成熟期气温和成熟度有关,成熟期气温低、成熟度下降是高纬度花垣烤烟青杂气大于低纬度芷江和靖州的主要原因。

表 7-22 湘西不同纬度烟区烟叶香气特性统计分析结果

烟区	纬度	香气质	香气量	透发性	青杂气	生青气	枯焦气	木质气
花垣	北纬28°	2.64ab	2.83	2.95	1.67a	1.30a	1.16	1.43
芷江	北纬27°	3.00a	3.07	3.05	1.13b	1.06b	1.34	1.38
靖州	北纬26°	2.33b	2.67	2.76	1.00b	1.20ab	1.35	1.71
F 值		5.96*	4.00	3.85	9.02*	5.19*	4.62	2.49

注:$F_{0.05(2,6)} = 5.14$,*表示 t 检验在 0.05 水平上差异显著

由表 7-23 可知,湘西不同纬度烟区烟叶的烟气圆润感和余味存在显著差异,而且均以高纬度 28°和 27°的花垣、芷江烤烟好于低纬度靖州烤烟,这说明烤烟的烟气和口感特性与纬度存在一定的相关性。

表 7-23 湘西不同纬度烟区烟叶烟气和口感特性统计分析结果

烟区	纬度	烟气状态	烟气浓度	劲头	细腻程度	柔和程度	圆润感	刺激性	干燥感	余味
花垣	北纬28°	悬浮	3.02	2.81	2.50	2.62	2.52ab	2.76	2.67	2.79a
芷江	北纬27°	沉溢	3.21	2.88	2.69	2.67	2.62a	2.60	2.50	2.81a
靖州	北纬26°	沉溢	3.07	2.83	2.40	2.48	2.40b	2.62	2.57	2.45b
F 值		—	1.59	0.13	3.83	1.33	6.78*	2.03	1.34	6.47*

注:$F_{0.05(2,6)} = 5.14$,*表示 t 检验在 0.05 水平上差异显著

(3)感官质量区域特征及综合评价

1)湘西山地烟区烤烟香气特性。

A. 湘西山地烟区烤烟香气特性指标分值的基本统计特征:由表 7-24 可知,湘西山地烟区烟叶香气质分值平均为 2.72 分,最小值为 2.00 分,最大值为 4.00 分,变异系数为 13.67%,属中等强度变异。

湘西山地烟区烟叶香气量分值平均为 2.82 分,最小值为 2.00 分,最大值为 3.50 分,变异系数为 11.05%,属中等强度变异。

湘西山地烟区烟叶透发性分值平均为 2.77 分,最小值为 2.00 分,最大值为 3.50 分,变异系数为 12.83%,属中等强度变异。

烟叶的杂气分为青杂气、生青气、枯焦气、木质气、土腥气、松脂气、花粉气、药草气、金属气,这次评吸的 41 个样本,以青杂气、枯焦气、木质气为主,生青气只有 4 个样本具有,花粉气只有 3 个样本具有,土腥气只有 2 个样本具有,金属气只有一个样本具有,松脂气和药草气没有样本。

表 7-24 湘西山地烟区烟叶香气特性指标分值基本统计

香气特性指标		平均值	最小值	最大值	变异系数/%	备注
香气质		2.72	2.00	4.00	13.67	
香气量		2.82	2.00	3.50	11.05	
透发性		2.77	2.00	3.50	12.83	
杂气	青杂气	1.01	0.00	1.50	30.23	4 个样本的平均值
	生青气	0.88	0.50	1.00	28.57	
	枯焦气	0.89	0.00	2.00	56.88	2 个样本的平均值
	木质气	1.07	0.50	2.00	24.57	
	土腥气	0.50	0.50	0.50	0.00	
	松脂气	—	—	—	—	
	花粉气	0.67	0.50	1.00	43.30	3 个样本的平均值
	药草气	—	—	—	—	
	金属气	0.50	0.50	0.50	—	只有 1 个样本

B. 湘西山地烟区烤烟香气特性指标分值县际比较: 由表 7-25 可知, 湘西山地烟区 7 个主产烟县香气质平均分值在 2.50~3.25 分, 为稍好至尚好; 按从高到低依次为: 古丈县>保靖县>泸溪县>永顺县>龙山县>凤凰县=花垣县。方差分析结果表明, 不同县之间差异显著 ($F = 2.515$; sig. $= 0.040$)。主要是古丈县烟叶的香气质分值显著高于泸溪县、永顺县、龙山县、凤凰县和花垣县。

湘西山地烟区 7 个主产烟县香气量平均分值在 2.40~3.17 分, 为稍有至尚足; 按从高到低依次为: 保靖县>泸溪县>古丈县>龙山县>花垣县=永顺县>凤凰县。方差分析结果表明, 不同县之间差异显著 ($F = 2.937$; sig. $= 0.020$), 主要是凤凰县烟叶的香气量分值显著低于其他各县。

湘西山地烟区 7 个主产烟县透发性平均分值在 2.30~3.17 分, 为稍透发至尚透发; 按从高到低依次为: 保靖县>古丈县>龙山县>永顺县>泸溪县>花垣县>凤凰县。方差分析结果表明, 不同县之间差异极显著 ($F = 3.424$; sig. $= 0.009$), 主要是保靖县和古丈县烟叶的透发性分值极显著高于凤凰县。

湘西山地烟区 7 个主产烟县青杂气平均分值在 0.50~1.17 分, 为无至微有; 按从高到低依次为: 保靖县=花垣县>凤凰县>永顺县>龙山县>古丈县>泸溪县。方差分析结果表明, 不同县之间差异显著 ($F = 2.273$; sig. $= 0.050$), 主要是保靖县、花垣县、凤凰县、永顺县、龙山县烟叶的青杂气分值显著高于泸溪县。

湘西山地烟区 7 个主产烟县枯焦气平均分值在 0.38~1.08 分, 为无至微有; 按从高到低依次为：花垣县＞保靖县＝龙山县＞泸溪县＞永顺县＞凤凰县＞古丈县。方差分析结果表明，不同县之间差异不显著（$F = 1.017$；sig. $= 0.431$）。

湘西山地烟区 7 个主产烟县木质气平均分值在 $0.83 \sim 1.40$ 分，为无至微有；按从高到低依次为：凤凰县＞花垣县＞龙山县＞古丈县＝泸溪县＝永顺县＞保靖县。方差分析结果表明，不同县之间差异显著（$F = 2.501$；sig. $= 0.041$），主要是凤凰县烟叶的木质气分值显著高于保靖县、凤凰县、永顺县、龙山县、泸溪县。

表 7-25 不同县烟叶香气特性指标分值比较

烟区	香气质	香气量	透发性	青杂气	枯焦气	木质气
保靖县	2.83ab	3.17a	3.17A	1.17a	1.00a	0.83b
凤凰县	2.50b	2.40b	2.30B	1.10a	0.80a	1.40a
古丈县	3.25a	2.88a	3.00A	0.75ab	0.38a	1.00b
花垣县	2.50b	2.83a	2.67AB	1.17a	1.08a	1.17ab
龙山县	2.71b	2.83a	2.83AB	1.00a	1.00a	1.04b
泸溪县	2.75b	3.00a	2.75AB	0.50b	1.00a	1.00b
永顺县	2.72b	2.83a	2.78AB	1.06a	0.83a	1.00b

2）湘西山地烟区烤烟烟气特性。

A. 湘西山地烟区烤烟烟气特性指标分值的基本统计特征：由表 7-26 可知，湘西山地烟区烟叶烟气细腻程度分值平均为 2.71 分，最小值为 2.00 分，最大值为 3.50 分，变异系数为 10.91%，属中等强度变异。

湘西山地烟区烟叶烟气柔和程度分值平均为 2.65 分，最小值为 2.00 分，最大值为 3.50 分，变异系数为 11.37%，属中等强度变异。

湘西山地烟区烟叶烟气圆润感分值平均为 2.54 分，最小值为 2.00 分，最大值为 3.50 分，变异系数为 14.21%，属中等强度变异。

表 7-26 湘西山地烟区烟叶烟气特性指标分值基本统计

烟气特性指标	平均值	标准差	最小值	最大值	变异系数/%
细腻程度	2.71	0.30	2.00	3.50	10.91
柔和程度	2.65	0.30	2.00	3.50	11.37
圆润感	2.54	0.36	2.00	3.50	14.21

B. 湘西山地烟区烤烟烟气特性指标分值县际比较：由图 7-2 可知，湘西山地烟区 7 个主产烟县烟气细腻程度平均分值在 $2.63 \sim 3.00$ 分，为稍细腻至尚细腻；按从高到低依次为：古丈县＞凤凰县＞泸溪县＞花垣县＞保靖县＝永顺县＞龙山县。方差分析结果表明，不同县之间差异不显著（$F = 0.949$；sig. $= 0.474$）。

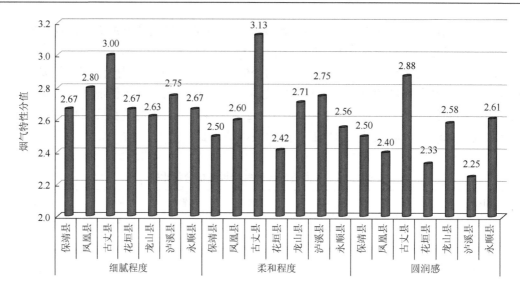

图 7-2　不同县烟叶烟气特性指标分值比较

　　湘西山地烟区 7 个主产烟县烟气柔和程度平均分值在 2.42～3.13 分，为稍柔和至尚柔和；按从高到低依次为：古丈县＞泸溪县＞龙山县＞凤凰县＞永顺县＞保靖县＞花垣县。方差分析结果表明，不同县之间差异极显著（$F = 3.782$；sig. $= 0.005$），主要是古丈县烟叶的烟气柔和程度分值极显著高于凤凰县、永顺县、保靖县、花垣县。

　　湘西山地烟区 7 个主产烟县烟气圆润感平均分值在 2.25～2.88 分，为稍圆润至尚圆润；按从高到低依次为：古丈县＞永顺县＞龙山县＞保靖县＞凤凰县＞花垣县＞泸溪县。方差分析结果表明，不同县之间差异不显著（$F = 1.425$；sig. $= 0.234$）。

　　3）湘西山地烟区烤烟口感特性。

　　A. 湘西山地烟区烤烟口感特性指标分值的基本统计特征：由表 7-27 可知，湘西山地烟区烟叶刺激性分值平均为 2.66 分，最小值为 2.00 分，最大值为 3.50 分，变异系数为 12.92%，属中等强度变异。

　　湘西山地烟区烟叶干燥感分值平均为 2.80 分，最小值为 2.00 分，最大值为 3.00 分，变异系数为 9.66%，属中等强度变异。

　　湘西山地烟区烟叶余味分值平均为 2.50 分，最小值为 2.00 分，最大值为 3.50 分，变异系数为 14.83%，属中等强度变异。

表 7-27　湘西山地烟区烟叶口感特性指标分值基本统计

口感特性指标	平均值	标准差	最小值	最大值	变异系数/%
刺激性	2.66	0.34	2.00	3.50	12.92
干燥感	2.80	0.27	2.00	3.00	9.66
余味	2.50	0.37	2.00	3.50	14.83

B. 湘西山地烟区烤烟口感特性指标分值县际比较：由图 7-3 可知，湘西山地烟区 7 个主产烟县刺激性平均分值在 2.50～2.80 分，为刺激性稍有；按从高到低依次为：凤凰县＞花垣县＞永顺县＞保靖县＞龙山县＞古丈县＞泸溪县。方差分析结果表明，不同县之间差异不显著（$F = 0.533$；sig. $= 0.779$）。

湘西山地烟区 7 个主产烟县干燥感平均分值在 2.50～3.00 分，为稍有至有；按从高到低依次为：保靖县 ＝ 泸溪县＞花垣县＞凤凰县＞龙山县＞永顺县＞古丈县。方差分析结果表明，不同县之间差异不显著（$F = 1.596$；sig. $= 0.178$）。

湘西山地烟区 7 个主产烟县余味平均分值在 2.10～3.13 分，为稍净稍舒适至尚净尚舒适；按从高到低依次为：古丈县＞永顺县＞龙山县＞保靖县 ＝ 泸溪县＞花垣县＞凤凰县。方差分析结果表明，不同县之间差异极显著（$F = 5.817$；sig. $= 0.000$），主要是古丈县烟叶的余味分值极显著高于其他各县。

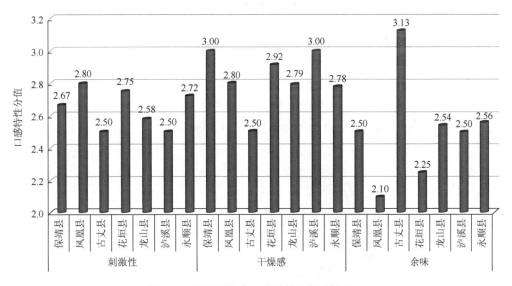

图 7-3　不同县烟叶口感特性指标分值比较

4）湘西山地烟区烤烟感官质量指数特征。

A. 湘西山地烟区烤烟感官质量指数基本统计特征：由表 7-28 可知，湘西山地烟区烟叶感官质量指数平均为 72.51 分，最小值为 63.02 分，最大值为 89.23 分，标准差为 6.05 分，变异系数为 8.34%，属弱变异。

表 7-28　湘西山地烟区烟叶感官质量指数基本统计

烟区	平均值	标准差	最小值	最大值	变异系数/%
保靖县	75.58AB	2.64	72.96	78.23	3.49
凤凰县	66.13B	1.75	64.46	68.70	2.65
古丈县	80.37A	6.28	74.83	89.23	7.82
花垣县	68.36B	5.57	63.02	78.40	8.15

续表

烟区	平均值	标准差	最小值	最大值	变异系数/%
龙山县	73.18AB	4.61	68.70	84.88	6.31
泸溪县	75.13AB	3.01	73.01	77.26	4.01
永顺县	72.83AB	6.30	66.34	86.71	8.65
湘西地区	72.51	6.05	63.02	89.23	8.34

B. 湘西山地烟区烤烟感官质量指数县际比较：由表 7-28 可知，湘西山地烟区 7 个主产烟县感官质量指数平均分值在 66.13～80.37 分；按从高到低依次为：古丈县＞保靖县＞泸溪县＞龙山县＞永顺县＞花垣县＞凤凰县。方差分析结果表明，不同县之间差异极显著（$F = 3.966$；sig. = 0.004），主要为古丈县烟叶感官质量指数极显著高于花垣县和凤凰县。

C. 湘西山地烟区烤烟感官质量指数空间分布：湘西山地烟区烟叶感官质量指数的空间分布有从西南部和东北部两个方法分别向中部地区递增的分布趋势。在龙山县有一个高值区，在凤凰县有一个低值区。以 76～79 分为主要分布区域，其次是 73～76 分的分布区域。凤凰县是一大片感官质量指数低于 66 分的分布区域，保靖县、古丈县、泸溪县、龙山县主要为感官质量指数大于 76 分的分布区域（图 7-4）。

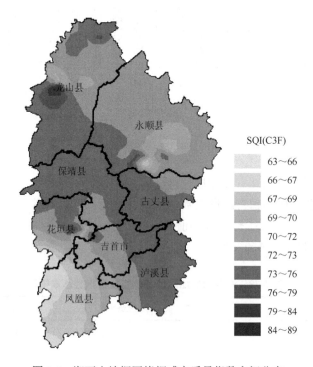

图 7-4　湘西山地烟区烤烟感官质量指数空间分布

5. 烟叶品质综合评价

（1）湘西山地烟区烤烟品质指数基本统计特征　　由表 7-29 可知，湘西山地烟区烟叶品质指数平均为 73.08 分，最小值为 62.21 分，最大值为 85.21 分，标准差为 5.18 分，变异系数为 7.09%，属弱变异。

表 7-29　湘西山地烟区烟叶品质指数基本统计

烟区	平均值	标准差	最小值	最大值	变异系数/%
保靖县	77.63A	2.09	75.24	79.10	2.69
凤凰县	68.35B	1.46	66.61	70.53	2.13
古丈县	77.30A	6.85	69.13	85.21	8.86
花垣县	67.13B	5.25	62.21	76.84	7.82
龙山县	74.35AB	2.88	69.25	80.32	3.87
泸溪县	78.22A	0.56	77.83	78.62	0.72
永顺县	73.45AB	4.40	68.42	82.71	5.99
湘西地区	73.08	5.18	62.21	85.21	7.09

（2）湘西山地烤烟品质指数县际比较　　由表 7-29 可知，湘西山地烟区 7 个主产烟县品质指数平均分值在 67.13～78.22 分；按从高到低依次为：泸溪县＞保靖县＞古丈县＞龙山县＞永顺县＞凤凰县＞花垣县。方差分析结果表明，不同县之间差异极显著（$F = 5.551$；sig. = 0.000），主要为泸溪县、保靖县、古丈县、龙山县烟叶品质指数极显著高于花垣县和凤凰县。

（3）湘西山地烟区烤烟品质指数空间分布　　由图 7-5 可知，湘西山地烟区烟叶品质

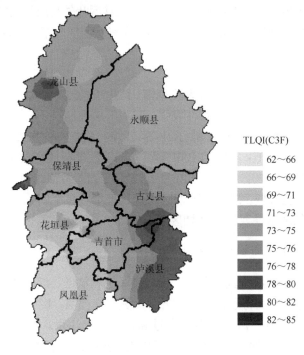

图 7-5　湘西山地烟区烤烟品质指数空间分布

指数的空间分布有从西南部和东北部两个方法分别向中部地区递增的分布趋势。在龙山县、泸溪县各有一个高值区，在凤凰县有一个低值区。以 75～76 分为主要分布区域，其次是 73～76 分的分布区域。凤凰县是一大片品质指数低于 66 分的分布区域，保靖县、古丈县、泸溪县、龙山县主要为感官质量指数大于 76 分的分布区域。

（三）小结

采用比较法、方差分析法、地统计学中 IDW 插值方法及综合评价方法研究了湘西山地烟区主要烟区烤烟外观质量、物理特性、化学成分、感官质量的基本统计特征，以及在不同植烟县、不同植烟乡镇的差异。

1. 外观质量特征及其指数

湘西烤烟外观质量总体特征以白色为底色，叶面组织较细腻，烟叶柔软，较鲜亮，叶片发育状况较好，身份较好，油分较多，色泽较正，光泽较强，色泽均匀，色差小。上部烟叶成熟，结构疏松至稍密，身份中等至稍厚，油分多至有，色度浓至中；中部烟叶成熟，结构疏松，身份中等，油分稍有至有，色度强至中；下部烟叶成熟，结构疏松，身份稍薄，油分稍有，色度中，少数弱。湘西山地烟区烤烟 B2F 等级外观质量指数在 67.70～84.60，平均值为 77.13，变异系数为 5.39%；C3F 等级外观质量指数在 70.80～85.27，平均值为 79.90，变异系数为 4.25%；X2F 等级外观质量指数在 50.77～77.97，平均值为 72.63，变异系数为 6.07%。B2F 等级以保靖县烟叶外观质量指数最高，花垣县烟叶最低；C3F 等级以凤凰县烟叶外观质量指数最高，泸溪县烟叶最低；X2F 等级以永顺县烟叶外观质量指数最高，泸溪县烟叶最低。湘西山地烟区烤烟外观质量指数的空间分布有从西部向东部方向递减的分布趋势。

2. 物理特性及其指数

湘西自治州烤烟主要特点是叶片厚度偏薄、结构疏松、吸湿性强，但烟叶含梗率较大。这类烤烟的填充性极好，烟丝的吸料性较强，有利于加香加料，在烟叶的保润性和耐加工性等方面具有优势。湘西山地烟区上部（B2F 等级）烟叶物理特性指数平均在 73.89～79.11，以古丈县最高，保靖县最低；中部（C3F 等级）烟叶物理特性指数平均在 86.44～88.33，以保靖县最高，花垣县最低；下部（X2F 等级）烟叶物理特性指数平均在 64.07～76.54，以花垣县最高，保靖县最低。湘西山地烟区烤烟物理指数在空间上呈斑块状分布态势，整体上是北部烟区的物理特性要比南部烟区好。

3. 化学成分特征及其可用性指数

湘西自治州烟叶化学成分具有糖高、钾较高、氮和氯低、烟碱适宜、淀粉适中、两糖差低的特点，但部分烟叶（特别是上部烟叶）烟碱含量偏高，影响烟叶的可用性。大部分烟区氯含量偏低，但个别产区烟叶氯含量过高，应引起注意。湘西山地烟区烤烟 CCUI 值为 C3F＞B2F＞X2F，大部分处于较好—好档次，但也有个别样品属"稍差"档次。B2F 等级 CCUI 值以泸溪县最高，永顺县最低，有从东南向东北方向递减的分布趋势；C3F 等级 CCUI 值以泸溪县最高，花垣县最低，有从东南向西方向递减的分布趋势；X2F 等级 CCUI 值以泸溪县最高，凤凰县最低，有从东南向西方向递减的分布趋势。

4. 感官质量特征及其指数

香气质整体尚好至稍好，其中古丈稍好于其他县；香气量尚足，少数稍有；香气尚透发至稍透发；微有木质气和青杂气，龙山产区少量样品稍有土腥气；烟气尚细腻；尚柔和；尚圆润至稍圆润，其中花垣与泸溪产区稍差于其他产区；刺激性有至稍有，其中永顺与凤凰产区刺激稍大；干燥感多数表现为有，少数稍有；余味以尚净尚舒适为主，其中凤凰与花垣产区稍差于其他产区。湘西自治州烟叶品质特征更接近中间香型、清香型和国外烟叶。湘西山地烟区烟叶感官质量指数平均为 72.51 分，最小值为 63.02 分，最大值为 89.23 分，变异系数为 8.34%。7 个主产烟县感官质量指数平均分值在 66.13～80.37 分，以古丈县最高，凤凰县最低；烟叶感官质量指数的空间分布有从西南部和东北部两个方法分别向中部地区递增的分布趋势。

5. 烟叶品质指数

湘西山地烟区烟叶品质指数平均为 73.08 分，最小值为 62.21 分，最大值为 85.21 分，标准差为 5.18 分，变异系数为 7.09%。7 个主产烟县品质指数平均分值在 67.13～78.22 分，以泸溪县最高，花垣县最低；烟叶品质指数的空间分布有从西南部和东北部两个方法分别向中部地区递增的分布趋势。

二、湘西山地烟区烤烟品质区划及风格特色定位

烟叶品质区域划分（简称"区划"），既不同于单纯的生态区划，也不同于一般的种植区划，它是为了满足卷烟工业配方的需要，按照烟叶质量风格特色的不同，对烟叶产区所做的区域划分。烟叶的质量风格特色是烟叶品质区域划分的主要依据，但烟叶的风格特色是在特定的生态条件下形成的，品质区划也离不开生态条件关系。因此，烟叶品质区划首先要对烟叶的风格特色进行充分的了解和分析，明确烟叶质量风格特色之所在，在此基础上，参考生态条件诸因素，并按照烟叶的质量风格特色，对各种烟叶进行同类合并、异类分开，对烟叶产区进行区域分割。湘西山地特色烟区立体气候明显，该地区是湖南省"立体农业"典型地区之一，其烟叶质量风格也是多种多样的。对湘西山地烟区烟叶品质进行区划和风格特色定位，有利于进一步提高湘西山地烟区烟叶质量，促进卷烟工业对湘西山地特色优质烟叶的合理利用，对湘西山地特色烟区的可持续发展和不同品质类型区的定向栽培具有重要参考价值。

（一）材料与方法

1. 烟叶风格特征评价

（1）样品采集与制备 在湘西山地烟区的主产烟县永顺、龙山、凤凰、古丈、花垣、保靖、泸溪等 7 县共采集 C3F 等级烟叶样品 41 个。其中，永顺、龙山、凤凰、古丈、花

垣、保靖、泸溪等县样品数分别为 9 个、12 个、5 个、4 个、6 个、3 个、2 个。为保证研究项目的准确性和具有代表性，在烤烟移栽后定点选取 5 户可代表当地海拔高度和栽培模式的农户，由湖南省湘西自治州烟草公司、张家界市烟草公司、常德市烟草公司、怀化市负责质检的专家按照烤烟分级国家标准，每户抽取具有代表性的初烤烟叶样品 5kg。品种为各县种植面积最大的主栽品种，主要为'K326''云烟 87'。GPS 定位，记录取样点的海拔、地理坐标（经度、纬度）。每个样品需填写样品取样档案。

应按照同一技术要求制备烟支样品。样品之间不应有可能影响评吸员感官判断的差异因素。初烤烟叶抽梗后对片烟进行水分调节至满足切丝要求。切丝宽度：1.0mm±0.1mm。对切后叶丝进行松散，保证叶丝无并条和粘连。对切后叶丝进行低温干燥（处理温度＜40℃）至叶丝含水率符合卷制要求。使用 50～60CU（透气度均值）的非快燃卷烟纸，烟支的物理质量指标符合 GB5606.3—2005 要求。卷制好的样品用塑料袋密封，保存在–6～0℃的低温环境中备用。

（2）风格特征感官评价方法　　由中国烟草中南农业试验站和湖南农业大学邀请郑州烟草研究院、湖南中烟工业有限责任公司技术研发中心 7 名评吸专家按照《烟叶质量风格特色感官评价方法（试用稿）》进行感官评吸。烟叶质量风格特色感官评价，采用 0～5 等距标度评分法。风格特征指标包括香型、香韵、香气状态、烟气浓度和劲头 5 部分。香型包括清香型、中间香型、浓香型。香韵包括干草香、清甜香、正甜香、焦甜香、青香、木香、豆香、坚果香、焦香、辛香、果香、药草香、花香、树脂香、酒香。香气状态包括沉溢、悬浮、飘逸。风格特征指标及评分标度见表 7-30。

表 7-30　风格特征指标及评分标度

指标		标度值		
		0～1	2～3	4～5
香型		无至微显	稍显著至尚显著	较显著至显著
香韵		无至微显	稍明显至尚明显	较明显至明显
香气状态	清香型	欠飘逸	较飘逸	飘逸
	中间香型	欠悬浮	较悬浮	悬浮
	浓香型	欠沉溢	较沉溢	沉溢
烟气浓度		小至较小	中等至稍大	较大至大
劲头		小至较小	中等至稍大	较大至大

2. 烟叶品质区划

（1）资料来源　　气候资料来自当地气象局，以上面分析的气候适宜性指数为区域划分的依据。土壤资料来是 2011 年的土壤样品，以土壤适宜性指数为区域划分的依据。烟叶品质数据为 2011 年 C3F 等级烟叶，主要以品质指数、香型、主要香韵为区域划分的依据，考虑到湘西山地特色烟区垂直差异大，将海拔也作为区域划分的依据。

（2）区划方法　　本研究采用资料分析和实地考察相结合，质量普查和代表性烟区重点调查相结合的方法，按烟叶主要品质类型分布特点进行区划。对湘西山地主要产烟区的生态、社会条件和烟叶综合质量性状进行重点调查和系统评价，以中部烟叶的质量现状特点为主要依据，运用定性、定量相结合的数据处理技术，采用系统聚类和两维图论聚类方法，对烟区进行类型划分。采用方差分析方法，明确各类指标的差异，以确定品质类型划分指标。在品质类型划分的基础上进行品质区划。

（二）结果与分析

1. 湘西山地烟区烤烟风格特征

（1）湘西山地烟区烤烟总体风格特征　　中偏浓香型风格尚显著至稍显著；香韵以干草香、焦甜香与焦香为主，兼有正甜香、木香、坚果香与木香，其中干草香尚明显，焦甜香、焦香稍明显，正甜香、木香、坚果香与辛香微显；香气状态较沉溢；烟气浓度稍大；劲头中等至稍大。

（2）湘西山地烟区各县烤烟风格特征评价

1）古丈县：浓偏中型稍显著；干草香尚明显，焦甜香稍明显至尚明显，焦香稍明显，正甜香与木香微显至稍显，复合有坚果香、辛香，少数样品微显清甜香；香气状态较沉溢；烟气浓度稍大；劲头中等至稍大。

2）保靖县：中偏浓型尚显著；香韵以干草香、焦甜香与焦香为主，干草香与焦甜香尚明显，焦香稍明显，微显正甜香、坚果香与辛香；香气状态较沉溢；烟气浓度稍大；劲头稍大至中等。

3）泸溪县：浓香型显著；干草香与焦甜香尚明显，焦香稍明显，微显正甜香、青香、木香、坚果香与辛香；香气状态较沉溢；烟气浓度较大至稍大；劲头稍大至中等。

4）花垣县：浓偏中香型尚显著至稍显著；干草香尚明显，焦甜香与焦香稍明显，正甜香、青香、木香、坚果香与辛香微显；香气状态较沉溢；烟气浓度稍大；劲头稍大至中等。

5）永顺县：浓偏中型尚显著；香韵以干草香、焦甜香与焦香为主，其中干草香尚明显，焦甜香、焦香稍明显，正甜香、青香、木香、坚果香、辛香微显，少数样品还微显清甜香与花香；香气状态较沉溢；烟气浓度稍大；劲头中等至稍大。

6）龙山县：中偏浓型尚显著；香韵以干草香、焦甜香与焦香为主，其中干草香尚明显，焦甜香稍明显至尚明显，焦香稍明显，坚果香微显至稍显，正甜香、青香、木香与辛香微显；香气状态较沉溢；烟气浓度稍大；劲头中等至稍大。

7）凤凰县：浓偏中型稍显著至尚显著；干草香尚明显，焦甜香与焦香稍明显，微显正甜香、木香、坚果香与辛香；香气状态较沉溢；烟气浓度中等至稍大；劲头中等。

2. 湘西山地烟区烤烟风格特征县际比较

（1）湘西山地烟区烤烟香型县际比较　　由图7-6可知，湘西山地烟区7个主产烟县浓香型平均分值在 2.25～2.79 分，按从高到低依次为：龙山县＞泸溪县＞保靖县＞永顺县＞花垣县＞凤凰县＞古丈县。方差分析结果表明，不同县之间差异不显著（$F = 1.960$；sig. $= 0.099$）。

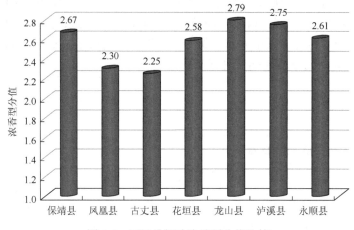

图 7-6　不同县烟叶浓香型分值比较

（2）湘西山地烟区烤烟香韵县际比较　　由表 7-31 可知，湘西山地烟区 7 个主产烟县干草香平均分值在 2.90～3.13 分，按从高到低依次为：古丈县＞永顺县＞龙山县＞泸溪县 ＝ 保靖县＞花垣县＞凤凰县。方差分析结果表明，不同县之间差异不显著（$F = 1.064$；sig. $= 0.403$）。

湘西山地烟区 7 个主产烟县清甜香平均分值在 0.00～0.38 分，龙山县、泸溪县、保靖县、凤凰县没有具有清甜香香韵的样品，其他各县按从高到低依次为：古丈县＞永顺县＞花垣县。方差分析结果表明，不同县之间差异不显著（$F = 1.660$；sig. $= 0.161$）。

湘西山地烟区 7 个主产烟县正甜香平均分值在 0.75～1.25 分，按从高到低依次为：古丈县＞永顺县＞龙山县＞花垣县 ＝ 凤凰县＞保靖县＞泸溪县。方差分析结果表明，不同县之间差异不显著（$F = 1.340$；sig. $= 0.267$）。

湘西山地烟区 7 个主产烟县焦甜香平均分值在 1.90～2.67 分，按从高到低依次为：保靖县＞泸溪县＞龙山县＞永顺县＞古丈县＞花垣县＞凤凰县。方差分析结果表明，不同县之间差异显著（$F = 2.938$；sig. $= 0.020$）。主要是保靖县焦甜香香韵分值显著高于永顺县、古丈县、花垣县、凤凰县，泸溪县焦甜香香韵分值显著高于凤凰县。

湘西山地烟区 7 个主产烟县青香平均分值在 0.33～0.83 分，按从高到低依次为：永顺县＞花垣县＞龙山县＞古丈县 ＝ 泸溪县＞凤凰县＞保靖县。方差分析结果表明，不同县之间差异不显著（$F = 1.185$；sig. $= 0.338$）。

湘西山地烟区 7 个主产烟县木香平均分值在 1.00～1.38 分，按从高到低依次为：古丈县＞花垣县＞永顺县＞凤凰县＞保靖县 ＝ 龙山县 ＝ 泸溪县。方差分析结果表明，不同县之间差异显著（$F = 2.553$；sig. $= 0.038$），主要是古丈县和花垣县木香香韵分值较高。

湘西山地烟区 7 个主产烟县豆香平均分值在 0.00～0.08 分，泸溪县、保靖县、凤凰县、古丈县、永顺县没有具有豆香香韵的样品，龙山县 ＝ 花垣县；方差分析结果表明，不同县之间差异不显著（$F = 1.636$；sig. $= 0.701$）。

湘西山地烟区 7 个主产烟县坚果香平均分值在 1.00～1.33 分，按从高到低依次为：保靖县＝龙山县＞泸溪县＝花垣县＝古丈县＞永顺县＞凤凰县。方差分析结果表明，不同县之间差异不显著（$F = 0.736$；sig. = 0.624）。

湘西山地烟区 7 个主产烟县焦香平均分值在 1.75～2.08 分，按从高到低依次为：龙山县＞永顺县＝保靖县＞凤凰县＞花垣县＞古丈县＝泸溪县。方差分析结果表明，不同县之间差异不显著（$F = 1.407$；sig. = 0.240）。

湘西山地烟区 7 个主产烟县辛香平均分值在 0.92～1.33 分，按从高到低依次为：保靖县＞龙山县＞永顺县＝古丈县＝泸溪县＝凤凰县＞花垣县。方差分析结果表明，不同县之间差异不显著（$F = 1.312$；sig. = 0.278）。

表 7-31 湘西山地烟区不同县烟叶香韵分值比较

烟区	干草香	清甜香	正甜香	焦甜香	青香	木香	豆香	坚果香	焦香	辛香
保靖县	3.00	0.00	0.83	2.67a	0.33	1.00b	0.00	1.33	2.00	1.33
凤凰县	2.90	0.00	1.00	1.90c	0.40	1.10b	0.00	1.00	1.90	1.00
古丈县	3.13	0.38	1.25	2.13bc	0.50	1.38a	0.00	1.25	1.75	1.00
花垣县	2.92	0.08	1.00	2.08bc	0.83	1.17ab	0.08	1.25	1.83	0.92
龙山县	3.04	0.00	1.08	2.38abc	0.79	1.00b	0.08	1.33	2.08	1.04
泸溪县	3.00	0.00	0.75	2.50ab	0.50	1.00b	0.00	1.25	1.75	1.00
永顺县	3.06	0.17	1.11	2.17bc	0.83	1.11ab	0.00	1.17	2.00	1.00

（3）湘西山地烟区烤烟香气状态分值县际比较　由图 7-7 可知，湘西山地烟区 7 个主产烟县沉溢平均分值在 2.13～2.75 分，都为较沉溢；按从高到低依次为：泸溪县＞保靖县＞龙山县＞花垣县＝永顺县＞凤凰县＞古丈县。方差分析结果表明，不同县之间差异不显著（$F = 1.512$；sig. = 0.204）。

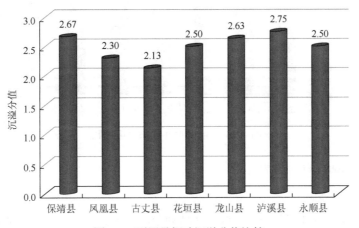

图 7-7 不同县烟叶沉溢分值比较

（4）湘西山地烟区烤烟烟气浓度分值县际比较　由图 7-8 可知，湘西山地烟区 7 个主产烟县烟气浓度平均分值在 2.60～3.50 分，为中等至稍大；按从高到低依次为：泸溪县＞保靖县＞龙山县＝古丈县＞花垣县＞永顺县＞凤凰县。方差分析结果表明，不同县之间差异极显著（$F = 3.785$；sig. $= 0.005$），主要是泸溪县烟叶的烟气浓度分值极显著高于其他各县。

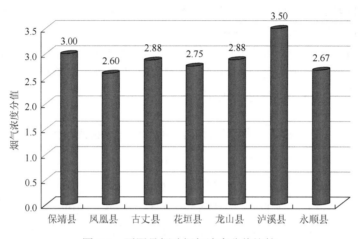

图 7-8　不同县烟叶烟气浓度分值比较

（5）湘西山地烟区烤烟劲头分值县际比较　由图 7-9 可知，湘西山地烟区 7 个主产烟县劲头平均分值在 2.10～2.75 分，为中等；按从高到低依次为：泸溪县＝花垣县＞龙山县＝保靖县＞永顺县＝古丈县＞凤凰县。方差分析结果表明，不同县之间差异不显著（$F = 1.469$；sig. $= 0.218$）。

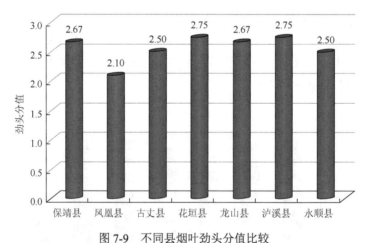

图 7-9　不同县烟叶劲头分值比较

3. 湘西山地烟区烤烟品质区划

（1）品质区划原则

1）区内相似性和区间差异性：这是区域划分的基本原则。在烤烟品质区域区划分时，必须注意各烟区的生态环境特征和烟叶质量风格特色的相对一致性。在突出区内相似性的基础上，力求抓住区间的差异性，使各品质区的特点鲜明，从而为烟区内烤烟生产管理提供方便。

2）综合分析和主导因素相结合：由于湘西山地烟区的地形、地貌复杂、海拔差异大、立体气候明显及复杂的经济发展情况，很难根据某一指标把整个湘西山地烟区分成不同的品质区域；同时，不同生态区域也存在某些方面的相似性。自然条件是烤烟生产的重要约束条件，而烟叶品质差异是主导因素。因此，我们抓住区域的最突出特点——海拔、品质指标来进行区划。同时，烤烟生态环境是由各种因子构成的，各因子的相互关系和组合，决定了烟叶质量和生产方式，但各因子的作用和影响并不相同或等同。因此，需要进行综合分析。在区划中，我们选择海拔、植烟土壤、气候和品质及烟叶风格特色等指标作为品质区划的依据。

3）反映特色优质烤烟种植的基本要求：生态环境条件是影响作物生长发育、产量和质量的最重要的因素之一，每种作物的生物学特性都对生态环境条件有基本的要求。其中包括生育期长短、大田生长期可用天数、各生长发育阶段一定的光、温、水条件的需求。另外，要生产特色优质烟叶，还要求在烤烟种植上具有某些适合的气候条件。烤烟品质区划指标要反映这两方面对生态环境条件的基本要求。

4）行政区划的完整性：为方便烟区内烟叶生产统一管理和指导，品质区划时尽可能保持县级行政区划的完整性，不打破县级行政界限。虽然这样可能会给区划造成困难，在一定程度上降低区划的准确性，但却增加了区划的可行性和应用性。

（2）品质区划指标的选择　湘西山地烟区烤烟品质区划指标的选择遵循如下原则：①主导因子原则；②因子共性原则；③区域差异性原则；④稳定性原则；⑤实际性原则；⑥因子简化原则；⑦可操作性原则。

根据以上原则，结合湘西山地烟区实际，在进行品质区划时，主要选择了以下6个指标：①海拔；②植烟土壤适宜性指数；③气候适宜性指数；④烟叶品质指数；⑤香型；⑥主要香韵（干草香、正甜香、焦甜香）。

（3）品质区划方法　由于品质区划的划分既要求各分区内部的自然条件、经济条件具有相对一致性，又要保持空间上的连通性和行政区界的完整性，如果采用普通的聚类方法，就很难使分类结果满足分区的原则。因此，本研究采用两维图论聚类方法。将表7-32的数据进行两维图论聚类。

表 7-32　湘西山地烟区各县经度、纬度和区划指标

烟区	经度	纬度	海拔	SFI	CFI	TLQI	香型	干草香	正甜香	焦甜香
保靖县	109.66	28.70	756.43	77.63	53.20	90.05	2.67	3.00	0.83	2.67
凤凰县	109.59	27.95	716.60	68.35	60.62	90.75	2.30	2.90	1.00	1.90
古丈县	109.95	28.62	455.75	77.30	52.09	89.55	2.25	3.13	1.25	2.13
花垣县	109.48	28.58	788.67	67.13	62.46	92.27	2.58	2.92	1.00	2.08
龙山县	109.44	29.46	804.40	74.35	54.60	90.66	2.79	3.04	1.08	2.38
泸溪县	110.21	28.22	155.00	78.22	51.58	87.57	2.75	3.00	0.75	2.50
永顺县	109.85	29.00	507.12	73.45	47.20	90.93	2.61	3.06	1.11	2.17

根据上述聚类结果，结合现阶段的烤烟生产实际和湘西山地烟区各地的情况，将湘西山地特色烟区划分为3种不同品质类型区即，龙山县与保靖县为第一类型区，永顺县与古丈县为第二类型区，凤凰县与花垣县为第三类型区，泸溪县为第四类型区。

（4）不同品质类型区比较

1）不同品质类型区生态环境比较：由表7-33和表7-34可知，四大类型区在海拔上差异较大，第一类型区的龙山县和保靖县烟区海拔一般在700~1000m，属中高海拔烟区；第二类型区的永顺县和古丈县烟区海拔一般在300~600m，属中低海拔烟区；第三类型区的凤凰县和花垣县烟区海拔一般在500~800m，属中海拔烟区；第四类型区的泸溪县烟区海拔一般在100~300m，属低海拔烟区。

由表7-33和表7-34可知，四大类型区在气候适宜性指数上差异较大，主要是第四类型区的泸溪县气候适宜性指数相对低于其他类型区。第四类型区的泸溪县在均温、大于35℃的日数、活动积温、有效积温、日照时数都高于其他类型区。

表7-33 不同品质类型区海拔及主要气候因子平均值

	指标	第一类型	第二类型	第三类型	第四类型
	海拔/m	780.42	475.09	726.84	242.83
全年	均温/℃	16.10	16.30	16.05	17.00
	大于35℃日数	12.07	16.43	12.40	19.47
	无霜期/d	289.50	287.00	281.50	286.00
	活动积温/℃	5041.50	5102.10	5003.70	5339.70
	有效积温/℃	2683.50	2706.95	2718.94	2807.10
	降水量/mm	1336.45	1358.85	1350.55	1305.70
	日照时数/h	1185.95	1236.35	1267.15	1390.50
大田期	均温/℃	23.49	23.29	23.31	24.93
	降水量/mm	790.27	800.81	738.88	777.85
	日照/h	611.65	618.56	631.96	673.28
	相对湿度/%	80.49	80.65	80.38	81.08

由表7-33和表7-34可知，四大类型区在土壤适宜性指数上差异较大，以第三类型区的凤凰县和花垣县烟区的土壤适宜性指数相对较高，而第二类型区的永顺县和古丈县及第四类型区的泸溪县烟区的土壤适宜性指数相对较低。pH以第一类型区相对较高，有机质以第二类型区相对较高，碱解氮以第三类型区相对较高，速效磷以第一类型区相对较高，速效钾以第一类型区相对较高，交换性镁以第一类型区相对较高，交换性钙以第四类型区相对较高，有效硫以第二类型区相对较高，有效硼以第四类型区相对较高，有效锌以第三类型区相对较高，水溶性氯以第四类型区相对较高。

表 7-34 不同品质类型区植烟土壤主要养分平均值

类型区	第一类型	第二类型	第三类型	第四类型
pH	6.18	5.58	5.84	5.87
有机质/%	1.94	2.13	2.02	1.99
碱解氮/(mg/kg)	94.89	94.73	108.69	103.76
速效磷/(mg/kg)	41.33	30.88	28.65	28.70
速效钾/(mg/kg)	198.71	166.15	145.00	95.12
交换性镁/(mg/kg)	209.95	140.57	181.76	105.57
交换性钙/(mg/kg)	1887.70	1452.94	1433.22	2100.25
有效硫/(mg/kg)	20.90	35.85	24.37	18.76
有效硼/(mg/kg)	0.75	0.71	0.72	0.78
有效锌/(mg/kg)	2.01	1.93	2.16	1.56
水溶性氯/(mg/kg)	18.19	29.94	24.92	35.11

2）不同品质类型区外观质量比较：由表 7-35 可知，不同品质类型区的成熟度、叶片结构、油分及外观质量指数存在极显著差异，颜色色度存在显著差异。第一、三品质类型区的颜色、成熟度、叶片结构、油分、色度和外观质量指数分值较高，而第四品质类型区相对较差。

表 7-35 不同品质类型区烤烟外观质量平均值

类型区	第一类型	第二类型	第三类型	第四类型
颜色	8.23a	8.01ab	8.24a	7.84b
成熟度	8.46A	8.03AB	8.20AB	7.58B
叶片结构	8.51A	8.22AB	8.09AB	7.50B
身份	7.98a	7.86a	7.97a	7.67a
油分	7.71A	7.35A	7.52A	6.42B
色度	7.38a	6.99ab	7.36a	6.75b
AQI	81.65A	78.48AB	79.97A	74.07B

3）不同品质类型区物理特性比较：由表 7-36 可知，不同品质类型区的叶和平衡含水率存在显著差异。第一、二、三品质类型区的平衡含水率相对较高，而第四品质类型区相对较低。

表 7-36 不同品质类型区烤烟物理特性平均值

类型区	第一类型	第二类型	第三类型	第四类型
叶长/cm	64.11ab	67.87a	66.86a	61.48b
叶宽/cm	22.85a	22.44a	22.10a	19.76a
开片度/%	35.87a	33.23a	33.00a	32.00a

续表

类型区	第一类型	第二类型	第三类型	第四类型
单叶重/g	10.19a	10.09a	10.34a	9.00a
含梗率/%	32.13a	34.05a	33.66a	33.05a
平衡含水率/%	16.72a	16.32a	16.37a	14.45b
叶厚/μm	92.60a	94.04a	93.27a	107.75a
叶质重/(g/m²)	69.03a	64.85a	69.37a	68.60a
PPI	87.73a	86.74a	86.53a	86.75a

4）不同品质类型区化学成分比较：由表 7-37 可知，不同品质类型区的总糖、还原糖、烟碱、淀粉及化学成分可用性指数存在极显著差异，两糖差存在显著差异。第一、二、三品质类型区的总糖和还原糖含量相对较高，而第四品质类型区相对较低；第一、二、三品质类型区的烟碱含量相对较低，而第四品质类型区相对较高；第一、二品质类型区的淀粉含量相对较低，而第三、四品质类型区相对较高；第一品质类型区的两糖差相对较低，而第四品质类型区相对较高；第二、三品质类型区的化学成分可用性指数相对较差，而第四品质类型区相对较好。

表 7-37　不同品质类型区烤烟化学成分平均值

类型区	第一类型	第二类型	第三类型	第四类型
总糖/%	31.95A	32.19A	33.59A	27.20B
还原糖/%	28.97A	28.77A	30.15A	22.17B
烟碱/%	1.75B	1.72B	1.80B	1.96A
总氮/%	2.69a	2.71a	2.86a	2.47a
钾/%	1.71a	1.81a	1.81a	1.99a
氯/%	0.25a	0.27a	0.32a	0.17a
淀粉/%	2.93B	3.26B	4.99A	6.51A
两糖差	2.99b	3.42ab	3.43ab	5.04a
糖碱比	12.13a	12.56a	12.65a	11.06a
氮碱比	0.66a	0.66a	0.67a	0.79a
钾氯比	6.86a	7.90a	8.14a	12.66a
CCUI	73.76AB	68.75B	60.21B	86.30A

5）不同品质类型区感官质量特征比较：由表 7-38 可知，不同品质类型区的青杂气存在极显著差异，余味和感官质量指数存在显著差异。第一、二、三品质类型区的青杂气相对较高，而第四品质类型区相对较低；第二品质类型区的余味相对较好，而第三品质类型区相对较差；第二、四品质类型区的感官质量相对较好，而第三品质类型区相对较差。

表7-38　不同品质类型区烤烟感官质量特征平均值

类型区	第一类型	第二类型	第三类型	第四类型
香气质	2.73a	2.88a	2.50a	2.75a
香气量	2.90a	2.85a	2.64a	3.00a
透发性	2.90a	2.85a	2.50a	2.75a
青杂气	1.03A	0.96AB	1.14A	0.50B
生青气	0.00a	0.12a	0.18a	0.00a
枯焦气	1.00a	0.69a	0.95a	1.00a
木质气	1.00a	1.00a	1.27a	1.00a
土腥气	0.07a	0.00a	0.00a	0.00a
花粉气	0.00a	0.04a	0.14a	0.00a
金属气	0.00a	0.00a	0.05a	0.00a
细腻程度	2.63a	2.77a	2.73a	2.75a
柔和程度	2.67a	2.73a	2.50a	2.75a
圆润感	2.57a	2.69a	2.36a	2.25a
刺激性	2.60a	2.65a	2.77a	2.50a
干燥感	2.83a	2.69a	2.86a	3.00a
余味	2.53ab	2.73a	2.18b	2.50ab
SQI	73.66ab	75.15a	67.35b	75.13a

6）不同品质类型区感官风格特色比较：由表7-39可知，不同品质类型区的烟气浓度存在极显著差异，正甜香和焦甜香存在显著差异。第一、二、三品质类型区的烟气浓度相对较低，而第四品质类型区相对较高；第二品质类型区的正甜香香韵相对较高，而第四品质类型区相对较低；第一、四品质类型区的焦甜香香韵相对较高，而第三品质类型区相对较低。

表7-39　不同品质类型区烤烟感官风格特色平均值

类型区	第一类型	第二类型	第三类型	第四类型
香型（浓香型）	2.77a	2.50a	2.45a	2.75a
干草香	3.03a	3.08a	2.91a	3.00a
清甜香	0.00a	0.23a	0.05a	0.00a
正甜香	1.03ab	1.15a	1.00ab	0.75b
焦甜香	2.43a	2.15ab	2.00b	2.50a
青香	0.70a	0.73a	0.64a	0.50a
木香	1.00a	1.19a	1.14a	1.00a
豆香	0.07a	0.00a	0.05a	0.00a
坚果香	1.33a	1.19a	1.14a	1.25a
焦香	2.07a	1.92a	1.86a	1.75a
辛香	1.10a	1.00a	0.95a	1.00a
香气状态（沉溢）	2.63a	2.38a	2.41a	2.75a
烟气浓度	2.90B	2.73B	2.68B	3.50A
劲头	2.67a	2.50a	2.45a	2.75a

（5）湘西山地烟区烤烟品质类型区划分　　针对湘西山地烟区烟叶主产区烟叶质量和品质类型现状，以烟草品质类型的环境表达为理论依据，以烟草品质类型的现状分布为技术依据，以定型生产技术对品质的影响为补充依据，以中部烟叶质量为主，综合考虑各个部位烟叶的质量特点，并遵循烟叶品质类型的相对一致性原则，烟叶品质改良的技术一致性原则，烟叶质量潜力的一致性原则，品质类型的生态多宜性原则，保持生态区域完整性的原则，采用"自然生态类型＋品质优势共同点"的命名方法，将湘西山地烟区烤烟种植区划分为 3 个品质类型区。

（6）湘西山地烟区不同烤烟品质类型区简评

1）西北部中高海拔山地中偏浓优质主料区：本区包括龙山县和保靖县，为烟草种植的适宜区和最适宜区。地处云贵高原东侧，武陵山脉中段腹地。属亚热带季风湿润气候，气候温和、四季分明，热量充足、两水集中，春温多变、夏秋多旱，严寒期短、暑热期长，但境内峰峦重叠、坡陡谷深、地形复杂、天气多变，山地气候明显。年均气温 16.1℃，年均降水量 1336.45mm，年均无霜期 289.50d，年均日照时数 1185.95h。烟草大田期日均温 23.49℃，降水量 790.27mm，日照时数 611.65h。总体而言，烟叶生长期光温水条件优越，山区降水更充沛，后期发生干旱的概率较大。

烟区海拔较高，多在 700～1000m 的山地。烟区内成土母质多样，土壤种类复杂，有石灰岩、板页岩、砂岩、白云岩、紫色砂叶岩、第四纪红土及近代河流冲积物等多种。土壤种类繁多，红色石灰土、山地黄壤、黄棕壤、红壤、紫色土和水稻土为主要土类。植烟土壤肥力水平较高，土壤 pH 平均为 6.18，土壤有机质、钾、钙、镁含量丰富，分别为 1.94%、198.71mg/kg、1887.90mg/kg 和 209.95mg/kg；土壤硼含量较缺乏，只有 0.75mg/kg。土壤适宜指数较高，植烟土壤能适宜优质适产烟叶生产。

该区烟叶颜色金黄—深黄，外观质量和物理特性较好，化学成分协调性较好，中偏浓香型，配伍性好，山地烟特色较为鲜明。烟叶成熟度好，结构疏松，油分足，色度浓。平衡含水率高。总糖和还原糖含量较高，烟碱含量适中，淀粉含量适宜。中偏浓香型尚显著；香韵以干草香、焦甜香与焦香为主，干草香与焦甜香尚明显，焦香稍明显，微显正甜香、坚果香与辛香；香气状态较沉溢；烟气浓度稍大；劲头稍大至中等。香气质尚好，香气量尚足，较透发，微有青杂气、枯焦气和木质气；烟气尚细腻、尚柔和、尚圆润；刺激性和干燥感有，余味尚净尚舒适至稍净稍舒适。

2）中部中低海拔丘陵岗地浓偏中优质主料区：本区包括永顺县、古丈县、凤凰县和花垣县。为烟草种植的适宜区和最适宜区。地处云贵高原东侧，武陵山脉中段。属中亚热带暖湿季风气候区，冬无严寒、夏无酷暑，温暖湿润，四季分明。年均气温 16.3℃，年均降水量 1358.85mm，年均无霜期 287.00d，年均日照时数 1236.35h。烟草大田期日均温 23.29℃，降水量 800.81mm，日照时数 618.56h。总体而言，烟叶生长期光温水条件优越，低海拔河谷高温日较多，部分烟区后期发生干旱的概率较大。

烟区海拔差异较大，多在 300～600m 的丘陵、岗地、山地。土壤主要由石灰岩（包括白云岩）、板页岩、砂岩、紫色砂页岩、河流冲积物等母质发育而成，以红壤、黄壤、黄棕壤、红色石灰土、黑色石灰土、紫色土、水稻土等为主。植烟土壤肥力水平较高，土壤 pH 平均为 5.58，略偏酸，土壤有机质、钾、钙、镁含量丰富，分别为 2.13%、166.15mg/kg、

1452.94mg/kg 和 140.57mg/kg；土壤硼含量较缺乏，只有 0.71mg/kg。土壤适宜指数较高，植烟土壤能适宜优质适产烟叶生产。

该区烟叶颜色金黄—深黄，外观质量和物理特性较好，化学成分协调性较好，浓偏中香型，配伍性好。烟叶成熟度较好，结构较疏松，油分足，色度浓。平衡含水率高。总糖和还原糖含量较高，烟碱含量适中，淀粉含量适宜。浓香型稍显著至尚显著；香韵以干草香、焦甜香与焦香为主，其中干草香尚明显，焦甜香、焦香稍明显，正甜香、青香、木香、坚果香、辛香微显；香气状态较沉溢；烟气浓度稍大；劲头中等至稍大。香气质稍好至较好，香气量尚足，尚透发，微有青杂气和木质气；烟气尚细腻至稍细腻，稍柔和至尚柔和，尚圆润至稍圆润；刺激性和干燥感稍有至有，余味稍净稍舒适至尚净尚舒适。

3）南部低海拔丘陵浓香型主料区：本区包括泸溪县，为烟草种植的适宜区。地处武陵山脉向雪峰山脉过渡地带，其地貌自东向西南排成"川"字形状，西高东低，由西向东倾斜，沅江沿县境南向北流入洞庭湖，大部分属低山丘陵地区。属中亚热带暖湿季风气候区，四季分明，年平均气温 16.9℃，年平均降雨量 1294.8mm，年平均日照 1405.8h，无霜期 277d。烟草大田期降水 714.6mm，日照时数 683.1h；成熟期降水量 280.5mm，日照时数 429h，日最高气温≥35℃的高温日数 18.3d。总体而言，烟叶生长期光温条件优越，河谷地带成熟期高温天气相对较多，而山丘区高温天气则明显减少。

烟区为低海拔丘陵山区，海拔多在 100～300m。土壤种类繁多，主要有石灰土、红壤、黄壤、紫色土、水稻土等。植烟土壤肥力水平适中，土壤 pH 平均为 5.87，略偏酸性，土壤有机质、钙含量丰富，分别为 1.99% 和 2100.25mg/kg；土壤钾、镁、硼含量较缺乏，只有 95.12mg/kg、105.81mg/kg、0.78mg/kg。土壤适宜指数较高，植烟土壤能适宜优质适产烟叶生产。

该区烟叶颜色金黄—深黄，外观质量和物理特性较好，化学成分协调性较好，浓香型稍显著，配伍性好。烟叶成熟度一般，结构较疏松，油分较足。平衡含水率适中。总糖和还原糖含量较适中，烟碱含量适中略偏高，淀粉含量略高。浓香型尚显著；干草香与焦甜香尚明显，焦香稍明显，微显正甜香、青香、木香、坚果香与辛香；香气状态较沉溢；烟气浓度较大至稍大；劲头稍大至中等。香气质尚好至稍好，香气量尚足，尚透发，微有青杂气、枯焦气和木质气；烟气尚细腻，尚柔和，尚圆润；口感上有刺激性和干燥感，余味尚净尚舒适。

（7）湘西山地烟区不同烤烟品质类型区外延　桑植县在东经 109°41′～东经 110°46′、北纬 29°27′～北纬 29°48′，属中亚内陆季风性气候区，温和湿润，春暖多变，雨热同季，四季分明，年均气温 16℃，绝对湿度 16.2%，年降雨量 1400mm，年蒸发量 1100mm，全年日照平均 1283.6h，无霜期 271d，降水集中在 4～8 月。据气象资料统计，烟草大田期降水量 817mm，日照时数 583h。成熟期降水量 363mm，日照时数 354h，高温日数 12.7d。烟叶中偏浓香型尚显著；香韵以干草香、焦甜香与焦香为主，其中干草香尚明显，焦甜香稍明显至尚明显，焦香稍明显，坚果香微显至稍显，正甜香、青香、木香与辛香微显；香气状态较沉溢；烟气浓度稍大；劲头中等至稍大。在品质区划上与湘西自治州龙山县同属西北部中高海拔山地中偏浓优质主料区。

石门县地处东经 110°29′～东经 111°33′，北纬 29°16′～北纬 30°08′，属中亚热带向亚热带过渡的季风气候区。境内年平均气温 16.7℃，平均气温 28.6℃，全年无霜期 282 d，日照 1646.9h，年平均降雨量 1540mm。烟叶中偏浓香型尚显著；香韵以干草香、焦甜香与焦香为主，其中干草香尚明显，焦甜香稍明显至尚明显，焦香稍明显，坚果香微显至稍显，正甜香、青香、木香与辛香微显；香气状态较沉溢；烟气浓度稍大；劲头中等至稍大。在品质区划上与湘西自治州龙山同属西北部中高海拔山地中偏浓优质主料区。

永定区属中亚热带季风温润气候区，年均气温 16.7℃，年活动积温 5200℃，年日照 1418.6h，年降雨日 154.3d，年降雨量 1362.5mm，年均无霜期 270.3d。据气象资料统计，烟草大田期降水量 738mm，日照时数 654h，成熟期降水量 334mm，日照时数 395h，日最高气温≥35℃的高温日数 21.9d。总体而言，烟叶生长期光温水条件优越，澧水河谷流域高温天气较多，但山丘地带高温酷热天气明显减少。烟叶浓偏中型尚显著；香韵以干草香、焦甜香与焦香为主，其中干草香尚明显，焦甜香、焦香稍明显，正甜香、青香、木香、坚果香、辛香微显，少数样品还微显清甜香与花香；香气状态较沉溢；烟气浓度稍大；劲头中等至稍大。在品质区划上与湘西自治州永顺同属中部中低海拔丘陵岗地浓偏中优质主料区。

慈利县在东经 110°27′～东经 110°20′、北纬 29°04′～北纬 29°41′，属中亚热带季风温润气候区，年均气温 16.8℃，年活动积温 5200℃，年日照 1563.3h，年均太阳光辐射总量 102kcal/cm²，年降雨日 143.2d，年降雨量 1390mm，年均无霜期 267.6d。据气象资料统计，烟草大田期降水量 766mm，日照时数 649h；成熟期降水量 374mm，日照时数 392h，日最高气温≥35℃的高温日数 18.2d。总体而言，烟叶生长期光温水条件优越，澧水河谷流域高温天气较多，但山丘地带高温酷热天气明显减少。烟叶浓偏中型尚显著；香韵以干草香、焦甜香与焦香为主，其中干草香尚明显，焦甜香、焦香稍明显，正甜香、青香、木香、坚果香、辛香微显，少数样品还微显清甜香与花香；香气状态较沉溢；烟气浓度稍大；劲头中等至稍大。在品质区划上与湘西自治州永顺同属中部中低海拔丘陵岗地浓偏中优质主料区。

桃源县地处东经 111°29′，北纬 28°55′，属中亚热带季风湿润气候。气候特点是冷热四季分明，干湿两季明显，多年平均气温为 16.5℃。年平均气温分布除南部和西北部山区低于 16.0℃之外，其余均在 16.0～16.5℃。月平均气温以 1 月最低，为 4.5℃，7 月最高，为 28.5℃，3～10 月皆在 10℃以上。县域位于雪峰山北端以安化县为中心的多雨区边缘，雨量由南向北递减。年平均降水量为 1447.9mm，年平均相对湿度为 82%，年日照时数 1531.4h，年平均日照率为 5%，无霜期 283d。烟叶浓香型显著；干草香与焦甜香尚明显，焦香稍明显，微显正甜香、青香、木香、坚果香与辛香；香气状态较沉溢；烟气浓度较大至稍大；劲头稍大至中等。在品质区划上与湘西自治州的泸溪县同属南部低海拔丘陵浓香型主料区。

怀化靖州属亚热带季风湿润区。气候温和，年平均气温 16.8℃。热量丰富，生长季节长，年活动积温为 6165.8～4976.1℃，历年平均日照时数为 1336.9h，日照率 30%，常年太阳总辐射为 99.33kcal/cm²，无霜期 290d。历年平均降雪 8.4d，连续降雪时间不长，一般 1～2d，边降边融，积雪平均只有 4.1d。境内年平均相对湿度为 79%～83%，年平均水面蒸发量 967.7mm，陆地蒸发量 603.4mm。烟叶浓香型显著；干草香与焦甜香尚明显，焦香稍明显，微显正甜香、青香、木香、坚果香与辛香；香气状态较沉溢；烟气浓度较大至稍大；劲头稍大至中等。在品质区划上与湘西自治州的泸溪县同属南部低海拔丘陵浓香型主料区。

（三）小结

采用比较法、方差分析法、地统计学中 IDW 插值方法及两维图论聚类方法研究了湘西山地主要烟区烤烟风格特征和品质区划，并分析了不同品质类型区的生态特点和烟叶质量风格特色。

1. 湘西山地特色烟区烤烟风格特征

烟叶中偏浓香型风格尚显著至稍显著；香韵以干草香、焦甜香与焦香为主，兼有正甜香、木香、坚果香与木香，其中干草香尚明显，焦甜香、焦香稍明显，正甜香、木香、坚果香与辛香微显；香气状态较沉溢；烟气浓度稍大；劲头中等至稍大。

2. 湘西山地特色烟区风格特色评价指标县际差异

不同县的烤烟浓香型、干草香、清甜香、正甜香、青香、豆香、坚果香、焦香、辛香、香气状态、劲头等指标差异不显著；不同县的烤烟焦甜香、木香、烟气浓度等指标差异显著。

3. 湘西山地特色烟区品质类型划分

湘西烟区烤烟品质区划将划分为西北部中高海拔山地中偏浓优质主料区、中部中低海拔丘陵岗地浓偏中优质主料区、南部低海拔丘陵浓香型主料区 3 个品质类型区。

第八章　湘西烟叶生产技术运行管理模式研究

第一节　品牌烟叶原料供需状态分析

2005 年全国烟草工作会议上，国家烟草专卖局明确指出"烟叶稳，整个行业发展就稳；烟叶出问题，整个行业发展必然要出问题"。2006 年全国烟草工作会议上，国家烟草专卖局提出培育"两个十多个"的战略目标，工业重组迈出了坚实的一步。大市场、大企业、大品牌的发展走势已成必然。随着卷烟品牌的整合和"做大做强"的迫切需求，卷烟工业更需要优质而稳定的烟叶原料提供保障，更需要烟叶产区在订单农业和满足个性化需求方面提供更强有力的支持。国家烟草专卖局围绕保障品牌烟叶原料需求这一核心问题，开展了一系列重大项目研究，从国际型优质烟叶生产到部分替代进口烟叶开发再到特色优质烟叶开发，在一定程度上解决了工业企业烟叶需求矛盾问题。然而，国内烟叶市场仍旧满足不了大企业，大品牌发展需求，特别是国内重点骨干品牌对国外优质烟叶的依赖始终无法摆脱。

在这种背景下，湘西作为全国浓香型优质烟叶产区，与广东中烟一起经过深入论证，确立了"基于某品牌的烟叶原料保障体系开发"重大课题，经过专家咨询，制定了工作方案，以期通过工商研共建原料与品牌发展机制平台的搭建，探索出新型工商研合作关系。在整个项目实施过程中，工商各方紧紧围绕卷烟工业企业重点骨干品牌烟叶原料需求，围绕工业企业以什么方式深度介入基地建设中来，如何保持基地建设各项工作有效运行，如何把品牌原料需求特点和品牌文化根植于产区广大基层技术人员和烟农等生产主体心中，深入探索工商研互动，共同参与的运作机制和管理方式，促进项目研究深入持续发展，推进湘西优质特色烟叶原料保障上水平。

第二节　建立工商研战略合作发展机制

工商各方从原料保障战略任务出发，建立工商研战略合作发展"一套机制"，强化三方合力推进"原料保障上水平"的密切关系。在"基于某品牌的烟叶原料保障体系开发"项目的选题、立题、开题和实施全过程中，始终把最大限度满足工业企业烟叶原料需求作为项目研究的出发点和落脚点，十分注重工商研三方原料保障战略联盟关系的建立和巩固。在"基于某品牌的烟叶原料保障体系开发"项目启动会上三方签订了框架协议，制定了具体实施意见，聘请行业内专家组成项目顾问组，明确项目建设的目的和意义，合作原则，目标任务，组织机构，合作内容和方式等，为科学合理规划基地，体制创新共建基地工作实践提供了条件，为引入品牌观念，融入品牌文化，建立工业需求引导也生产的机制奠定了基础。

第三节　建立项目运行管理制度

建立健全项目运行管理制度对保持项目高效持续运行至关重要,项目组从项目持续长效发展出发,建立项目运行管理工作制度,在项目启动初期,工商研三方就如何深入推动项目建设展开细致讨论,探索建立了项目的考核评价制度,完善技术体系运行管理制度和项目年会制度。

一、项目考核评价制度

1. 考核评价办法

（1）考核对象　　工业企业、商业企业和科研单位

（2）考核内容　　工业企业和科研单位从基地区域布局、品种结构、育苗管理、田间管理、成熟采烤、烟叶收购、烟叶质量、合作水平等方面对商业企业进行考核评价；商业企业和科研单位从原料需求目标、生产收购介入程度、科研立项、工业验证及质量评价、信息反馈、合作水平等方面对工业企业进行考核；工业商业企业从科研项目研究、技术服务两个方面对科研单位进行考核评价。

2. 考核评价内容

工商研三方互相评价,实行百分制考核,考核结果在基地年会中通报,并作为下一年三方合作改进的主要依据。

二、生产技术体系运行管理制度

1. 组织机构

成立由工商研三方分管领导组成的项目技术体系运行管理领导小组,具体负责协调、沟通、监督和考核执行小组的工作。

2. 职责分工

工业企业负责重点骨干卷烟品牌需求分析,提出烟叶质量指标要求,负责烟叶质量评价,根据项目研究成果参与原料生产技术体系的修改完善等工作。参与制定生产技术方案和技术措施的贯彻落实。

商业企业负责提供产区生产信息资料,参与制定原料生产技术体系,落实好生产技术培训,严格执行工作记录及汇报制度,负责研究成果的推广应用工作。

科研单位根据工业企业品牌需求分析,提出烟叶质量指标及改进方向,参与制定生产

技术方案，完善相关生产技术标准，派出专门技术人员常驻产区进行技术指导和培训，参与烟叶样品的取样及分析工作及撰写年度报告。

3. 工作计划

签订合作协议，根据品牌需求分析结合当地生态资料，制定具体生产技术体系并实施，做好中期考核评价和总结报告。

三、项目年会制度

每年生产季节召开一次项目研讨会，湘西自治州政府领导，项目顾问组，广东中烟负责人，科研单位负责人，基地单元负责人共同就项目实施情况进行总结分析，及时查找问题寻求解决办法。主要包括湖南省烟草公司湘西自治州公司对项目实施情况进行总体汇报，就工业企业提出的问题进行现场答疑，并提出初步解决方案；科研单位就科研项目研究，技术服务方面做详细报告，对项目研究重大科技成果做现场讲解；专家顾问组对项目开展情况进行分析点评。

第四节　项目实践与应用

4年来，工商研三方在"基于某品牌的烟叶原料保障体系开发"项目运行管理模式方面进行了大胆探索和丰富实践，在深化工商研协同发展关系、富有成效开展科研研发完善品牌烟叶原料配套技术生产体系等方面取得了长足的发展，得到各方高度评价。

一、深化工商研协同创新模式

工商研三方通过4年"基于某品牌的烟叶原料保障体系开发"项目研究与探索实践，项目运行管理水平得到不断提升，工商双方切实转变了观念，转换了角色，项目工作在协同创新模式下得到持续高效开展。

二、优化基地烟叶配套生产技术

4年来，围绕品牌烟叶原料需求，重点开展了精准施肥、绿色防控、成熟采收和精准烘烤工艺等方面的技术研究，初步建立了某品牌烟叶原料配套生产技术体系。广东中烟通过项目的深入实施，认为湘西烟区烟叶香气质细腻，柔和，劲头浓度适中，余味较净，适合作为某高档卷烟主料应用。

三、科技成果与成效

经过工商研三方的不懈努力，4年来项目组开展了大量工作，也取得了较大成绩。

　　1）针对湘西烟区土壤碳库弱化、生物活性降低导致烟叶香气质量下降的问题，项目组研发了高碳基土壤修复肥，修复了土壤碳库，提高了碳氮比，很好地解决了微生物生态环境变劣，养分供应不均衡的问题。

　　2）通过研究，确立了不同浓香型产区科学保障烟草大田生长时间的调控技术和彰显浓香型烟叶风格特色的关键技术措施，并进行了示范，示范田烟叶感官质量明显优于对照烟田。

附　　录

Q/WAAA

湖南省烟草公司湘西自治州公司企业标准

Q/WAAA 005—2017

烤烟种植区划与布局

2017-04-25 发布　　　　　　　　　　　　　2017-05-01 实施

湖南省烟草公司湘西自治州公司　　　发　布

前　言

本标准按照 GB/T 1.1—2009 给出的规则起草。

本标准代替 Q/WAAA 005—2010《烤烟种植区划与布局》，与 Q/WAAA 005—2010 相比，除进行编辑性修改外，主要技术变化为：

——根据行政区划调整，对区划与布局对应的乡镇进行调整。

本标准由湘西自治州烟草专卖局提出并归口。

本标准起草单位：湖南省烟草公司湘西自治州公司。

本标准主要起草人：田峰、李跃平、田茂成、吕启松、陈前锋。

本标准代替 Q/WAAA 005—2010。

本标准历次版本发布情况为：

——Q/WAAA 005—2010。

烤烟种植区划与布局

1 范围

本标准规定了烤烟种植区划与布局的依据、分区和各烟区的范围、主要特征及技术特点。

本标准适用于湘西自治州烤烟区域的规划与布局。

2 术语和定义

下列术语和定义适用于本文件。

2.1 烤烟种植区划

根据烤烟对生态条件的要求和地区生态环境条件,按照一定要素将烤烟种植区域划分为不同类型。

3 区划的目的

湘西自治州烟区分布较广,地形、地貌复杂,垂直差异大,生态环境类型多样,进行烤烟种植区划,有利于因地制宜地制定技术方案和指导烤烟生产,优化布局,彰显烟叶质量特色,提高烟叶生产水平,实现烟叶生产的可持续发展。

4 分区的依据

主要依据海拔、气候与土壤条件、社会经济条件以及烟叶质量的相似性等要素进行生产种植区域的划分。

5 区域的划分

将全州烤烟产区分为四个区域:北部中高海拔烟区、西南部中高海拔烟区、中南部中海拔烟区、南部低海拔烟区。

6 各烟区主要特征与范围

6.1 北部中高海拔烟区

位于湘西自治州的北部，海拔 500~1300m，年平均气温偏低，降雨量较大，日照时数偏少；土壤以黄壤和黄棕壤为主，以山地烟种植为主。辖龙山县全部种烟乡镇。

6.2 西南部中高海拔烟区

位于湘西自治州的西南部，海拔 800~1000m，年平均气温偏低，降雨量较多，日照时数偏少；土壤以黄壤为主，以山地烟种植为主。包括保靖县的比耳、清水坪、毛沟，花垣县的雅酉、补抽、吉卫、董马库、排料、排碧、麻栗场、长乐，凤凰县的禾库、两林、腊尔山等种烟乡镇。

6.3 中南部中海拔烟区

位于湘西自治州的中部和南部，海拔 500~800m，年平均气温稍高，降雨量偏少至较多，日照时数较长；土壤以黄壤为主，山地烟和稻田烟均有种植。包括永顺县的所有种烟乡镇，保靖县的长潭河乡、涂乍、水田河、普戎、碗米坡、阳朝、迁陵，古丈县的红石林、断龙，凤凰县的山江、千工坪、阿拉营、落潮井、茶田、新场等种烟乡镇。

6.4 南部低海拔烟区

位于湘西自治州的南部，海拔 500m 以下，年平均气温较高，降雨量偏少，日照时数较长；土壤以红黄壤为主，以稻田烟种植为主，有部分山地烟。辖泸溪县全部种烟乡镇。

7 各烟区主要生产技术特点

7.1 北部中高海拔烟区

以种植'K326'品种为主，搭配'云烟87'品种；海拔 500~1000m 烟区 2 月中旬播种，5 月上旬移栽；海拔 1000m 以上烟区 2 月下旬播种，5 月中旬移栽，9 月底以前烤完烟；加强土地轮作，老烟区应控制施氮量；保证有效留叶数，提高烟叶采收成熟度；重点防治病毒病、青枯病、黑胫病、空茎病、赤星病等主要病害。

7.2 西南部中高海拔烟区

合理搭配'云烟87''K326'等品种；2月中旬播种，5月上旬移栽，9月中旬以前烤完烟；搞好冬前翻耕土地，加深土壤耕层；保持合理施肥水平，提高烟叶采收成熟度；加强病毒病、黑胫病、空茎病、赤星病等主要病害的综合防治。

7.3 中南部中海拔烟区

以种植'K326'品种为主，搭配'云烟87'品种；2月上旬播种，4月下旬移栽；加强土地轮作；稻田烟应注意控制施氮量，增施钾肥和磷肥，适当高起垄高培土，做好田间开沟排水；保证留叶数达到18~22片，提高烟叶采收成熟度；重点防治病毒病、青枯病、黑胫病、赤星病等病害。

7.4 南部低海拔烟区

合理搭配'云烟87''K326'等品种；元月中旬播种，4月上旬移栽，其中烟稻连作区12月下旬播种，3月中旬移栽。做好土地冬前翻耕；稻田烟要适当控制施氮量，增施钾肥和磷肥；适当高起垄高培土，搞好田间开沟排水；保证有效留叶数，提高烟叶采收成熟度；重点防治病毒病、青枯病、赤星病等病害。

Q/WAAA

湖南省烟草公司湘西自治州公司企业标准

Q/WAAA 007—2017

代替 Q/WAAA 007—2011

基本烟田规划与保护

2017-02-25 发布 2017-03-01 实施

湖南省烟草公司湘西自治州公司 发 布

前　言

本标准按照 GB/T1.1—2009 给出的规则起草。

本标准代替 Q/WAAA 007—2011《基本烟田规划与保护》，与 Q/WAAA 007—2011 相比，除进行编辑性修改外，主要技术变化为：

——在规范性引用文件中用 NY/T 852《烟草产地环境技术条件》代替 GB5084《农田灌溉水标准》；

本标准由湘西自治州烟草专卖局提出及归口。

本标准起草单位：湖南省烟草公司自治州公司。

本标准主要起草人：张黎明、陈治锋、向德明、田峰、田茂成、方红。

本标准代替 Q/WAAA 007—2011。

本标准历次版本发布情况为：

——Q/WAAA 007—2010；

——Q/WAAA 007—2011。

基本烟田规划与保护

1 范围

本标准规定了烤烟基本烟田保护区规划、保护措施和监督管理等内容。

本标准适用于湘西自治州烤烟基本烟田的规划与保护。

2 规范性引用文件

下列文件对于本文件的应用是必不可少的。凡是注日期的引用文件，仅所注日期的版本适用于本文件。凡是不注日期的引用文件，其最新版本（包括所有的修改单）适用于本文件。

GB4285《农药安全使用标准》

NY/T852《烟草产地环境技术条件》

国务院《基本农田保护条例》

《湖南省基本农田保护条例》

3 术语和定义

下列术语和定义适用于本文件。

3.1 基本烟田

按照一定时期烟叶产业发展的需求和种植总体规划确定的不得占用的以烟叶种植为主的基本农田。

3.2 基本烟田保护区

为对基本烟田实行特殊保护，依据烟叶种植总体规划和按照法定程序确定的特定保护区域。

4 基本烟田保护区规划

4.1 规划的原则

坚持"择优布局，科学合理，统筹兼顾，以烟为主，合理利用、集中连片、轮作种植，用养结合，适当超前"的原则。一次性规划，分年度实施。

4.2 规划的依据

依据当地烟叶发展规划，烟区人口、劳动力、交通、能源、土地、烤房、水利条件、生态环境等因素综合进行规划。

4.3 规划的程序

4.3.1 湘西自治州烟草公司在编制烟叶生产中长期发展规划时，将基本烟田保护作为规划的一项内容，协同当地政府及国土资源、农业、水利等相关部门，明确基本的烟田布局、数量指标、质量要求和保护措施。

4.3.2 各县、乡（镇）划定的基本烟田应当占本行政区域内烟叶种植计划总面积的2倍以上，具体数量指标根据湘西自治州烟草公司烟叶种植总体规划逐级分解下达。

4.3.3 村民委员会利用村民自治依法划定基本烟田保护区，纳入县级和乡（镇）土地利用总体规划。

4.3.4 下列耕地应当划入基本烟田保护区：

——连续3年被列为烟叶种植专业村的耕地；

——列入烟叶种植规划的非专业村，适宜种植烟叶的耕地；

——烟叶科研试验田；

——列入退耕还林的耕地，不规划为基本烟田保护区。

5 基本烟田的保护

5.1 保护的办法

划定的基本烟田，依据国务院《基本农田保护条例》和《湖南省基本农田保护条例》的要求予以保护，由当地人民政府在保护区内设立标志，予以公告。

5.2 保护的内容

5.2.1 保护基本烟田的面积不减少。

5.2.2 保护基本烟田内基础设施不被损坏。

5.2.3 保护基本烟田质量不降低。

5.3 保护措施

5.3.1 基本烟田保护区范围内的种烟村、组，应在《村规民约》或《村民自治章程》中明确基本烟田保护的规定及具体措施。

5.3.2 烟叶生产计划和基础设施建设应与基本烟田保护挂钩，对保护不力的，取消烟叶生产计划和基础设施建设的投入。

5.3.3　建立以烟为主的耕作制度，茬口作物不能影响烤烟种植，保障种烟田地隔 2~3 年轮作一次。

5.3.4　加强基本烟田土壤改良，实行烟田深耕，采取增施有机肥，种植苕子等绿肥，秸秆还田等措施改善土壤结构，提高土壤肥力，改善基本烟田土壤条件。

5.3.5　基本烟田农药使用符合 GB4285 要求，烤烟种植当季选用国家烟草专卖局当年推荐使用的农药。

5.3.6　基本烟田灌溉水质标准符合 NY/T852 要求，不得使用有大量烟株残体浸泡过的水源。

5.3.7　建立基本烟田微机信息数据，实行基本烟田信息化管理。

6　基本烟田的配套设施建设

湘西自治州烟草公司和县分公司优先规划和配套基本烟田保护区内的烟叶基础设施，如土地整理、烟水工程、机耕道、烟站、烤房、育苗大棚、烟草农用机械等。

7　监督管理

县分公司、烟草站应引导烟农加强对基本烟田建设与保护。

县分公司、烟草站应加强对基本烟田建设和使用情况的监管，对本行政区域内发生的破坏基本烟田的行为，及时向当地政府及上级主管单位汇报。

Q/WAAA

湖南省烟草公司湘西自治州公司企业标准

Q/WAAA 008—2017

代替 Q/WAAA 008—2016Z

优质烤烟产地环境要求及保护

2017-02-25 发布　　　　　　　　　　　　2017-03-01 实施

湖南省烟草公司湘西自治州公司　　　发　布

前　　言

本标准按照 GB/T1.1—2009 给出的规则起草。

本标准代替 Q/WAAA 008—2016《烟区环境保护》，与 Q/WAAA 008—2016 相比，增加了 Q/WAAA 006—2011《优质烤烟产地环境要求》、Q/WAAA057—2016《湘西植烟土壤、灌溉水源重金属及农残含量技术标准》要求的内容；增加了以烟杆为原料生物质颗粒燃料的推广。

本标准由湘西自治州烟草专卖局提出并归口。

本标准起草单位：湖南省烟草公司湘西自治州公司。

本标准主要起草人：张黎明、田峰、向德明、田茂成、陈治锋、田明慧。

本标准代替 Q/WAAA 008—2016。

本标准历次版本发布情况为：

——Q/WAAA 008—2010；

——Q/WAAA 008—2011；

——Q/WAAA 008—2014；

——Q/WAAA 008—2016。

优质烤烟产地环境要求及保护

1 范围

本标准规定了优质烤烟生产对产地海拔、气候、土壤、空气环境和灌溉水的要求。

本标准适应于湘西自治州优质烤烟生产和产地环境评价。

本标准规定了烤烟产区环境保护的目标、内容和措施。

本标准适用于湘西自治州烤烟产区环境保护。

2 规范性引用文件

下列文件对于本文件的应用是必不可少的。凡是注日期的引用文件，仅所注日期的版本适用于本文件。凡是不注日期的引用文件，其最新版本（包括所有的修改单）适用于本文件。

NYT852—2004 行标《烟草产地环境技术条件》

YCT523《烟草良好农业管理及控制规程》

YC/T371《烟草田间农药合理使用规程》

GB5084—2005《农田灌溉水质标准》

DB4331/T 4.3《湘西自治州烤烟生产技术规程》第 3 部分：植烟土壤改良

3 术语和定义

3.1 产地环境因素

优质烤烟产地环境主要包括海拔、气候、土壤、空气、灌溉水等因素。

3.2 烟区环境保护目标

保护烤烟种植区环境空气、水源、土壤等不被污染，符合优质烟叶生产要求，实现烟区生态环境良好。

3.3 土壤、灌溉水重金属

土壤、灌溉水中含有的汞、镉、铅、铬以及类金属砷等生物毒性显著的重金属。

3.4 土壤、灌溉水农药残留

在农业生产中施用农药后一部分农药直接或间接残留于土壤、灌溉水中的现象。

4 优质烤烟产地环境要求

4.1 海拔

适宜海拔为 300~1100m。

4.2 气候条件

包括温度、降水、空气湿度、光照、无霜期等因素。优质烟叶生产的适宜气候条件应符合表1的要求。

表1 优质烤烟生产的适宜气候条件

项目		指标
温度	≥10℃的年积温/℃	>2600
	生长期最适宜温度/℃	20~28
	成熟期日平均气温≥20℃的持续天数	≥70
降水	大田期降雨量/mm	600~800
空气湿度	大田期平均空气相对湿度/%	75~80
光照	生长期日照时数/h	650
	成熟期日照时数/h	350
	年光照率/%	35~45
无霜期	无霜期天数	>120

4.3 土壤条件

4.3.1 土壤类型以山地黄壤、黄红壤、水稻土为适宜。

4.3.2 土壤质地较疏松、团粒结构好、通透性较强，以壤土或砂壤土最适宜。

4.3.3 土壤 pH 为 5.5~7.5。

4.3.4 土壤肥力，有机质含量 15.0~35.0g/kg；全氮 1.0~2.0g/kg，碱解氮 110~240mg/kg；全磷 0.5~1.5g/kg，速效磷 5.0~20.0mg/kg；全钾 10~25g/kg，速效钾 80~350mg/kg。

4.3.5 土层深度保持在 20~30cm。

4.3.6 土壤环境质量按照 NY/T 852 规定执行，主要指标符合表2要求。

表2 土壤环境质量要求

项目	指标/(mg/kg)
镉	≤0.3
汞	≤0.5
砷	≤30
铅	≤300
铬	≤250
氟化物	≤30
六六六	≤0.5
滴滴涕	≤0.5

4.4 空气环境质量

按照 NY/T852 规定执行，主要指标符合表3的要求。

表3 空气环境质量要求

项目	指标（日平均）
总悬浮颗粒物（标准状态）/(mg/m^3)	≤0.3
二氧化硫（标准状态）/(mg/m^3)	≤0.15
氮氧化物（标准状态）/(mg/m^3)	≤0.10
臭氧（标准状态）	≤7μg/m^3
氟化物（标准状态）	≤5.0μg/(m^3·d)

4.5 灌溉水质量

按照 NY/T 852 规定执行，主要指标符合表4的要求。

表4 灌溉水质量要求

项目	指标
pH	5.5～7.5
总汞/(mg/L)	≤0.001
镉/(mg/L)	≤0.005
砷/(mg/L)	≤0.1
铅/(mg/L)	≤0.1
铬（六价）/(mg/L)	≤0.1

续表

项目	指标
氯化物/(mg/L)	≤200
氟化物/(mg/L)	≤3.0
石油类/(mg/L)	≤10

4.6　检验规则

土壤环境、空气环境和灌溉水的评价方法按照 NY/T852 规定执行。

5　烟区环境保护内容

1）植烟区内空气、水源、土壤。

2）烟田田间卫生。

3）合理施用农药，控制农药残留。

4）控制灌溉水、肥料等重金属含量

5）节能降耗，减少烘烤物资消耗与排放。

6　烟区环境保护措施

6.1　空气环境保护

烟地应选择在没有工业"三废"排放的区域，不得在烟区新建有任何污染的工厂或企业。

6.2　水资源保护

6.2.1　加强基础设施建设，尽量推广滴灌、喷灌、定量量具设备，保护和节约灌溉水资源。

6.2.2　不得向河道、水塘、水渠排放污水，倒放垃圾和带病烟株及烟叶、废次烟叶。

6.2.3　不得使用有污染的水源进行育苗、配制农药、溶解和浇施肥料、灌溉。

6.2.4　对剩余药液要进行集中回收处理，不经过无害化处理的药液，禁止直接排放到任何水源地。

6.3　土壤保护与改良

6.3.1　合理轮作，用地与养地相结合，提高土壤地力。

6.3.2 进行土地综合治理，建立以烟为主的耕作制度。

6.3.3 不在坡度大于 25° 的坡地种烟。

6.3.4 不得施用重金属、农残超标等污染的肥料，不得灌溉重金属、农残超标等有污染的水。

6.3.5 土壤改良应符合 DB4331/T4.3 的要求。

6.4 保护烟田环境卫生

6.4.1 铲除和清理田间杂草。

6.4.2 清除田间残废地膜、农药包装物等非烟杂物。

6.4.3 清除废弃烟叶、烟芽、烟花、烟杈、病株残体，并及时进行销毁。

6.4.4 及时拔除烟杆，带出烟田集中处理。

6.5 合理使用农药

按 YC/T371 的规定执行。

6.6 减少烘烤物资消耗

6.6.1 建设密集烤房，提高烤房性能，节省建设原材料。

6.6.2 推广烟夹，提高烘烤容量，促进生产减工降本增效。

6.6.3 优化烘烤工艺，节能降耗，减少烘烤能源的消耗、降低废气排放。

6.6.4 妥善处理烤烟煤渣，防止污染环境。

6.6.5 积极推广清洁能源烘烤，减少环境污染，重点推广烟杆为原料的生物质颗粒燃料的烘烤模式，实现二氧化碳内循环。

Q/WAAA

湖南省烟草公司湘西自治州公司企业标准

Q/WAAA 016—2017
代替 Q/WAAA 016—2011

烤烟等级质量监督管理

2017-02-25 发布　　　　　　　　　　2017-03-01 实施

湖南省烟草公司湘西自治州公司　　　发　布

前　言

本标准按照 GB/T1.1—2009 给出的规则起草。

本标准代替 Q/WAAA 016—2011《烤烟等级质量监督管理》，与 Q/WAAA 016—2011 相比，除做编辑性修改外，主要技术变化为：

——对术语和定义进行了修订；

——对等级质量管理职责进行修改；

——删除烟叶收购调拨等级质量监督检查组职责。

本标准由湘西自治州烟草专卖局提出并归口。

本标准起草单位：湖南省烟草公司湘西自治州公司。

本标准主要起草人：苏红标、向德明、陈勇、郭鹏、向剑明、林建佩

本标准代替 Q/WAAA 016—2011。

本标准历次版本发布情况为：

——Q/WAAA 016—2010；

——Q/WAAA 016—2011。

烤烟等级质量监督管理

1 范围

本标准规定了烤烟收购、成件、调拨（集并）、工商备货环节等级质量的监督管理要求。

本标准适用于对湘西自治州烤烟收购、成件、调拨（集并）、工商备货等级质量的监督管理。

2 规范性引用文件

下列文件对于本文件的应用是必不可少的。凡是注日期的引用文件，仅所注日期的版本适用于本文件。凡是不注日期的引用文件，其最新版本（包括所有的修改单）适用于本文件。

GB2635《烤烟》

GB/T19616《烟草成批原料取样的一般原则》

YC/T192《烟叶收购及工商交接质量控制规程》

Q/WAAA 013《烟叶预检预约》

《国家烟草专卖局关于印发〈烟叶收购等级质量管理规定〉的通知》（国烟办综〔2009〕174号）

《湖南省烟草专卖局关于印发〈湖南省烟叶收购等级质量管理规定实施细则〉的通知》（湘烟叶〔2009〕216号）

《湖南省烟草专卖局关于印发〈工商交接烟叶等级质量监督管理暂行办法〉的通知》（湘烟质〔2009〕226号）

3 术语和定义

下列术语和定义适用于本文件。

3.1 烟叶等级质量

指烟站收购、中心库验收和仓储备货烟叶的等级质量。

3.2 管理责任

具有等级质量管理职责的人员应当承担的责任。

3.3 直接责任

在工作流程中，对等级质量进行直接判定的人员应当承担的责任。

3.4 主要责任

对质量问题的产生起到关键作用或决定作用的人员应当承担的责任。主要责任人具有唯一性。

4 等级质量管理职责

4.1 州局（公司）

负责辖区内烟叶等级质量管理与监督检查。组织审定烟叶新烟样品；平衡县分公司、烟叶收购站（点）间的收购等级感官检验尺度；开展等级质量监督检查；定期汇总上报所管辖范围内烟叶收购等级质量执行和工作情况。

4.2 县局（公司）

负责全县的烟叶等级质量管理与监督检查。落实各项烟叶收购管理制度；规范烟叶基层站（点）工作流程；开展烟叶等级质量巡检；统一技术标准，平衡站（点）之间的烟叶收购等级感官检验尺度。

5 烟叶等级质量控制环节

5.1 收购质量控制

5.1.1 烟农辅导员负责指导和监督烟农按GB2635分级扎把初烤烟叶，保证扎把纯度。

5.1.2 预检员负责上户检验、归类烟农已经分级扎把的烟叶，指导和现场监督烟农按Q/WAAA013规定打捆成件保管烟叶，保证预检纯度。

5.1.3 初检员负责在收购现场甩把检验、归级烟农的待售烟叶，保证初检纯度。

5.1.4 定级员负责按GB2635的规定检验、定级经初检员检验合格的烟叶，保证烟叶收购纯度与等级合格率。

5.1.5 提纯员负责对收购入库的散烟进行提纯，保证烟叶成件纯度和等级合格率。

5.1.6 打包员负责打包成件烟叶的等级纯度。

5.1.7 主检员负责按GB2635的规定，指导和监督管理初检、定级、提纯、打包环节的烟叶等级质量。

5.2　调拨质量控制

5.2.1　质量检验员负责按 GB2635 的规定，检验调拨（集并）入库的烟叶等级质量，保障成批烟叶等级质量的一致性与等级合格率。

5.2.2　质量主检负责指导、监督管理质量检验员，并按 GB2635、GB/T19616、YC/T 192 的规定，抽样检验入库、备货烟叶的等级质量。

5.3　质量总检

负责指导、检验、监督管理全县收购、成件、调拨（集并）、工商备货烟叶的等级质量，发布县级《烟叶等级质量监督检查情况通报》。

5.4　质量总监

负责指导、检验、监督管理全州收购、成件、调拨（集并）、工商备货烟叶的等级质量，发布全州《烟叶等级质量监督检查情况通报》。

6　烟叶等级质量控制指标

6.1　等级合格率

不同环节的烟叶等级合格率应达到以下要求：

——收购等级合格率 80% 以上；

——成件、调拨（集并）、备货单等级单批次等级合格率 70% 以上；

——工商交接单等级单批次合格率 65% 以上。

6.2　等级纯度

单批次单等级混部位不超过 5%，混青（GY）不超过 1%，混级不超过 5 个。

6.3　烟叶水分

应符合 GB2635 的规定，烟叶不出现霉变冲烧情况。

7　烟叶等级质量控制管理要求

1）实行层次管理，上一程序对下一程序负责。

2）调拨（集并）的烟叶应经质量主检员检验合格后，方可进入备货环节。

3）完成批次备货，应经烟叶经营等级质量监督检查组检验合格、公司领导审批后，方可进入工商验收环节。

4）完成工商验收，应经烟叶收购调拨管理领导小组分管领导审批后，方可办理相关手续出库烟叶。

8 烟叶等级质量监督检查

8.1 检查频次

8.1.1 收购工作开始后，烟站质量主检应每两天对辖区各收购点进行一次巡查，记录《站长工作日志》（表1）。

表1 站长工作日志

收购点 名称		定级员 姓名		检查 日期	
抽样等级	1	2	3	4	5
抽样把数					
合格把数					
合格%					
不合格 记录 （级别、把数）					
烟叶水分 （把）	正常（ ） 超标（ ）	正常（ ） 超标（ ）	正常（ ） 超标（ ）	正常（ ） 超标（ ）	正常（ ） 超标（ ）
现场管理检查记录					
安全生产					
环境卫生					
收购流程					
电子磅秤			机械磅秤		
烟包净重	kg/件		烟包皮重		kg/件
收购日志					
整改要求					

收购点负责人（签名）：

注：各烟站站长或副站长（兼质量主检）应当每2～3天对辖区各收购点进行一次巡查和检查，并记录此表；被检查的烟叶等级重点是收购量占收购总量3%以上的小等级，收购或现场管理未达标的应立即整改；此表作为县局（分公司）考核站长或副站长（兼质量主检）月度、年度工作绩效的依据之一

8.1.2 收购工作开始后，县烟叶收购等级质量监督检查组应对本县所有收购点收购、成件环节的烟叶等级质量进行巡回监督检查，检查次数每点每月不低于 2 次，记录《烟叶等级监督检查表》（表 2），对不合格等级下达《质量警示通知单》（表 3）进行纠偏。

表 2 烟叶等级监督检查表

中国烟草 CHINA TOBACCO	湘西自治州烟草专卖局（公司）			保存期		三年	
	烟叶收购、备货等级质量监督检查报告单			编号		XX-YYB-YYZL-001	
抽样地点			烟叶类型	烤烟	烟叶状态	散烟（ ）成件烟（ ）	
项目	抽样样品编号						
	1	2	3	4	5	6	7	8
等级								
批次数量（担）								
抽样（把）								
合格（把）								
合格（%）								
不合格记录（等级、把数）								
含青（%）								
混部位（%）								
混级（个）								
其他情况记录								

表 3 质量警示通知单

中国烟草 CHINA TOBACCO	湘西自治州烟草专卖局（公司）烟叶生产经营部	保存期	三年
	烟叶质量警示通知单	编号及版次	XX-YYB-YYZL-002

单位：

　　根据____年___月___日在_____（收购点、库）对烟叶等级质量进行监督检查，因_____，特此提出警示通知。希认真查找原因，采取措施及时整改到位，并将整改措施及结果在____年___月___日前书面报监督检查组。

州公司_____烟叶等级质量监督检查组

年　　月　　日

8.1.3 收购工作开始后,州烟叶收购等级质量监督检查组应对全州收购点、中心(转)库收购、成件、调拨(集并)环节烟叶等级质量进行抽样监督检查,检查次数每县每月不低于 2 次,检查点(库)的个数每月不少于总数的 50%,记录《烟叶等级监督检查表》,对不合格等级下达《质量警示通知单》进行纠偏。

8.1.4 完成批次备货后,州烟叶经营等级质量监督检查组应对备货烟叶进行抽样监督检查,记录《烟叶等级监督检查表》。

8.2 检查内容

烟叶等级质量监督检查应包含:
——烟叶收购样品的展示情况;
——烟叶等级质量的合格情况;
——执行国烟办综〔2009〕174 号、湘烟叶〔2009〕216 号、湘烟质〔2009〕226 号文件及州、县年度管规定情况。

8.3 检查要求

8.3.1 收购站点将散烟及烟包分级堆放整齐、界线分明、标识清晰、原级成件及时、记录完整。

8.3.2 中心(转)仓库按库号、库位分级分剁堆放烟包整齐、标识清晰、台账完整、报表准确。

8.4 检查方法与记录规则

8.4.1 收购检查,根据收购点提供的收购报表,每次随机抽样检查收购量达到或超过总量 3% 以上的烟叶等级,包括散烟、成件烟。

8.4.2 库存检查,根据中心(转)仓库提供的入库台账、库位跺位表,对每批次调拨(集并)、备货烟叶按五点抽样法,每包随机抽取 10 把烟叶进行检验。检验烟包比例原则上不低于该批次烟叶总量的 10%。

8.4.3 记录规则:以把为单位计算等级合格率及混部位、混级、混青比例。青黄烟(GY)、超过 3 对支脉以上的微带青烟(V)记录为青烟。

9 监督检查结果应用

9.1 汇总上报

9.1.1 数据上报:州、县监督检查组每次检查完成后的次日上报检查数据。

9.1.2　情况通报：各监督检查组应在每次监督检查结束后 5 天内发布《烟叶等级质量监督检查情况通报》。

9.1.3　年终总结：县质量监督检查组应于当年 12 月 1 日前将年度监督检查数据统计汇总后，形成年度工作总结上报上级监督检查组；州质量监督检查组应于当年 12 月 10 日前将年度监督检查数据统计汇总后，形成年度工作总结上报省质量监督检查组。

9.2　通报表扬

9.2.1　对下列六种情况应予通报表扬：

——受检单位、部门烟叶等级质量监督管理机构健全、制度完善、配合密切、工作到位的；

——受检单位、部门收购烟叶等级合格率单等级均在 70% 以上且综合平均合格率在 80% 以上的；

——受检单位、部门备货烟叶等级合格率单批次均在 65% 以上且综合平均合格率在 70% 以上的；

——受检单位、部门烟叶混部位、混青、混级控制在 6.2 规定范围内的；

——受检单位、部门烟叶无霉变冲烧现象的；

——受检单位、部门没有受到国家、省、州质量警示或通报批评的。

9.2.2　受到通报表扬的单位、部门，分别在年度目标管理考核中加分，并作为评先依据之一。

9.3　责任追究

9.3.1　对下列三种情况应予责任追究：

——受检单位、部门烟叶等级质量达不到控制指标规定的；

——受检单位、部门受到国家、省、州质量警示或通报批评的；

——受检单位、部门机构不健全、制度不完善、工作不到位、弄虚作假的。

9.3.2　受到质量警示的受检单位、部门，应在 4 天内向发出质量警示的监督检查组书面说明原因和报告处理结果。

9.3.3　受到通报批评的受检单位、部门，应在 10 天内向上级单位行文报告责任追究情况和整改结果。

9.3.4　受到责任追究的单位、部门，分别在年度目标管理考核中扣分。

Q/WAAA

湖南省烟草公司湘西自治州公司企业标准

Q/WAAA 033—2017
代替 Q/WAAA 033—2011

烟农专业合作社管理服务及运行监督标准

2017-02-25 发布　　　　　　　　　　　　2017-03-01 实施

湖南省烟草公司湘西自治州公司　　　发　布

前　　言

本标准按照 GB/T 1.1—2009 标准起草。

本标准代替 Q/WAAA 033—2011《烟农合作社管理规范》，与 Q/WAAA 033—2011 相比，

——增加了运行监督相关规定；

——删除了烟草职工兼职相关规定；

——由烟草部门管理职责变成服务指导职责。

本标准由湘西自治州烟草专卖局提出并归口。

本标准起草单位：湖南省烟草公司湘西自治州公司。

本标准主要起草人：向德明、陈治锋、吕启松。

本标准代替 Q/WAAA 033—2010。

本标准历次版本发布情况为：

——Q/WAAA 030—2010。

烟农专业合作社管理服务及运行监督标准

1 范围

本规范规定了烟草部门指导烟农专业合作社的组建等内容。

本规范适用于湘西自治州烟草部门对烟农专业合作社的服务及运行监督。

2 规范性引用文件

下列文件对于本文件的应用是必不可少的。凡是注日期的引用文件，仅所注日期的版本适用于本文件。凡是不注日期的引用文件，其最新版本（包括所有的修改单）适用于本文件。

《中华人民共和国农民专业合作社法》（2006 年 10 月 31 日发布，2007 年 7 月 1 日施行）

《农民专业合作社登记管理条例》（2007 年 7 月 1 日施行）

3 术语和定义

下列术语和定义适用于本文件。

3.1 烟农专业合作社

在农村家庭承包经营基础上，烟叶生产经营者或者烟叶生产经营服务的提供者、利用者，自愿联合、民主管理的互助性经济组织。烟农专业合作社可分为生产型烟农专业合作社、服务型烟农专业合作社和综合型烟农专业合作社。

3.2 生产型烟农专业合作社

由烟叶生产经营者组成，从事烟叶生产经营的烟农专业合作社。

3.3 服务型烟农专业合作社

由烟叶生产经营服务的提供者、使用者组成，为烟叶生产提供专业化服务的烟农专业合作社。分为专业服务型烟农专业合作社和综合服务型烟农专业合作社。

3.4 综合型烟农专业合作社

由烟叶生产经营者或者烟叶生产经营服务的提供者、使用者组成,既从事烟叶生产经营,又提供专业化服务的烟农专业合作社。

4 合作社组建条件

设立烟农专业合作社,应具备以下条件:
——有符合《农民专业合作社法》规定的章程;
——有符合《农民专业合作社法》规定的组织机构;
——有符合法律、行政法规规定的名称和章程确定的住所;
——有符合章程规定的出资。

5 烟草部门服务内容

5.1 指导制订相关制度

5.1.1 制订合作社章程。
5.1.2 制订合作社财务及相关管理制度。
5.1.3 确定合作社生产、服务、经营范围。
5.1.4 制订相关标准化生产、专业化服务、规范化经营的协议、流程、作业与收费标准等。

5.2 提供必要的条件

5.2.1 可在基地单元标准化烟草工作站提供办公条件。
5.2.2 开展基本烟田烟叶生产基础设施建设。
5.2.3 指导办理注册登记等手续。
5.2.4 指导审核确定并培训合作社成员。
5.2.5 指导合作社利用烟草部门全额补贴形成的可经营性资产开展多种经营与服务。

5.3 指导组建合作社

5.3.1 召开设立大会:由烟农专业合作社全体设立人召开设立大会。设立人可以是烟农,也可以是提供烟叶生产经营服务的组织或个人。设立人至少5人,发起单位成员视为一人。
5.3.2 吸收合作社成员。合作社成员应具备下列条件:

——具有民事行为能力的烟叶生产经营者，烟叶生产经营服务的提供者、使用者，承认并遵守烟农专业合作社章程，履行章程规定的入社手续的，可以成为烟农专业合作社的成员。

——烟农专业合作社的成员中，烟农至少应当占成员总数的百分之八十。

——烟农辅导员可以申请加入合作社。

5.3.3 通过合作社章程：由全体设立人一致通过烟农专业合作社章程。章程的内容应包括但不限于《农民专业合作社法》第十二条的内容。

5.3.4 注册登记：按《中华人民共和国农民专业合作社法》第十三条的规定和《农民专业合作社登记管理条例》向当地工商行政管理部门申请设立登记，办理机构代码证、税务登记证，并在银行开户，在当地烟草和农经部门备案。

5.4 指导建立合作社组织机构

5.4.1 按照《中华人民共和国农民专业合作社法》的规定，建立健全烟农专业合作社组织机构，建立健全成员大会、成员代表大会、理事会、监事会制度。

5.4.2 民主选举产生烟农专业合作社的理事会、监事会或执行监事，合作社成员超过150人的，可以按照章程规定设立成员代表大会。成员代表大会按照章程规定可以行使成员大会职权。

5.4.3 根据业务类型、经营范围，由成员（代表）大会或经成员（代表）大会决定由理事会聘任经理和财务人员。理事长或者理事可以兼任经理。经理按照章程规定和理事长或者理事会授权，负责具体生产经营服务活动。

5.4.4 合作社可下设作业组（专业队），组长（队长）可在本组（队）成员中选举产生，也可由经理聘任，负责本作业组（专业队）的日常管理。

5.5 帮助指导资产监管

5.5.1 合作社成员可按章程规定以现金、实物资产或土地使用权出资。合作社成员的出资，参与合作社盈余的分配，但不得用于烟草补贴的育苗工场和烘烤工场的建设。合作社应当每个成员设立成员账户，成员账户至少应记载下列内容：

——该成员的出资额；

——该成员的基本烟田面积和烟叶种植面积；

——量化为该成员的公积金、公益金份额；

——该成员与本社的交易量（额）；

——量化为该成员的财政、烟草及社会捐赠补贴份额。

5.5.2 烟草补贴所形成的可经营性资产（如育苗工场、烘烤工场及配套附属设施、农机具等），烟农专业合作社享有使用权和收益权，烟草部门保留运营监督权和最终处置权，成员退社时不能带走，合作社解散或破产清算时不得作为可分配剩余资产分配给合作社成员，其经营使用权由烟草部门收回。

5.5.3 国家财政补贴、烟草补贴及社会捐赠所形成的资产按社内成员均等量化，按当年种烟面积动态量化到合作社成员，上述资产可作为成员参与盈余分配的份额。

5.5.4 由合作社出资购置的设施设备，合作社享有占有、使用、收益和处置的权利，成员退社时只能带走由其出资和公积金份额所形成的部分，合作社解散或破产清算时可作为合作社资产清偿合作社债务，清偿后的剩余部分可分配给成员。

5.5.5 合作社可以按照章程规定或者成员(代表)大会决议从当年盈余中提取公积金。公积金提取比例一般不超过盈余的百分之二十。公积金用于弥补亏损、设施设备的维护、扩大生产经营、风险保障或者转为成员出资。

5.5.6 成员资格终止的，合作社应当按照章程规定的方式和期限，退还记载在该成员账户内的出资额和公积金份额；对成员资格终止前的可分配盈余，依照《农民专业合作社法》第三十七条第二款的规定向其返还。资格终止的成员应当按照章程规定分摊资格终止前本社的亏损及债务。

Q/WA AA

湖南省烟草公司湘西自治州公司企业标准

Q/WAAA 043—2017

代替 Q/WAAA 043—2016

湘西自治州烤烟质量安全性技术指标限量

2017-02-25 发布

2017-03-01 实施

湖南省烟草公司湘西自治州公司　　发　布

前　言

本标准按照 GB/T 1.1—2009 给出的规则起草。

本标准代替 Q/WAAA 043—2016《湘西自治州烤烟质量安全性指标限量》，与 Q/WAAA 043—2016 相比，主要修改内容为：

——对烟叶重金属最高限量指标进行修改，铅最高限量由 13.0mg/kg 降低到 10.5mg/kg，镉最高限量由 10.3mg/kg 降低到 10.0mg/kg，砷由最高限量由 3.8mg/kg 提高到 4.5mg/kg，汞最高限量由 0.27mg/kg 提高到 0.55mg/kg；增加了硒的最高限量指标。

——对烟叶重点农药残留量限量指标进行修改。增加霜霉威、氟节胺，删减了六六六指标限量。

——增加了转基因相关要求的引用文件，增加了种子、生物制剂的转基因的控制。

本标准由湘西自治州烟草专卖局提出并归口。

本标准起草单位：湖南省烟草公司湘西自治州公司。

本标准主要起草人：陆中山、周米良、田峰、张黎明、向德明、田茂成、巢进、李跃平、田明慧。

本标准代替 Q/WAAA 043—2016。

本标准历次版本发布情况为：

——Q/WAAA 043—2013；

——Q/WAAA 043—2016。

湘西自治州烤烟质量安全性技术指标限量

1 范围

本标准规定了烟叶重金属、农药残留和转基因成分的控制限量及其检测方法。

本标准适用于湘西自治州烤烟质量安全性控制。

2 规范性引用文件

下列文件对于本文件的应用是必不可少的。凡是注日期的引用文件，仅所注日期的版本适用于本文件。凡是不注日期的引用文件，其最新版本（包括所有的修改单）适用于本文件。

GB/T 5009.12《食品中铅的测定》

GB/T 5009.15《食品中镉的测定》

GB/T 5009.123《食品中铬的测定方法》

GB/T 19616《烟草成批原料取样的一般原则》

GB/T 24310《烟草及烟草制品 转基因检测方法》

YC/T 194《烟草转基因控制释放操作规程》

YC/T 250《烟草及烟草制品 汞、砷、铅含量的测定 氢化物原子荧光光度法》

YC/T 405.1《烟草及烟草制品 各种农药残留量的测定》第 1 部分：高效液相色谱-串联质谱法

YC/T 405.2《烟草及烟草制品 各种农药残留量的测定》第 2 部分：有机氯及拟除虫菊酯农药残留量的测定 气相色谱法

YC/T 405.3《烟草及烟草制品 各种农药残留量的测定》第 3 部分：气相色谱质谱联用及气相色谱法

YC/T 405.4《烟草及烟草制品 各种农药残留量的测定》第 4 部分：二硫代氨基甲酸酯农药残留量的测定 气相色谱质谱联用法

SN/T 1200《烟草中转基因成分定性 PCR 检测方法》

《国家烟草专卖局关于加强对转基因烟草监控的通知》（国烟科〔2003〕387 号）

3 术语和定义

下列术语和定义适用于本文件。

3.1 烟叶重金属

烟叶中含有的汞、镉、铅、铬以及类金属砷等生物毒性显著的重金属。

3.2 烟叶农药残留

在烟叶生产中施用农药后一部分农药直接或间接残留于烟叶中的现象。

3.3 转基因烟草

利用基因工程的遗传操作得到的烟草，不包括自然发生、人工选择和杂交育种得到的烟草；不包括化学或物理方法诱变获得的烟草；不包括通过器官、组织或细胞培养及原生质体融合、染色体倍性操作得到的烟草。

3.4 转基因烟草控制

采取各项有效措施，杜绝或控制烟草的种植、加工和市场流通。

4 烟叶重金属限量指标

宜符合表 1 的要求。

表 1 烟叶重金属限量指标

项目	指标/(mg/kg)
镉（Cd）	≤10.0
汞（Hg）	≤0.55
铅（Pb）	≤10.5
铬（Cr）	≤20.9
砷（As）	≤4.5
硒（MLs）	≤1.0

5 烟叶农药残留限量指标

宜符合表 2 的要求。

表2　湘西烟叶重点农药残留量限量指标

序号	农药中文通用名称	农药国际通用名称	残留物	主要用途	限量 MRLs /(mg/kg)
1	氯氰菊酯	Cypermethrin	氯氰菊酯（各种异构体之和）	杀虫剂	1.00
2	甲基硫菌灵	Thiophanate-methyl	甲基硫菌灵和多菌灵之和，以多菌灵计	杀菌剂	2.00
3	氟氯氰菊酯	Cyfluthrin	氟氯氰菊酯（各种异构体之和）	杀菌剂	0.50
4	氯氟氰菊酯	Cyhalothrin	氯氟氰菊酯（含高效氯氟氰菊酯）	杀虫剂	1.00
5	多菌灵	Carbendazim	多菌灵	杀菌剂	2.00
6	氯菊酯	Permethrin	顺-氯菊酯，反-氯菊酯	杀菌剂	0.50
7	甲霜灵	Metalaxyl	甲霜灵	杀菌剂	2.00
8	氟节胺	Flumetralin	氟节胺	植物生长调节剂	5.00
9	啶虫脒	Acetamiprid	啶虫脒	杀虫剂	5.00
10	仲丁灵	Butralin	仲丁灵	除草剂/植物生长调节剂	5.00
11	霜霉威	Propamocarb	霜霉威	杀菌剂	10.00
12	吡虫啉	Imidacloprid	吡虫啉	杀虫剂	5.00
13	氰戊菊酯	Fenvalerate	氰戊菊酯（各种异构体之和）	杀虫剂	1.00
14	二甲戊灵	Pendimethalin	二甲戊灵	除草剂	5.00
15	七氟菊酯	Tefluthrin	七氟菊酯	杀虫剂	0.10
16	甲基嘧啶磷	Pirimiphos～methyl	甲基嘧啶磷	杀虫剂	0.10
17	菌核净	Dimetachlone	菌核净	杀菌剂	40.00
18	氟乐灵	Trifluralin	氟乐灵	除草剂	0.10
19	砜嘧磺隆	Rimsulfuron	砜嘧磺隆	除草剂	0.05
20	甲基对硫磷	Parathion-methyl	甲基对硫磷	杀虫剂	0.10
21	灭多威	Methomyl	灭多威	杀虫剂	1.00
22	对硫磷	Parathion（-ethyl）	对硫磷	杀虫剂	0.10

6　烟叶中转基因控制措施

按照《国家烟草专卖局关于加强对转基因烟草监控的通知》（国烟科〔2003〕387号）文件和《烟草转基因控制释放工作规程》要求执行。

6.1　烟草种子的控制

6.1.1　新品种的控制。引进的新品种必须是经过全国烟草品种审定委员会审定的品种；不开展非上级烟草部门下达的新品种（品系）联合区域试验。

6.1.2　品种繁育控制。州、县、站三级烟草部门及烟农，不得私自繁留烟草种子。

6.1.3　种子购进控制。根据省局下达的良种供应计划，从省局指定的良繁基地（中南站永州基地）购进烤烟种子，不得从其他任何渠道购进种子。

6.2　烟田施用生物制剂的控制

6.2.1　防治烟草病虫的生物菌剂，必须有转基因检测报告且无转基因成分。

6.2.2　生物菌剂没有转基因检测报告的，必须在中国烟草进出口烟叶检测站检测确认该生物制剂无转基因成分后方可使用。

7　检测方法

7.1　镉的测定

按照 GB/T 5009.15 执行。

7.2　汞的测定

按照 YC/T 250 执行。

7.3　铅的测定

按照 GB/T 5009.12 执行。

7.4　铬的测定

按照 GB/T 5009.123 执行。

7.5　砷的测定

按照 YC/T 250 执行。

7.6　有机氯杀虫剂的测定

按照 YC/T 405.2 执行。

7.7　有机磷杀虫剂的测定

按照 YC/T 405.3 执行。

7.8 氨基甲酸酯类杀虫剂的测定

按照 YC/T 405.1 执行。

7.9 拟除虫菊酯杀虫剂的测定

按照 YC/T 405.2 执行。

7.10 杂环类杀虫剂的测定

按照 YC/T 405.1 执行。

7.11 杀菌剂的测定

按照 YC/T 405.3 或 YC/T 405.4 执行。

7.12 除草剂的测定

按照 YC/T 405.1 执行。

7.13 抑芽剂的测定

按照 YC/T 405.3 执行。

7.14 转基因的测定

按照 GB/T 24310 或 SN/T 1200 执行。

8 检验规则

8.1 组比规则

同一种植农户部位基本相同的烟叶为一批。

8.2 抽样方法

按照 GB/T 19616 规定执行。抽取的样品应具代表性，在全批货物的不同部位随机抽取，样品的检验结果适用于整个检验批次。

Q/WAAA

湖南省烟草公司湘西自治州公司企业标准

Q/WAAA 063—2016

烟叶生产精益管理系统技术规范

2016-02-25 发布　　　　　　　　　　　　2016-03-01 实施

湖南省烟草公司湘西自治州公司　　　发　布

前　言

本文件按照 GB/T 1.1—2009 给出的规则起草。

本文件由湘西自治州烟草专卖局提出并归口。

本文件起草单位：湖南省烟草公司湘西自治州公司、湖南省烟草公司湘西自治州公司龙山县分公司、厦门中软海晟信息技术有限公司。

本文件主要起草人：陈治锋、万越、李大鹏、张凯迪、林贤明。

本文件首次发布。

烟叶生产精益管理系统技术规范

1 范围

本文件规定了烟叶生产精益管理系统技术规范的术语、定义和缩略语、总体构架、系统层次结构、功能、软硬件标准、系统接口。

本文件适用于湘西自治州烟叶生产精益管理系统规划和建设。

2 规范性引用文件

下列文件对于本文件的应用是必不可少的。凡是注日期的引用文件，仅所注日期的版本适用于本文件。凡是不注日期的引用文件，其最新版本（包括所有的修改单）适用于本文件。

《国家烟草专卖局关于推进企业精益管理的意见》（国烟运〔2013〕316号）

《中国烟草总公司湖南省公司办公室关于做好 2014 年烟叶管理信息系统推广实施工作的通知》（湘烟办综〔2014〕87号）

《数字烟草发展纲要》

3 术语、定义和缩略语

3.1 术语和定义

3.1.1 JavaEE

JavaEE 是一组技术规范与指南，包含各类组件、服务架构及技术层次，让各种依循 JavaEE 架构的不同平台之间，存在良好的兼容性。JavaEE 开发框架主要有 Hibernate，Spring，Struts2，EXTJS，Json。

3.1.2 Hibernate

Hibernate 是一个开放源代码的对象关系映射框架。

3.1.3 Spring

Spring 是一个开源框架，一个分层的 JavaSE/EEfull-stack（一站式）轻量级开源框架。

3.1.4 Struts2

Struts2 是一个基于 MVC 设计模式的 Web 应用框架。

3.1.5 EXTJS

ExtJS 用来开发 RIA。

3.1.6 Json

Json（JavaScript Object Notation）是一种轻量级的数据交换格式。基于 ECMAScript 的一个子集。

3.1.7 Flex

FLex 指 Adobe Flex，基于其专有的 Macromedia Flash 平台。

3.1.8 RIA

RIA 是富客户端（rich internet applications）的缩写，运用于电子政务、电信业务、金融交易等大型企业级应用系统。

3.1.9 SOA 组件化

SOA（service oriented architecture）面向服务的体系结构是一个组件模型。

3.1.10 业务规则引擎技术

业务规则引擎技术将业务规则从应用程序代码中分离出来,满足不同地区或不同时期对系统建设的需求。

3.1.11 Android 平台开发技术

Android 基于 Linux 的自由及开放源代码的操作系统，主要使用于移动设备。

3.1.12 GPS、GIS 空间测量技术

利用 GPS 定位卫星，在全球范围内实时进行定位、导航的系统，称为全球卫星定位

系统，简称 GPS。

　GI 地理信息系统（geographic information system 或 geo-information system，GIS）。是在计算机硬、软件系统支持下，对整个或部分地球表层（包括大气层）空间中的有关地理分布数据进行采集、储存、管理、运算、分析、显示和描述的技术系统。

3.1.13　OCR 光学字符识别技术

　OCR（optical character recognition，光学字符识别）是指电子设备检查纸上打印的字符，通过检测暗、亮的模式确定其形状，然后用字符识别方法将形状翻译成计算机文字的过程。

3.2　缩略语

　API（application programming interface）应用程序编程接口
　DSL（domain specific language）领域特定语言
　GIS（geographic information system）地理信息系统
　GPS（global positioning system）全球定位系统
　GSM（global system for mobile communication）全球移动通信系统
　CDMA（code division multiple access）码分多址
　UML（unified modeling language）统一建模语言
　WCDMA（wideband code division multiple access）宽带码分多址
　OCR（optical character recognition）光学字符识别
　OS（operating system）操作系统
　RPC（remote procedure call protocol）远程过程调用协议
　VPN（virtual private network）虚拟专用网络
　RAID（redundant arrays of independent disks）磁盘阵列
　RIA（rich internet applications）富客户端
　XML（extensible markup language）可扩展标识语言
　SOAP（simple object access protocol）简单对象访问协议

4　总体构架

　系统总体框架采用一个轻量级的浏览器富客户端应用架构。表现层应用 Flex 技术实现用户交互友好性；服务层整合符合 JavaEE 规范的一系列开源框架，形成一整套规范化、标准化的开发支撑平台。使用 Hibernate 框架，配合数据库函数适配器架构，实现应用同后台数据库类型的无关性（图 1）。

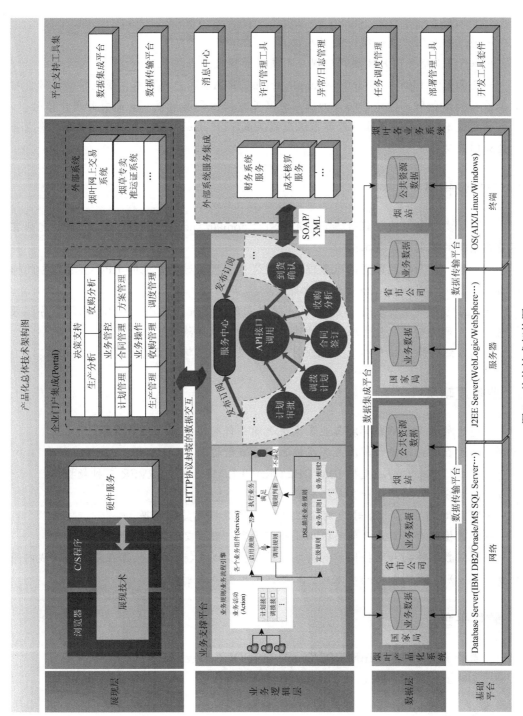

图 1 总体技术架构图

4.1　展现层

——通过企业门户集成统一调用入口。

——基于 R1 企业门户集成，实现应用集中管理及单点登录。

——全面采用 Flex（rich internet applications，RIA）客户端技术，规范界面设计，增加数据录入提示和用户行为导向，加强系统交互方便性和友好性，全面提升用户体验。

——通过 R1 企业门户进行外部系统应用集成/门户集成，可以实现应用共享、单点登录等企业门户功能。

4.2　业务逻辑层

——引入支持动态流程裁剪，并采用 DSL（domain specific language）领域特定语言描述业务逻辑的规则引擎技术。

——引入一个高性能优秀的服务框架，使得应用可通过高性能的 RPC 实现服务的输出和输入功能，可以和 Spring 框架无缝集成。

——在业务逻辑层可通过 WebService 技术向外部系统提供服务，也可利用服务框架和规则引擎，来定制获取外部服务的插件，进行外部服务集成。

——引入组件服务技术和业务规则引擎，实现业务逻辑的按需定制、灵活组装。

4.3　业务逻辑层

——通过数据集成平台解决各业务系统之间平行数据共享。

——通过数据传输平台解决业务层级之间垂直数据共享。

——通过技术平台解决支持 IBM DB2/ORACLE/MS SQL SERVER 三种数据库。

——主题分析数据库同业务数据分离。

——国家局/省公司/州公司/复烤企业/工业公司数据库灵活部署。

——各数据库存储单元之间可根据业务需要进行数据交换及数据同步。

——提供数据映射和数据同步两种方式的数据集成支持。外部数据在元数据领域内同内部数据无差别，采用数据同步方式；反之，采用数据映射方式。

4.4　软件平台

——支持多种数据库（IBM DB2/Oracle/MS SQL Server）。

——支持多种操作系统（AIX/Linux/Windows/Unix）。

4.5　应用集成平台

包括 R1 企业门户应用集成配置工具、业务逻辑层服务集成配置工具。

4.6 数据集成平台

基于比较流行的开源 ETL 工具（Kettle）研发，解决不同业务系统之间数据的抓取、加工、加载，达到数据共享的目的。

4.7 数据传输平台

在垂直的各个业务层级之间共享数据，由提交中心提供。

4.8 消息中心

消息中心是独立于各个应用的公共组件，为各组件提供业务告示（代办事务、状态提示、信息公告），为各类移动互联终端提供通用的信息发布通道（短信、电子报、邮件）。

4.9 许可管理工具

提供应用许可管理机制，可分别对应用、业务组件、功能点进行应用许可，只有授权的内容才能展现在用户的工作桌面，允许用户使用该功能。

4.10 异常、日志管理

提供统一的异常及日志管理，结合统一功能代码管理。可以方便开发人员分析定位问题，方便客服人员快速定位问题。

4.11 任务调度管理

提供一个公共的任务调度管理器，统一管理消息分发、数据集成等任务。

4.12 部署管理工具

通过提供部署管理工具，实现一键式系统安装、升级、配置修改等工作。

4.13 开发工具套件

包括模板生成工具、代码生成工具、规则引擎开发调试工具，为产品化开发、项目化定制及二次开发提供技术/架构上支持。

5　系统层次结构

5.1　物理部署

物理部署见图 2。

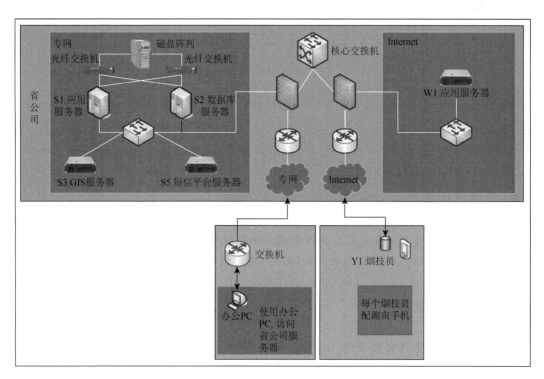

图 2　物理部署结构示意图

5.1.1　省公司服务器部署

省公司主要部署专网应用服务器、数据库服务器、GIS 服务器、外网部署应用服务器，接收手机终端回传的数据（表 1）。

5.1.2　省、州、县、烟站 PC 部署

各级主要部署办公 PC，通过烟草专网访问省公司服务器，进行日常工作（表 1）。

5.1.3　技术员配备手持智能终端

烟叶技术员配备移动智能终端（表 1）。

表 1 物理设备部署说明表

服务器号	服务器名称	部署说明
S1	应用服务器	操作系统/J2EE 应用服务器/ResourceOne Framework/湘西州精益生产管理应用（与专网数据库服务器互为备份）
S2	数据库服务器	操作系统/数据库管理系统（与专网应用服务器互为备份）
S3	GIS 服务器	通过接口的方式调用 GIS 服务器
S5	短信平台服务器	通过接口的方式调用短信平台服务器
W1	外网应用服务器	操作系统/J2EE 应用服务器/ResourceOne Framework/湘西州精益生产管理应用（外网）
Y1	手持智能终端	操作系统/APP 应用

5.2 应用部署

省局服务器部署精益生产管理系统，以及业务数据库、查询统计数据库和 GIS 数据库，外网部署数据交换功能，与移动智能终端实现数据交换。系统结构与用户权限示意图见图 3。

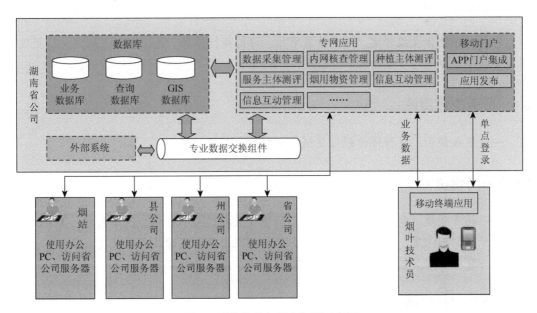

图 3 系统结构与用户权限示意图

6 功能

系统突出烟叶精益生产和精益管理主线，聚焦种植合同管理、种植主体管理和服务主体管理，以手持智能终端设备为依托，共有 7 个大功能 14 个子功能。

6.1 数据采集管理

——种植主体信息采集。包括种植主体信息采集、烤房信息采集、烤房管护申请、烤房管护审批等基础信息采集及维护功能。

——种植预约采集。包括种植预约数据采集维护功能。

——生产过程采集。对观察户的翻耕、起垄、移栽、培土、打顶、植保、采烤等过程进行观察。

——收购预约及测产数据采集。包括预约安排、预约安排确认、预约临时调整、预约公示等功能。

6.2 内管核查管理

——移栽面积普查。包括种植主体移栽自报、移栽普查、烟站核查、县局核查、州局核查等功能。

——合同管理及核查。包括核查面积合同调整、灾害程度合同调整等功能。

6.3 种植主体测评

包括种植主体星级评定、评定结果审核、评价指标维护、种植主体星级定义、星级规则定义、评价方案维护等功能。

6.4 服务主体测评

——服务评价。包括评价短信发送、短信回复统计功能。

6.5 烟用物资管理

——物资管理。包括物资信息录入、物资发放确认、物资供应清单打印、期初库存、采购入库、调剂入库、供应出库、调剂出库、损耗出库、实时库存等功能。

——育苗管理。包括播种、出苗、剪叶、供苗等信息登记功能。

6.6 信息互动管理

包括通讯录管理、短信编辑发送、发送规则设置等功能。

6.7 综合查询分析

——生产技术规范。包括技术规范设置、技术规范展示等功能。

——综合查询分析。包括 PC 端数据查询、手持端数据查询、主题数据看板（RA 看板）等查询功能。

7 软硬件标准

7.1 省公司

——服务器：1 台专网应用服务器，1 台数据库服务器（性能见表 2）。

——系统软件：LINUX、DB2、Websphere 6.x。

——安装应用软件：ResourceOne Framework/Portal V4、ResourceOne GlobalRepository V4、ResourceOne DE-IV4。

——应用系统：烟叶生产精益管理系统。

表 2 服务器性能要求表

收购量	服务器 TPMC 值
150 万担以上	548 000
50～150 万担	180 000
50 万担以下	78 000
存储要求：要求存储容量不小于 4T（按 10 年计算），采用 RAID 磁盘阵列，采用高性能 IO 磁盘	

7.2 基层站点

——PC 配备：烟站、收购点、育苗工场、烘烤工场配备 PC。

——配置要求：见表 3。

表 3 硬件配置要求表

用途	主要配置
工作 PC	WIN7 操作系统，IE8，CPU 2.0GHz 以上；内存 4G 以上（含）；以太网卡 100M 以上（含）
手持智能终端	北斗＋GPS＋GLONASS 三系统全星系卫星接收；内置专业北斗/GPS/GLONASS 三星芯片，支持多种系统组合定位，定位速度快、精度高；工业三防设计坚固耐用；IP67 工业三防级别，高抗伤性和高耐用性，轻松应对极端恶劣环境。Android 4.3 智能操作系统；A5 采用 Android4.3 智能操作系统，更多的专业应用支持，并为用户提供 SDK 二次开发包；1.6 四核高性能 CPU；采用四核 1.6 高性能 CPU，配合 2GB 大容量 RAM，运行速度更快，高效处理大数量栅格及矢量数据；TD-LTE/FDD-LTE 双 4G 五模网络通信；支持 TD-LTE/FDD-LTE 双 4G 网络，并支持 TD-SCDMA/WCDMA/GSM 多种网络通信制式，满足移动互联时代大数据传输对高速网络通信的需求；高清摄像头实时影像数据获取；1300 万像素高清摄像头，自带闪光灯，支持自动对焦，方便实时获取现场图片及视频信息；5.3 寸高清显示屏；5.3 寸半反半透高清显示屏，超宽可视角度，自适应光线显示调整技术，阳光下清晰可视；集成多种传感器；内置电子罗盘、气压计、加速度传感器、光线感应器，并可以选配多种外设

8 系统接口

8.1 与 GIS 平台接口

——基础信息类数据展现。系统提供基本烟田 GPS 信息数据，包括经纬度坐标数据，GIS 平台通过数据服务组件，获取相应的数据，并在地图上完成相应信息的展现。

——烟叶技术员工作轨迹跟踪。对工作轨迹进行跟踪、监督。工作时间内，系统按需求采集烟叶技术员当时的 GPS 信息。

8.2 信平台接口

——提供单条、多条文本短信发布接口。
——提供单条、多条彩信发布接口。
——提供单条、多条短信、彩信发布后接收回复信息接口。

8.3 与移动平台接口

——提供在线登录接口
——提供离线登录接口

8.4 与手持智能终端 GPS 接口

——取具体一个点的 GPS 信息；
——将一个具体点的 GPS 信息在地图上绘制；
——取一个直线距离的长度信息；
——取一个不规则面积的面积（平方）；
——取一个不规则面积的形状图片；
——将一个不规则形状完成在地图上的绘制；
——下载一个指定县的地图信息到手机上；
——更新、上传一个或多个 GPS 点信息、形状信息到地图服务器上保存、并完成描绘工作；
——完成一个或多个 GPS 点信息、不规则形状在手机离线地图上的描绘工作。

Q/WA AA

湖南省烟草公司湘西自治州公司企业标准

Q/WAAA 067—2016

烟草病虫害绿色防控技术规程

2016-02-25 发布 2016-03-01 实施

湖南省烟草公司湘西自治州公司　　发　布

前　　言

本标准按照 GB/T 1.1—2009 给出的规则起草。

本标准由湘西自治州烟草专卖局提出并归口。

本标准起草单位：湖南省烟草公司湘西自治州公司。

本标准主要起草人：朱三荣、张黎明、向德明、田峰、巢进。

本标准为首次发布。

烟草病虫害绿色防控技术规程

1 范围

本规程规定了湖南烟草病虫害的防治对象、预测预报、绿色防控技术。

本规程适用于湖南烟草病虫害绿色防控。

2 规范性引用文件

下列文件对于本文件的应用是必不可少的。凡是注日期的引用文件,仅所注日期的版本适用于本文件。凡是不注日期的引用文件,其最新版本(包括所有的修改单)适用于本文件。

Q/WAAA 043—2016《湘西自治州烤烟质量安全性技术指标限量指南》

Q/WAAA 045—2016《烟叶农药残留控制工作标准》

Q/WAAA 047—2016《烤烟生产中农药残留监测与处理方法》

YQ 50—2014《烟叶农残最大限量》

YC/T 523—2015《烟草良好农业管理及控制规程》

3 术语和定义

下列术语和定义适用于本文件。

3.1 植物检疫

植物检疫机构的工作人员运用一定的仪器设备和应用科学的技术方法依法对输出或输入的植物及其产品是否带有危险性病、虫等有害生物进行检疫检验和检疫处理的行政管理活动。

3.2 绿色防控

按照"绿色植保"理念,采用农业防治、物理防治、生物防治、生态调控以及科学用药进行病虫害防治的方法,达到有效控制农作物病虫害,确保农作物生产安全、质量安全和农业生态环境安全。目前绿色防控的基本途径主要有"生态调控技术、生物防治技术、理化诱控技术、科学用药技术"等。

3.3　农业防治

为防治烟草病虫害所采取的农业技术综合措施、调整和改善作物的生长环境，以增强作物对病虫害的抵抗力，创造不利于病原物、害虫生长发育或传播的条件，以控制、避免或减轻病、虫的危害。主要措施有选用抗病、虫品种，调整品种布局、选留健康种苗、轮作、深耕灭茬、调节播种期、合理施肥、及时灌溉排水、适度整枝打杈、搞好田园卫生和安全运输贮藏等。

3.4　物理防治

利用物理因子或机械作用对有害生物生长、发育、繁殖等的干扰，以防治植物病虫害的方法。物理因子包括光、电、声、温度、放射能、激光、红外线辐射等；机械作用包括人力扑打、使用简单的器具器械装置，直至应用近代化的机具设备等。

3.5　生物防治

利用生物及其代谢产物防治烟草病虫害。利用生物种间关系、种内关系，调节有害生物种群密度，包括利用捕食性、寄生性的昆虫如蚜狮、草蛉、寄生蜂和瓢虫等防治害虫；利用昆虫病原微生物如细菌、真菌、病毒等及其代谢产物（毒素等）防治害虫；利用微生物或其代谢产物（抗生物质等）防治植物病原菌（包括土壤中的病原菌）。

3.6　化学防治

利用化学药剂的毒性来防治病虫害。

3.7　真菌类病害

能显现典型病斑，病斑表面干燥，侵染部位在潮湿的条件下都有菌丝和孢子产生，产生出白色棉絮状物、丝状物，不同颜色的粉状物，雾状物或颗粒状物。

3.8　细菌类病害

细菌类病害是由细菌病菌侵染所致的病害，如软腐病、溃疡病、青枯病等。可通过自然孔口（气孔、皮孔、水孔等）和伤口侵入，借流水、雨水、昆虫等传播，在病残体、种子、土壤中过冬，在高温、高湿条件下容易发病。症状表现为萎蔫、腐烂、穿孔等，发病后期遇潮湿天气，在病害部位溢出细菌黏液，病斑早期水浸状，没有菌丝和孢子。

3.9 病毒类病害

由植物病毒寄生引起的病害，病毒必须在寄主细胞内营寄生生活，专一性强，烟草发病后表现为花叶、黄化、坏死、畸形，有翅蚜是病毒病的主要传播者。

3.10 线虫病

由根结线虫侵入烟株根部而引起病害，在苗期和大田期均可发生，首先是根部形成大小不等的根瘤，须根上初生根瘤为白色。严重时整个根系肿胀变粗呈鸡爪状，病根后期中空腐烂，仅存留根皮和木质部，其中包含大量不同发育时期的病原线虫。

3.11 食叶类群害虫

主要指咀嚼式口器害虫，危害时嚼食烟草叶片和嫩芽，造成叶片缺刻破损或孔洞。

3.12 刺吸类群害虫

主要指刺吸式口器害虫，可刺进烟草组织（叶片或嫩尖）吸食汁液，破坏叶片组织，影响叶片光合作用，致使叶片干枯、脱落，受害叶片表现失绿、变为白色或褐色，还可传播病毒病。这类害虫个体较小，种类繁多，有时不易发现。常见的有蚜虫类、粉虱类、蜡类、叶螨类等，多集中在寄生的叶背和嫩梢为害。

3.13 钻蛀类群害虫

主要指钻蛀茎秆里面蛀食危害的害虫，将茎、枝蛀空，使植株死亡。

3.14 潜叶类群害虫

主要指钻蛀在叶片里面蛀食危害的害虫，钻入叶片危害，叶片可见到钻蛀的隧道，造成叶片干枯死亡。

3.15 地下害虫类

主要指在土壤的浅层和表层的咀嚼式口器害虫，为害烟草根系和茎基部，使植株的营养运输受到抑制，造成植株枯黄或死亡，常造成植株萎蔫或死亡，或将表层土窜成许多隧道，使苗根脱离土壤，致使苗失水枯死，造成缺苗断垄。

4　防治对象

普遍发生、受害范围较广、经常会造成灾害的烟草病虫害。

4.1　食叶类群害虫

烟青虫、棉铃虫、斜纹夜蛾。

4.2　刺吸类群害虫

烟蚜、烟盲蝽、烟蓟马、稻绿蝽、斑须蝽、烟粉虱。

4.3　钻蛀类群害虫

烟蛀茎蛾。

4.4　潜叶类群害虫

烟草潜叶蛾。

4.5　地下害虫类

金针虫、地老虎、蝼蛄。

4.6　真菌类病害

炭疽病、猝倒病、黑胫病、赤星病、蛙眼病、根黑腐病、白粉病。

4.7　细菌类病害

青枯病、角斑病、空茎病、野火病。

4.8　病毒类病害

黄瓜花叶病毒病、普通花叶病毒病、马铃薯 Y 病毒病、蚀纹病毒病、环斑病毒病。

4.9 线虫病

根结线虫病。

4.10 除上述重点防治对象以外，其他对烟草造成明显影响的病、虫

蜗牛、蛞蝓、气候斑点病。

5 病虫害防治方针及策略

5.1 防治方针

遵循"预防为主，综合防治"的植保方针。

5.2 防治方法

5.2.1 烟草引种检疫参照 YC/T 20 执行。

5.2.2 烟草病虫害预测预报：烟草害虫预测预报参照 YC/T 340 执行。烟草病害预测预报参照 YC/T 341 执行。

5.2.3 农业防治：及时收集烟田中心和周围的病残体，并加以处理，保持烟田卫生，减少侵染来源。根据发病程度及时摘除有病枝叶、有严重病虫害植株，并对病土进行消毒处理。合理进行肥水调控，增强烟株抗病虫性。改善环境条件，创造有利于烟草生长，不利于病虫害发生的条件。选用健康无病及具抗病虫性的品种。清除越冬场所的越冬虫体，减少越冬虫口基数。对危害严重的害虫种类，在孵化初期，尚未分散危害时，应将其剪除。人工捕杀行动迟缓、有假死性、飞翔力不强的幼虫、成虫。

5.2.4 物理防治

——黄板诱蚜

使用时间：从苗期或移栽时开始使用，可以有效控制害虫的繁殖数量或蔓延速度。放置方式：可用铁丝或绳子穿过诱虫板的两个悬挂孔将其固定好，采用与烟苗种植行（垄）平行方式东西向放置。悬挂高度：诱虫板下沿比植株生长点高 15～20cm，并随着植株生长相应调整悬挂高度。放置密度：预防期每亩悬挂 20cm×25cm 黏虫板 10～15 片，害虫发生期每亩悬挂 20cm×25cm 黏虫板 15～20 片。

——杀虫灯

杀虫灯诱集鳞翅目（斜纹夜蛾、烟青虫、地老虎等）、鞘翅目（金龟子等）等害虫的成虫。例如：频振式杀虫灯，防治的烟草害虫有斜纹夜蛾、烟青虫、棉铃虫、小地老虎、金龟子、蝼蛄、灯蛾等。灯间距 200m 为宜，距田面 1.5m 高。诱杀小地老虎、灯蛾等害

虫在 3 月上旬至 3 月下旬中期，诱杀烟青虫、棉铃虫等害虫在 4 月中旬至 5 月上旬初期，诱杀斜纹夜蛾等害虫在 5 月中旬至 6 月中旬为宜。

5.2.5　生物防治

——应用天敌或生物代谢产物防治病虫害

烟蚜茧蜂：当单株蚜量达 5 头时，释放烟蚜茧蜂，放蜂量为 2000～3000 头/亩，放蜂方法可选择成蜂释放、挂放僵蚜、田间小棚自然散放、移动网箱运输、放蜂笼等几种投放方法。

天敌释放前后 1 周内，烟田不可使用化学农药。

——性与食诱剂诱捕法防治病虫害

在鳞翅目害虫防治区域内，成虫扬飞前，将性诱剂及配套诱捕器棋盘式悬挂于田间，以高出烟株 10～15cm 为宜。

监测：1 套/hm^2。防治：2～3 套/亩。

在主要烟草害虫防治区域内，成虫扬飞前，将食诱剂及配套诱捕器棋盘式悬挂于田间，以高出烟株 10～15cm 为宜。

监测：1 套/hm^2。防治：1 套/亩。

5.2.6　化学防治

——药剂选用

正确选用药剂。所用药剂应符合中国烟叶公司下发的《XX 年度烟草农药使用推荐意见》的要求。

1）不同的药剂之间应交替轮换使用，提高防治效果和延缓防治对象抗药性的产生。

2）根据不同的防治对象，严格按照规定的浓度、剂量和方法进行防治。

3）多种药剂混用时，将各单剂的用量相应减少。

4）根据具体情况，提倡病虫兼治（杀虫剂和杀菌剂混配可防治虫害和病害），以减少喷药次数。

——正确选择防治适期

根据预测预报，达到化学防治指标时进行防治。

——化学防治指标

达到化学防治指标时进行化学防治，未达到化学防治指标时，不进行化学防治。化学防治指标见表 1。

表 1　病虫害化学防治指标

病虫害	防治指标
花叶病	始见病时施药，连续施药 2～3 次
赤星病	发病株率达 1% 及以上时施药；连续 2～3 次
小地老虎	断苗率达 1% 及以上时施药
烟蚜	每株发生量达 50 头及以上时施药
烟青虫	每百株达 50 头及以上时施药
斜纹夜蛾	每百株达 30 头及以上时挑治

6 烟草主要病害绿色防控

6.1 烟草病毒类病害绿色防控

6.1.1 在烟草采收后,将所有的烟杆、病残体、废弃烟叶及杂草等集中烧毁或深埋。

6.1.2 选用无病虫种子,采用包衣种子。

6.1.3 采用集约化漂浮育苗,苗床远离菜地、烤房等毒源多的地方,选择背风向阳的爽水地,苗床土和器具要经消毒处理。

6.1.4 在栽烟前铲除烟田周围的野生寄主杂草,避免烟田安排在茄科作物附近,尤其是不能与马铃薯田邻作或连作。可在烟田与毒源植物之间种植隔离作物如向日葵、玉米等,以阻碍蚜虫向烟田传毒。

6.1.5 坚持水旱轮作,避免与茄科作物轮作。

6.1.6 在苗床和大田操作前,切实做到用肥皂洗手及消毒工具。在田间操作时要先健株后病株。发病初期及时拔去病株,及时清除田间杂草。

6.1.7 冬季深翻,施足底肥,注意氮、磷、钾配合,加强肥水管理。合理配方施肥,积极推广烟草专用肥,促使烟株协调发育,增强抗病性。

6.1.8 在烟田悬挂银膜条或用银色地膜覆盖,可有效地驱避蚜虫,也可在烟田周围悬挂黄板诱蚜,降低有翅蚜数量,减轻发病。

6.1.9 适当使用植物源制剂、弱毒株系和 RNAi 制剂等防控烟草病毒病害。

6.1.10 移栽前应将附近茄科作物及杂草上的蚜虫尽量用药喷杀一次,避免有翅蚜迁飞传毒,在有翅蚜迁飞高峰期,每株烟蚜数达 50 头以上时及时喷药防治;在烟田病毒病始见期喷药 2～3 次进行防治,所用药剂应符合中国烟叶公司下发的《XX 年度烟草农药使用推荐意见》的要求。

6.2 烟草真菌类病害绿色防控

6.2.1 彻底销毁烟杆、烟杈、烟根、病叶、烤房前后散落的破残烟叶及烟田已死亡的杂草,以减少越冬菌源。

6.2.2 水田栽烟实行"稻-烟"轮作;旱地烟的轮作间隔年限至少要在 3 年以上,轮作作物可采用甘薯、绿豆、大豆及禾本科作物等,勿与马铃薯、番茄、辣椒、花生、芝麻及姜类等作物轮作。

6.2.3 集育化漂浮育苗,育苗土、水、苗床和器具消毒处理,不施用病菌污染的肥料,培育无病健苗。

6.2.4 高起垄、高培土,烟田平整,防止积水,适时移栽,适当缩小株距加大行距,改善通风透光,及时中耕和除草,适期适度打顶,适时采收。

6.2.5 合理增施磷、钾肥;氮、磷、钾比例要适宜,少用氮素化肥,用农家肥代替,适时追肥和施用微生物肥,可减少病害发生。

6.2.6 及时清除病残株以及田间杂草，保持烟田卫生。

6.2.7 利用拮抗微生物和生物源抗性诱导剂等进行生物防治。

6.2.8 根据预测预报结果，黑胫病田间发病率达 1%左右时连续喷药 1～2 次，其他真菌病害根据田间发病严重度于始发期施药防治 1～2 次，所用药剂应符合中国烟叶公司下发的《XX 年度烟草农药使用推荐意见》的要求。

6.3 烟草细菌类病害绿色防控

6.3.1 及时烧毁病残株，减少初侵染源。

6.3.2 实施水旱轮作或与禾本科作物轮作。

6.3.3 集约化漂浮育苗，培育壮苗，适期早栽。

6.3.4 合理施肥灌水，防止后期施氮肥过多，并适当增加磷钾肥。

6.3.5 在野火病发病前，及时摘除易感病的底脚叶 2～3 片，并带出田外妥善处理。

6.3.6 打顶、抹杈和采收应在晴天露水干后进行。

6.3.7 在移栽期、团棵期、旺长期或零星发病时各使用 XQ 生防菌剂 1 次预防青枯病的发生。利用其他荧光假细胞杆菌等拮抗微生物和生物源抗性诱导剂及弱株系保护等进行生物防治。

6.3.8 根据预测预报结果，青枯病田间发病率达 1%左右时连续喷药 2～3 次，其他细菌病害可根据田间的发病严重度于始发期施药防治 1～2 次，所用药剂应符合中国烟叶公司下发的《XX 年度烟草农药使用推荐意见》的要求。

6.4 烟草根结线虫病绿色防控

6.4.1 病田应实行轮作制。一般与禾本科作物轮作为宜，并及时清除田间杂草寄主，实行水旱轮作。

6.4.2 集约化漂浮育苗，控制苗期感染。

6.4.3 烟草采烤后，应及时挖除病根和杂草集中晒干烧掉，并多次翻晒土壤，使土壤中的病根残体干燥，促使线虫死亡，可大大压低土壤中虫源基数，减轻为害。

6.4.4 发病田块增施肥料，尤其增施有机肥，有利于烟株根系发达，增强植株抗性。

6.4.5 移栽时穴施药剂，也可用熏蒸方法，所用药剂应符合中国烟叶公司下发的《XX 年度烟草农药使用推荐意见》的要求；覆土熏蒸 1～2 周，然后移栽，土壤湿度大时效果更好。

6.5 烟草气候斑点病绿色防控

6.5.1 加强田间管理，适时移栽，合理密植，实行高垄单行；施足基肥，及时追肥，适当控制氮肥，施足磷钾肥；合理排灌，防止田间积水；寒潮来临控制灌水，及时中耕培土除草，增加田间通风透光。

6.5.2　目前可适当使用抗氧化剂、生长调节剂、防护剂、矿物质营养和叶面覆盖物等预防；所用药剂应符合中国烟叶公司下发的《XX 年度烟草农药使用推荐意见》的要求。

7　烟草主要虫害绿色防控

7.1　食叶类群害虫绿色防控

7.1.1　食叶类群害虫大多以蛹在土壤耕作层中越冬，及时冬耕可以通过机械杀伤、暴露失水、恶化越冬环境、增加天敌取食机会等达到灭蛹的目的。

7.1.2　自还苗开始，于清晨或傍晚到烟田检查，当发现烟株顶端嫩叶上有新虫孔或叶腋内有新鲜虫粪时，随即找出幼虫将其杀死。

7.1.3　在成虫羽化期前，采用性诱剂和食诱剂进行诱捕，将性诱剂、食诱剂及配套诱捕器棋盘式悬挂于田间，烟青虫诱捕器以高出烟株 10～15cm 为宜，监测田 1 套/hm^2，防治田采用 1～2 套/亩。

7.1.4　结合当地预测预报，在成虫产卵盛期前，田间放置赤眼蜂蜂卡 6～8 卡/亩，消灭卵和初孵幼虫。

7.1.5　当烟青虫每百株达 50 头，斜纹夜蛾每百株达 30 头时应进行挑治，药剂防治宜在 3 龄之前，且要注意轮换或交替用药；所用药剂应符合中国烟叶公司下发的《XX 年度烟草农药使用推荐意见》的要求。

7.1.6　苏云金芽孢杆菌、阿维菌素乳油、白僵菌、虫生真菌对烟青虫的防治效果比较明显，斜纹夜蛾幼虫对病毒制剂敏感，使用浓度见各药剂推荐剂量。

7.2　刺吸类群害虫绿色防控

7.2.1　育苗前先彻底消毒，幼苗上有烟粉虱时在定植前清理干净，做到用作定植的苗无虫。育苗棚的门窗和周围通风口用 40 目尼龙网覆盖，普通苗床可采用 40 目拱架防虫网进行覆盖，恶化烟蚜的食物条件。

7.2.2　6 月中旬是斑须蝽成虫盛发期间，进行人工捕杀和摘除卵块，集中杀灭初孵化尚未分散的若虫。

7.2.3　根据烟粉虱、蚜虫对黄色的正趋性，采用黄板诱杀，每亩烟田悬挂 10～15 块黄色黏虫色板进行监测和诱杀成虫。

7.2.4　当蚜虫每株发生量达 50 头以上时，斑须蝽低龄若虫盛发期时，需施药化学防治；所用药剂应符合中国烟叶公司下发的《XX 年度烟草农药使用推荐意见》的要求。

7.2.5 保护利用天敌：田间有多种天敌对刺吸类群害虫有显著的抑制作用，在喷药时要选用对天敌杀伤力较小的农药，使田间天敌数量保持在占害虫总量的1%以上。如可在无翅蚜发生期，释放烟蚜茧蜂（当单株蚜量达5头时，释放烟蚜茧蜂，放蜂量为2000～3000头/亩）；保护或释放斑须蝽卵寄生蜂和稻蝽小黑卵蜂进行生物防治；当每株苗有烟粉虱0.5～1头时，每株放丽蚜小蜂3～5头，10d放1次，连续放蜂3～4次。

7.3 潜叶类群害虫绿色防控

7.3.1 彻底清除烟草残枝落叶及烟地附近的茄科植物残体，集中烧毁，以减少越冬虫源，降低次年虫害发生率。

7.3.2 选用无虫烟苗，取苗移栽时认真检查剔除带烟潜叶蛾的烟苗。

7.3.3 加强田间管理结合中耕除草，摘除底层脚叶，集中处理（烧毁或深埋、沤肥等），以减少幼虫、蛹、卵等虫态。

7.3.4 害虫发生期，选用低毒低残留农药，交替用药，害虫发生期每10d喷1次，连喷2～3次。采烤前10～15d停止用药。所用药剂应符合中国烟叶公司下发的《XX年度烟草农药使用推荐意见》的要求。

7.4 蛀茎类群害虫绿色防控

7.4.1 烟草采烤结束后，及时而彻底地处理烟秆并翻耕烟田。

7.4.2 加强苗期管理，培育壮苗。采用网罩或漂浮育苗阻止蛀茎蛾为害。拔除苗床上的有虫苗。

7.4.3 成虫发生和产卵盛期，采用化学防治，幼虫潜入茎部出现肿大，可用注射器将药剂注入肿大部位有效杀灭幼虫。所用药剂应符合中国烟叶公司下发的《XX年度烟草农药使用推荐意见》的要求。

7.5 地下类群害虫绿色防控

7.5.1 对冬闲田和空田进行翻耕曝晒，可以杀死土中幼虫和蛹。春播前或在苗期，清除烟田内外杂草，可消灭部分虫、卵。在有条件的地区，实行水旱轮作，并结合苗期灌水，可以淹死部分幼虫和卵。

7.5.2 用糖、醋、酒诱杀液或甘薯、胡萝卜等发酵液以及性诱剂诱杀成虫。

7.5.3 用泡桐叶或莴苣叶放于田间，翌日清晨到田间捕捉幼虫。对高龄幼虫也可在清晨到田间检查，如发现有断苗，拨开附近的土块，进行捕杀。

7.5.4 对不同龄期的幼虫，应采用不同的施药方法。幼虫3龄前用喷雾、喷粉进行防治；3龄后，田间出现断苗，可用毒饵或毒草诱杀。所用药剂应符合中国烟叶公司下发的《XX年度烟草农药使用推荐意见》的要求。

7.6 软体动物绿色防控

7.6.1 蛞蝓危害初期，每亩可用蜜达颗粒剂进行撒施 1 次，防治效果较好；或向苗床或烟田的土埂上洒茶枯液进行触杀；或用氨水于晚上撒于烟株附近。

7.6.2 用茶籽饼粉撒施、灭蜗灵颗粒剂碾碎后拌细土或饼屑，于天气温暖，土表干燥的傍晚撒在受害株附近根部的行间，2～3d 后接触药剂的蜗牛分泌大量黏液而死亡，防治适期以蜗牛产卵前为适，田间有小蜗牛时再防 1 次效果更好。

Q/HNYC

中国烟草总公司湖南省公司企业标准

Q/HNYC/T 4—2017

湘西山地特色优质烟叶生产增炭减氮配套栽培技术规程

2017-06-01发布　　　　　　　2017-12-01实施

中国烟草总公司湖南省公司　　　发　布

前　言

本标准按照 GB/T 1.1—2009 给出的规则起草。

本标准由湖南省烟草公司湘西自治州公司与河南农业大学提出。

本标准由中国烟草总公司湖南省公司归口。

本标准起草单位：湖南省烟草公司湘西自治公司、河南农业大学、湘西自治州烟草学会。

本标准主要起草人：刘国顺、周米良、田峰、杨永峰、任天宝、向德明、张黎明、殷全玉、云菲、宋亮、王欢欢

本标准由湘西自治州烟草公司负责对条文进行解释，请各单位在执行本规范过程中注意总结经验和积累资料，并及时反馈意见至湖南省烟草学会。

湘西山地特色优质烟叶生产增炭减氮配套栽培技术规程

1 范围

本标准规定了湘西自治州山地特色优质烤烟栽培中植烟土壤增炭与减氮技术要求、育苗技术、大田施肥技术、绿色防治技术和精准烘烤技术等方面的一般要求。

本标准适用于湘西自治州烤烟种植增炭减氮和固炭培肥模式的特色优质烟叶生产。

2 规范性引用文件

下列文件对于本文件的应用是必不可少的。凡是注日期的引用文件，仅所注日期的版本适用于本文件。凡是不注日期的引用文件，其最新版本（包括所有的修改单）适用于本文件。

GB 4404.1《粮食作物种子》第 1 部分：烤烟类

GB/T 8321《农药合理使用准则》（所有部分）

GB 4285《农药安全使用标准》

NY/T 496《肥料合理使用准则通则》

NY 525—2012《有机肥料》

NY/T3041—2016《生物炭基肥料》

3 术语和定义

下列术语和定义适用于本文件。

3.1 生物炭

农林废弃物在有限氧气供应条件下，经过高温热裂解炭化形成的性质稳定、吸附能力强、能有效改善土壤物理化学及生物学性质的富碳产物。

3.2 生物炭基有机肥

主要以生物炭为原料，添加微生物发酵处理、腐熟的有机物料及多种矿物质原料复合而成的一类富含生物质炭，兼具微生物肥料和有机肥效应的肥料。

3.3 增炭减氮量

根据本地区优质烤烟生产技术规程的生物炭、氮用量,按一定比例增加炭量减少氮量。

3.4 根系定向生长技术

采用特定的育苗基质,在烟苗生长发育过程中,有效抑制盘下无效的水生根和螺旋根,促进基质中有效根的生长和倍增,增强烟株对矿质元素的吸收能力。

3.5 烟叶成熟度

指烟叶大田成熟的程度,包含两个方面:一是指在充足的营养条件下,烟叶生长发育达到成熟的程度;二是指采收成熟的烟叶,经过调制后达到成熟的程度。

3.6 中温中湿延时增香工艺

干球温度在 40～42℃时慢升温慢排湿,保持湿球温度 37～38℃,干球升温速度每 4h 左右升 1℃。在干球温度 42℃时,叶片充分变黄,主脉变软。干球温度在 46～48℃时,主脉变黄变软。干球温度在 50～54℃时维持 6～10 个小时,促进烟叶香气物质的转化和致香物质形成。

3.7 适产提质

增炭、减氮条件下产量比常规施肥量的不减产或减产不显著,且烤烟叶片成熟度及烤后烟叶质量提高显著。

4 要求

4.1 土壤理化指标

土地翻耕后将土块打碎、耙平,铲除周围杂草,理好围沟和腰沟,保证排水畅通。土壤有机质含量为 25g/kg 以上,全碳含量 15g/kg 以上,土壤 C/N 在 10.5 以上,pH 为 5.5～7.5。

增加土壤碳氮比的方式主要采用增施一定量的生物质炭或种植绿肥。种植 1 年以上的烟地必须进行轮作,一般旱土轮作周期为 3～4 年,稻田轮作周期 1～2 年。

4.2　产量与等级指标

优化结构后亩产量 125~140kg，收购上等烟比例达到 62%，上中等烟比例 100%，上部烟叶比例控制在 45%以内。下部烟叶单叶重 5~7g，中部烟叶单叶重 7~9g，上部烟叶单叶重 9~11g。

4.3　田间长势与烟叶外观质量

打顶后的定型株型为圆筒形，株高 100~120cm，茎围 8~10cm，顶部叶长 50~60cm、叶宽 20~25cm。田间通风透光性好、烟株营养均衡、发育良好，能分层正常落黄成熟。烤后烟叶成熟度好，颜色以橘黄为主，结构疏松，身份厚薄适中，油分有至多，色度强至浓。

4.4　烟叶主要化学成分指标

烟叶总糖 20%~24%，还原糖 16%~22%，下部叶烟碱 1.5%~2.0%、中部叶烟碱 2.0%~2.8%、上部叶烟碱 3.0%~4.0%，淀粉≤4.5%，氧化钾≥2.5%，还原糖与烟碱比（6~12）：1。

4.5　土壤微生物量指标

按本规程栽培管理的烤烟生产田，在整个生长季节内根际土壤细菌、真菌、放线菌比常规栽培管理生产田增加 15%以上。

5　大田管理

5.1　大田整地

土壤含水率以 30%~35%，深耕 25~30cm；采用耕翻、旋耕、深松及耙耕相结合的方法。实行单行高垄。先施足基肥，然后进行起垄。要求垄体饱满、平直，垄底宽 80~90cm，垄面宽 60~70cm，旱土垄体高 25cm 以上，稻田垄体高 30cm 以上。

5.2　移栽

5.2.1　移栽期与移栽标准

海拔 800m 以下烟区 5 月 1~7 日移栽，800m 以上烟区 5 月 10~17 日移栽。其他县海拔 800m 以下烟区 4 月 15~20 日移栽，海拔 800m 以上烟区 4 月 20~30 日移栽。苗龄以 5~6 叶为宜。

烟苗移栽标准：苗龄 50~55d，茎高 4~6cm，功能叶 5~6 片，剪叶 1~2 次，烟苗大小均匀，长势健壮，无病虫害。

5.2.2 移栽规格

总体原则是合理密植，保证基本苗。采用人工或机械移栽方式，移栽行株距为 1.2m×0.45m 或 1.2m×0.50m 移栽，每亩栽烟 1100 株以上。漂浮育苗和浅水育苗的烟苗全面推广"井窖式"移栽方法或小苗深栽技术。保留壮苗，别除小苗、弱苗，确保移栽成活率在90% 以上。

5.2.3 覆膜

垄体上喷施 2.5% 的"高效氯氟氰聚酯"或其他杀虫剂，防治地老虎等地下害虫。移栽后及时覆膜，移栽时间与覆膜时间间隔保证在 12h 以内。

5.3 施肥

5.3.1 施肥原则

肥料使用的整体原则根据烤烟整个生长期的需肥量施用，肥料类型利于快速吸收。增加基肥施入量，适时追肥，提高烤烟对土壤矿质元素及有机质的吸收利用率。肥料施用符合 NY/T 496 的规定。

5.3.2 施肥量

高碳基土壤修复肥适宜用量为 80~100kg/亩，同时减少化肥氮素总量的 15%~20%，严格控制总氮量，保持氮、磷、钾平衡，施肥配方具体见表1。

5.3.3 施肥方法与时期

5.3.3.1 基肥

起垄前以条施的方式，将高碳基土壤修复肥一次性施入垄中或条施总量的 70%，穴施 30%，须与土充分混合均匀。

5.3.3.2 提苗肥要求

在移栽当天，每亩用提苗肥 5kg，兑清洁水 250~300kg 作定根肥水；或在移栽后 5~7d 内用同样方法浇施提苗。

5.3.3.3　追肥要求

移栽后 25～30d，在两株烟正中间的垄体上打 15～20cm 深的穴，将剩余的专用追肥和硫酸钾混匀进行穴施，或溶解于 300～400kg 的水后浇施，然后覆土或中耕培苑。

团棵期追肥，每亩追施硝酸钾 5.5～6kg。

5.4　田间农事操作管理

5.4.1　掏苗

实行井窖式移栽的，在移栽后 5～7d，将剩余的提苗肥（每亩 2.5～3.0kg）溶解于 150～200kg 的水中，用水壶进行淋施。当烟苗生长点超出井窖口 2～3cm 时，进行培土封膜。用细土将井窖内的空隙填满，并密封膜口，封土的高度要稍高于垄面。

5.4.2　揭膜

30d 内必须揭掉地膜，并打除下部 2～3 片底脚叶，进行中耕、锄草和高培土。培土后的垄体要求大而饱满，高度达到 30～35cm。

5.4.3　灌溉

进入团棵期后，遇干旱天气，有条件的地方，要适时进行烟田灌溉，选择傍晚进行沟灌，灌水深度不超过三分之一。

5.4.4　中耕培土

一般培土两次。第一次培土在移栽后 15～20d，结合追肥进行低培土；第二次培土进行高培土（移栽后 30～35d）。

5.4.5　防止底烘

要合理密植、及时打顶、合理留叶、彻底除芽、及时清理底脚叶、高抬垄、深挖沟。

5.4.6　打顶与抹芽

正常烟叶的打顶：于 50% 的烟株第一朵中心花开放后或花蕾明显伸长后进行打顶；选择晴天或阴天，将整个花枝连同下面 2～3 片叶（花叶）一起摘除，并带出田间。打顶当天，抹掉杈芽，用抑芽剂进行抑芽处理；抑芽不彻底的，要及时进行手工辅助抹芽。

5.4.7　结构优化与不适烟叶处理

在烟株打顶至下部烟叶采收前，要打掉无使用价值或者发育不良的下部叶2～3片，对打顶后不能充分开片的顶叶实行弃烤。将烟花、烟叉、底脚叶集中放入消化池，并撒入生石灰等消毒。消化池不应距离烟田过近，以防其腐烂后滋生病菌感染烟株。

5.5　绿色防控

5.5.1　绿色防控原则

贯彻执行"预防为主、综合防治"的植保方针，坚持农业防治、物理防治、生物防治为主，化学防治为辅的防治方法。

5.5.2　用药基本原则

按照生产技术指导方案，选择安全、经济、高效、低残留的农药品种，对症科学合理用药，严格掌握施药剂量、方法、次数和防治适期，注意轮换、交替用药，避免产生药害；严格控制农药残留量。严禁使用中国烟叶公司公布的在烟草上禁止使用的农药品种（或化合物）。对使用过的农药瓶和农药袋等要进行深埋或集中销毁处理。

5.6　病虫害防治技术

5.6.1　农业防治，定期轮作

促进烟株早生快发，稳健生长；及时进行中耕培土，做好田间开沟排水；打掉无烘烤价值的脚叶、老叶、病叶，并带出田间统一销毁；适当提前采收下部烟。

在符合当地自然环境基础上，选用抗病性更好的品种；严格按照基地单元管理制度，实行轮作。严禁与茄科、葫芦科作物间（套）作、连作及邻作。提倡种植紫云英、剪舌豌豆等绿肥改良土壤。

5.6.2　科学测报，集中防治

加强大田管理，定期观察田间情况；有个别病虫害出现时，需对大田进行全面检查，并做出处理。

病虫害主要有"五病、四虫"，即病毒病（TMV、CMV、PVY等）、立枯病、黑胫病、青枯病、赤星病，地老虎、烟蚜、烟青虫及斜纹夜蛾。局部地域要注意防治蛀茎蛾、金针虫（特别是漂浮育苗区）和根黑腐病。根据大田烟株发病情况采用对应的预防措施。

5.6.3　生物防治

保护烟田自然天敌、人工大量饲养繁殖和散放天敌、输引外地有效天敌等方法。通过保护烟田如烟蚜茧蜂、草蛉、瓢虫、食蚜蝇等自然天敌，使烟田中这些天敌的种群数量能够维持在较高的水平，可以有效地抑制多种害虫。

5.6.4　物理防治

蚜虫繁殖期大范围安装黏虫板、诱捕箱、诱虫灯等装置。

5.6.5　主要病虫害的药剂量防治

5.6.5.1　花叶病

一是喷药保护烟苗，在小十字期、大十字期和剪叶时，分别用 24%的东旺杀毒乳剂900 倍液、18%的丙多·吗啉胍可湿性粉剂 500 倍液、0.5%的氨基寡糖索水剂 600 倍液进行预防。

5.6.5.2　野火病

种子用 1%硫酸铜溶液浸种 10min 或农用链霉素 200U 浸种 30min 消毒，或直接播种包衣种子。苗床喷洒 1∶1∶160 波尔多液，移栽前再喷一次 200U 农用链霉素。大田团棵期、旺长期以及烟株封顶后各喷 1 次农用链霉素或 50%琥珀酸铜（DT）可湿性粉剂或 50%羧酸磷铜（DTM）可湿性粉剂。暴风雨袭击后，可在加喷一次，以减少病菌伤口侵入。

5.6.5.3　赤星病、角斑病

成熟期可在叶面喷施 1%磷酸二氢钾防治。打顶前 1 周开始统防统治，每隔 7～10d喷药 1 次，共 2～3 次即可。可选药剂有多抗霉素（多氧霉素）、代森锰锌、咪酰胺、菌核净。

5.6.5.4　青枯病

及时拔除零星病株，并对发病地中心撒施生石灰；对往年发病烟田在移栽时和移栽后25～30d 分别用"XQ 生防菌剂"进行根部浇施，每亩用药量 300mL，兑清水稀释 800 倍，单株药液施用量 200mL。

5.6.5.5　烟蚜

40%氧化乐果乳油 1500～2000 倍液，40%乐果乳油 1000～1200 倍液，50%抗蚜威微粒剂 3000～5000 倍液等均可去除烟蚜。

6 成熟采收

6.1 下部叶采收

下部叶要适时早采。下部叶在褪绿转黄，以绿为主时为最佳采收时机，实现下部叶在烤房变黄，推广下部叶在打顶时采收烘烤，控制叶龄期50d左右。

6.2 中部叶采收

中部叶要求正常成熟采收，外观表现为青黄各半。下部叶采后一般要停烤7d左右，等待中部叶的成熟，再进行采摘。中部烟叶的成熟要具有明显的成熟特征，一般控制叶龄期70～80d。

6.3 上部叶采收

上部叶要充分成熟采收，提倡上部叶优化结构后4～6片叶待全部成熟后集中一次性采收。上部叶成熟时的田间表现为黄灿灿、亮堂堂（成熟特征：叶耳变黄、茸毛脱落、主脉支脉全白发亮），一般控制叶龄期80～90d。

7 烘烤

基于湘西山地烟区烤烟烘烤特性，采用"中温中湿延时增香"密集烘烤工艺。

7.1 下部叶烘烤

变黄阶段干球温度35～36℃，湿球温度34～35℃，循环风机运转状态为低速，大致持续时间为25～30h；定色阶段干球温度45～46℃，湿球温度35～36℃，循环风机运转状态为高速，大致持续时间为22～26h；干筋干球温度65～68℃，湿球温度41～43℃，循环风机运转状态为低速，大致持续时间为24～36h。

7.2 中部叶烘烤

变黄阶段干球温度36～38℃，湿球温度35～36℃，循环风机运转状态为中速，大致持续时间为20～25h；定色阶段干球温度46～48℃，湿球温度36～37℃，循环风机运转状态为中速，大致持续时间为20～24h；干筋干球温度65～68℃，湿球温度41～43℃，循环风机运转状态为低速，大致持续时间为24～36h。

7.3　上部叶烘烤

变黄阶段干球温度 41～42℃，湿球温度 36～37℃，循环风机运转状态为低速，大致持续时间为 12～18h；定色阶段干球温度 54～55℃，湿球温度 39～40℃，循环风机运转状态为中速，大致持续时间为 16～24h；干筋干球温度 65～68℃，湿球温度 41～43℃，循环风机运转状态为低速，大致持续时间为 24～36h。

8　回潮、分级及堆放储存

8.1　回潮

在烟叶烘烤结束后，当烤房温度下降到逼室外温度略高时，烟叶下炕后，采用自然或人工方法回潮，至主脉易折断、叶片不易破碎时，才能解杆、分级。

8.2　分级要求

烟叶下炕解杆后，要及时进行去青、去杂，去除非烟杂物。严格按照烤烟国标进行分级，每个等级按照 5kg 左右的重量进行散叶打捆。

8.3　堆放存储

分级后的烟叶在储藏场所分级别堆放，将烟叶叶尖朝内，叶柄朝外整齐堆码，然后采用薄膜、干稻草等防潮物遮盖或严实包裹。烟叶水分控制在 16%～18%。定期进行检查，防潮、防晒、防压、防虫蛀。

烤烟生产施肥及烘烤工艺简表见表 1～表 3。

表 1　湘西自治州山地优质烤烟生产肥料配方表

县分公司	肥料品种（养分含量）	发酵型专用基肥（8-15-7）	高磷Ⅱ型基肥（7.5-18.5-6）	专用追肥（10-5-29）	生物有机肥（发酵型）（6-1-1）	生物有机肥（三合一型）（6-1-1）	提苗肥（20-9-0）	硫酸钾（0-0-50）	其他肥料（苗肥）
龙山	每亩用量/kg	0	60	15	15	0	5	20	2.5
	总氮 7.9kg，磷 12.45，钾 18.1，氮磷钾比例 1：1.58：2.29								
永顺凤凰	每亩用量/kg	50		20	15		5	25	
	总氮 7.9kg，磷 9.1，钾 21.95，氮磷钾比例 1：1.15：2.78								
花垣	每亩用量/kg	0	60	15	15	0	5	20	
	总氮 7.9kg，磷 12.45，钾 18.1，氮磷钾比例 1：1.58：2.29								
保靖	每亩用量/kg	50	0	20	0	15	5	20	
	总氮 7.9kg，磷 9.1，钾 19.45，氮磷钾比例 1：1.15：2.46								

续表

县分公司	肥料品种（养分含量）	发酵型专用基肥（8-15-7）	高磷Ⅱ型基肥（7.5-18.5-6）	专用追肥（10-5-29）	生物有机肥（发酵型）（6-1-1）	生物有机肥（三合一型）（6-1-1）	提苗肥（20-9-0）	硫酸钾（0-0-50）	其他肥料（苗肥）
古丈	每亩用量/kg	50	0	20	15	0	5	20	
	总氮 7.9kg，磷 9.1，钾 19.45，氮磷钾比例 1∶1.15∶2.46								
泸溪	每亩用量/kg	50	0	20	15	0	5	25	
	发酵型专用基肥养分含量为 7.5∶14∶8。总氮 7.65kg，磷 8.6，钾 19.95，氮磷钾比例 1∶1.12∶2.61								

注：根据烟田肥力状况对专用追肥进行调整，原则上旱土和肥力较低的稻田土比肥力高的稻田土专用追肥多 5kg 左右

表2 湘西山地特色优质烟叶规模开发高碳基土壤养分修复肥示范推广肥料用量及生产目标表

生产肥料种类及含量	普通大田对照施肥/kg	核心示范区适中水平/kg	核心示范区保障水平/kg	核心示范区丰产水平/kg
专用基肥（7.5-14-8）	50	20	15	25
专用追肥（10-0-32）	20	10	10	20
硫酸钾（0-0-50）	25	35	35	35
生物有机肥（5.5-1-1.5）	15	0	0	0
提苗肥（20-9-0）	5	5	5	5
高碳基土壤修复肥（2.1-1.2-1.8）	0	80	60	100
产量预期目标/kg	140～160	150～160	140～150	160～170

特别说明：①对照施肥情况，总氮 15.15%、总磷 15.2%、总钾 46.25%；适中水平施肥，总氮 13.00、总磷 15.3、总钾 46.20；减氮 14.2%、磷钾不变；保障水平施肥，总氮 12.25、总磷 11.2、总钾 45.40；减氮 20.5%、磷减 26.4%、钾不变；丰产水平施肥，总氮 15.75、总磷 14.1、总钾 53.4；增氮 3.9%、磷减 7.1%、钾增 15.5%。②产量预期目标为优化结构后亩产量。③规模开发中，保障水平与丰产水平为核心示范区对照

表3 湘西山地特色优质烟叶开发高碳基土壤修复肥配方施肥记录卡

检测编号	土样编号	地址	姓名	土壤质地	计划种植品种

土壤检测结果						
AN mg/kg	AP mg/kg	AK mg/kg	N%	C%	C/N	OM 估算 mg/kg

N 素用量核算（kg）					
土壤 N 素供应量	目标产量	每亩烟叶需 N 量	土壤因素 N 量增减	品种因素 N 量增减	N 素合理用量

配方施肥种类及数量（kg）						
高碳基肥	芝麻饼肥	烟草专用肥	硝酸钾	硫酸钾	磷酸二氢钾	过磷酸钙

N、P₂O₅、K₂O 实际施入量（kg）	
N	
施肥方法	

注：此卡由烟站技术人员填写及保存

湘西山地特色优质烟叶开发中温中湿延时增香烘烤工艺图表

工艺时段	变黄期		定色期		干筋期
	变黄时段	凋萎时段	定色升温段	干片时段	
烟叶变化与工艺曲线示意图	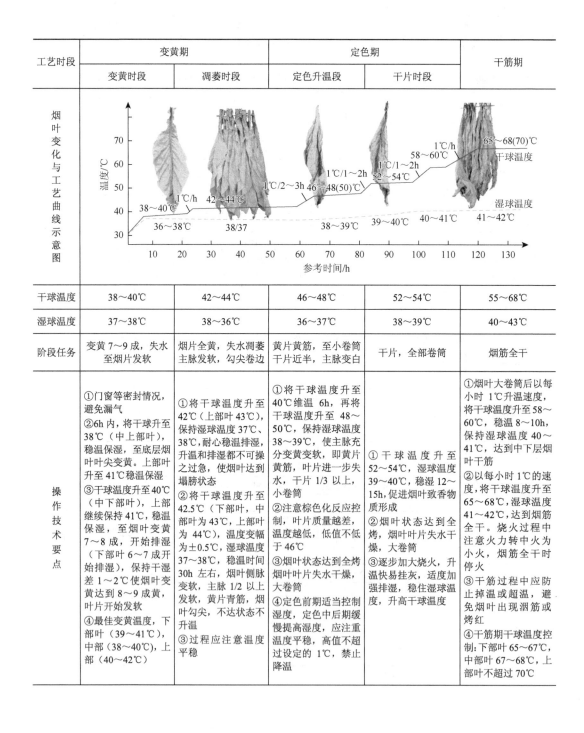				
干球温度	38~40℃	42~44℃	46~48℃	52~54℃	55~68℃
湿球温度	37~38℃	38~36℃	36~37℃	38~39℃	40~43℃
阶段任务	变黄7~9成,失水至烟片发软	烟片全黄,失水凋萎主脉发软,勾尖卷边	黄片黄筋,至小卷筒干片近半,主脉变白	干片,全部卷筒	烟筋全干
操作技术要点	①门窗等密封情况,避免漏气 ②6h内,将干球升至38℃(中上部叶),稳温保湿,至底层烟叶叶尖变黄。上部叶升至41℃稳温保湿 ③干球温度升至40℃(中下部叶),上部继续保持41℃,稳温保湿,至烟叶变黄7~8成,开始排湿(下部叶6~7成开始排湿),保持干湿差1~2℃使烟叶变黄达到8~9成黄,叶片开始发软 ④最佳变黄温度,下部叶(39~41℃),中部(38~40℃),上部(40~42℃)	①将干球温度升至42℃(上部叶43℃),保持湿球温度37℃、38℃,耐心稳温排湿,升温和排湿都不可操之过急,使烟叶达到塌膀状态 ②将干球温度升至42.5℃(下部叶,中部叶为43℃,上叶为44℃)。温度变幅为±0.5℃,湿球温度37~38℃,稳温时间30h左右,烟叶侧脉变软,主脉1/2以上发软,黄片青筋,烟叶勾尖,不达状态不升温 ③过程应注意温度平稳	①将干球温度升至40℃维温6h,再将干球温度升至48~50℃,保持湿球温度38~39℃,使主脉充分变黄变软,即黄片黄筋,叶片进一步失水,干片1/3以上,小卷筒 ②注意棕色化反应控制,叶片质量越差,温度越低,低值不低于46℃ ③烟叶状态达到全烤烟叶叶片失水干燥,大卷筒 ④定色前期适当控制湿度,定色中后期缓慢提高湿度,应注重温度平稳,高值不超过设定的1℃,禁止降温	①干球温度升至52~54℃,湿球温度39~40℃,稳湿12~15h,促进烟叶致香物质形成 ②烟叶状态达到全烤,烟叶叶片失水干燥,大卷筒 ③逐步加大烧火,升温快易挂灰,适度加强排湿,稳住湿球温度,升高干球温度	①烟叶大卷筒后以每小时1℃升温速度,将干球温度升至58~60℃,稳温8~10h,保持湿球温度40~41℃,达到中下层烟叶干筋 ②以每小时1℃的速度,将干球温度升至65~68℃,湿球温度41~42℃,达到烟筋全干。烧火过程中注意火力转中火为小火,烟筋全干时停火 ③干筋过程中应防止掉温或超温,避免烟叶出现泅筋或烤红 ④干筋期干球温度控制:下部叶65~67℃,中部叶67~68℃,上部叶不超过70℃

续表

工艺时段	变黄期		定色期		干筋期
	变黄时段	凋萎时段	定色升温段	干片时段	
注意事项	①点火后风机持续使用高速 ②温度不均匀，变黄不一致 ③烟叶脱水过快，影响烟叶转化 ④变黄不够，易造成凋萎期因温度偏高，脱水加快，易烤生青或定色期烟叶变暗 ⑤40～42℃是烟叶内在变化最关键时期，适当延长利于物质充分转化	①风机持续高速运转模式 ②干湿温度差不超过2.5℃，上下棚温差不超过2.0℃ ③变黄凋萎不足，容易造成定色期烤黑 ④升温期温度平稳，温差波动小，有利于色素和香气物质转化 ⑤变黄脱水不同步，易导致硬变黄，烤黑烟	①前期防止转火偏早，烤成深色烟。中期防止脱水过度，烤叶不熟透，后期保持烟叶水分35%～40%，升温期平稳，上下棚温差不超过3.0℃ ②定色升温前期，升温速率1℃/2h，定色中期适当加快升温速率，定色升温后期适当放缓升温速率 ③温度50℃前，将烟叶水分拿出50%以上	①风机持续使用高速运转 ②确保烟叶全干，烟叶外观呈大卷筒状态 ③这一阶段为形成致香物的过程，适当延长52～54℃烘烤时间，保持湿球38～39℃，利于增加致香物质的合成 ④注意干湿球温度差，拉不开是危险信号，排湿顺畅，避免蒸片	①控制干球温度，限定湿球温度，适当减小通风，适时停止烧火 ②杜绝烘烤后期干筋温度过高，时间过长造成烟叶"跑香"或"烤红"现象 ③温度偏低，干筋时间过长，且确保全部烟叶干筋
变黄程度	①5～6成黄：叶尖、叶缘变黄，叶片整体明显由绿色向黄转化，叶片变黄面积或程度达到50%～60% ②7～8成黄：即尖至中部、叶缘变黄，主脉、基部、主脉两侧仍可见明显绿色，叶片变黄面积或程度70%～80% ③9成黄：叶片达到黄片青筋，即叶片基部微带青，叶片变黄面积或程度达90%以上 ④10成黄：叶片达到黄片黄筋				
烟叶干燥程度	①烟片发软：烟叶主脉两侧的叶肉、侧脉变软，主脉仍呈膨硬状且易折断，手持烟叶基部时叶片自然由平展变为下垂状态（亦称塌架），烟叶失水20%～30% ②主脉发软：烟叶失水后，手感柔软，主脉变软变韧，不易折断，手持烟叶基部时叶片自然状态下已充分塌架（凋萎），烟叶失水30%～40% ③勾尖卷边：进一步失水干燥，叶尖明显向上勾起，叶缘开始呈现卷缩状态，烟叶失水40%～50% ④小卷筒：叶片从叶尖、叶缘向主脉方向进一步失水干燥而发硬，叶片两侧向正面卷缩，失水50%～60% ⑤大卷筒：叶片基本干燥，两侧向正面卷曲，主脉1/3～1/2未干燥，烟叶失水70%～80% ⑥干筋：叶片全面干而易碎，主脉发硬、折断声清脆，烟叶失水90%以上				

制图：国家烟草栽培生理生化研究基地清
洁高效烟叶调制工程技术研究中心
监制：湖南省烟草公司湘西自治州公司
2015年7月制作

彩　图

2014 年 3 月　栽培专家刘国顺教授到基地单元调研土壤质量情况

2014 年 12 月　项目组在湘西烟草公司举行项目年度总结会

2015 年 6 月　湘西永顺基地单元核心示范区大田长势

2015 年 7 月　高碳基土壤修复肥对烟叶耐熟性及产质量影响试验区

2016 年 5 月　工商研举行联同烟叶生产技术培训会

2016 年 5 月　广东中烟原料中心一行到基地单元调研烤烟长势情况

2016 年 7 月　栽培专家刘国顺教授到基地单元示范区调研上部叶成熟度情况

2016 年 7 月　举行基于某品牌湘西山地特色烟叶开发项目田间鉴评会

2016 年 7 月　核心示范区采用"三自两高"技术开发模式-清洁能源烘烤工厂

2016 年 7 月　永顺基地单元核心示范区烤后烟叶质量外观

2016 年 7 月　永顺基地单元核心示范区烤后烟叶初步分级情况

2016 年 8 月　永顺基地单元核心示范区上部成熟度情况

2016 年 8 月　永顺基地单元核心示范区上部成熟度情况